物联网工程研究丛书

物联网能力开放与应用

陆　平　何　军　董振江　杨　勇　刘伯斌　等　著

科 学 出 版 社

北　京

内 容 简 介

本书对物联网的概念进行了全面的阐述，对物联网能力开放平台架构、关键技术、平台运营进行了深入的研究，分析了国内外平台能力开放标准化工作，提出了能力开放平台标准化思路，并介绍了中兴通讯物联网平台的方案和优势，以及在物联网应用方面的探索和实践。

本书可作为高等院校物联网等相关专业的教材，也可作为相关领域工程技术人员的参考书。

图书在版编目(CIP)数据

物联网能力开放与应用 / 陆平等著. —北京：科学出版社，2013

(物联网工程研究丛书)

ISBN 978-7-03-037953-5

I. ①物… II. ①陆… III. ①互联网络－应用②智能技术－应用 IV. ①TP393.4②TP18

中国版本图书馆 CIP 数据核字(2013)第 135436 号

责任编辑：王 哲 高 远 / 责任校对：郭瑞芝

责任印制：张 倩 / 封面设计：迷底书装

科 学 出 版 社 出版

北京东黄城根北街 16 号

邮政编码：100717

http://www.sciencep.com

骏杰印刷厂 印刷

科学出版社发行 各地新华书店经销

*

2013 年 6 月第 一 版 开本：720×1000 1/16

2014 年 9 月第三次印刷 印张：14 1/4

字数：287 000

定价：58.00 元

(如有印装质量问题，我社负责调换)

《物联网能力开放与应用》
编写委员会

主编：李明栋

编委：陆　平　何　军　董振江　杨　勇
刘伯斌　韦　薇　李伟华　高　燕
谢思远　邓　硕　于长健　范贤友
李秋婷　傅　力　张震玮　郑　松
刘晓华　韩银俊　邝宇锋　鄢全文
朱科支　杨庆平

序

物联网是新一代信息技术发展的重要方向，是战略性新兴产业的发展重点。全球物联网正处于起步阶段，自 2009 年 8 月时任国务院总理温家宝在无锡考察时提出“感知中国”的概念后，我国正式拉开了物联网发展的序幕。2012 年 2 月国家颁布的《物联网“十二五”发展规划》，强调了能源、交通、医疗、物流、家居、农业等十大应用领域。在中央和各级地方政府的支持下，各相关企事业单位共同努力，协调创新，我国在关键技术研究、产品研发、标准制定、应用示范方面都取得了一些进步。

进步固然可喜，但也存在着统筹规划缺乏、关键核心技术有待突破、产业链不完善、标准体系建设滞后、应用仍呈现碎片化、商业模式尚待摸索等问题。因此需要加强物联网的统筹规划，围绕重大应用，以市场为导向、以企业为主体，突破关键技术，打造产业体系，为物联网的规模化应用提供有力支撑。

中兴通讯股份有限公司作为国内最大的通信设备上市公司，十分重视物联网产业的发展，并在关键技术研究、产品研发、应用创新上投入相当多的资源，成功研制出具有自主知识产权的物联网通信模组、终端产品、传输网络、共性平台等产品，可针对不同行业领域，提供完整的端到端的应用解决方案。

本书从物联网典型应用的场景着手，分析对物联网共性平台的功能需求，提出物联网能力开放平台的概念和系统架构，并以此为基础，介绍基于物联网能力开放平台的应用开发模式，系统性地说明了物联网应用的开发特点和方式，是一种非常有意义的对物联网应用开发模式的尝试。希望本书能对从事物联网应用开发与研究的单位和个人起到一些借鉴作用！

刘　多

工业和信息化部电信研究院

2013 年 4 月

前　　言

高德纳咨询公司（Gartner Group）把物联网定为 2011 年最具影响力的技术之一，认为它具有变革的潜力。2009 年 8 月，时任国务院总理温家宝于无锡考察时提出“感知中国”的概念后，物联网作为国家的战略新兴产业之一，已经上升到国家战略层面，各级政府、企事业单位、科研机构对物联网投入了极大的热情。在国外，美国提出了“智慧地球”战略，欧盟制定了物联网战略路标。

经过多年的发展，物联网在标准、技术、产品和解决方案方面都取得了一些进展，但目前物联网主要应用于示范项目。这些项目小且散，距离大规模商用还差很远，对改善民生、提升企业生产效率还无法起到根本的推动作用，而这恰恰是物联网产业发展的本质意义。分析其原因，除了标准、技术方面的因素外，尚未形成有效的商业模式和价值链是最核心的问题。而物联网涉及行业广泛，具有“长尾”应用的特征，有跨行业、跨部门数据和业务融合的需求，开发的难度很大，对物联网商业模式和价值链造成非常大的阻力。为了解决这个问题，物联网能力开放平台应运而生。中兴通讯股份有限公司（后面称“中兴通讯”）将智能终端、核心网、业务软件、业务交付平台（Service Delivery Platform，SDP）上的技术积累，结合在物联网方面的应用实践，系统性地提出了物联网能力开放平台的概念，并与电信运营商和合作伙伴一起完成对平台的测试验证，获得一致好评。中兴通讯还积极参与国内外物联网标准组织，与同行交流物联网最新技术。本书结合物联网行业最新发展趋势，以及中兴通讯多个行业的应用实践，提出了物联网发展的思路和建议。

本书首先从物联网行业发展出发，分析了目前物联网发展初期阶段出现的问题：产业链复杂而分散，行业应用的收益与投入不对称，存在大量个性化和领域化需求，资源无法有效整合。针对这些问题提出了解决之道——物联网能力开放平台，并基于这个平台进行物联网典型应用的实践。其次，详细介绍了国内外在物联网能力开放平台方面的研究，在总结行业研究的基础上，讨论了能力开放平台和应用开放环境，研究了能力开放平台的运营，分析了国内外平台能力开放标准化工作，提出了能力开放平台标准化思路。最后，详细介绍了中兴通讯物联网平台的方案及优势，展示了在智能终端、核心网、业务软件、SDP 平台上的技术积累，以及在物联网应用方面的探索和实践。

本书适合高等院校和科研院所物联网领域的研究人员、开发设计人员、工程技术人员阅读参考。

本书的编写得到陈心哲、任国华、蔡求喜、丁岩、汪峰来、钱煜明、彭洁思、唐磊、林立东等领导和同事的大力支持，在此表示衷心的感谢！

由于作者水平所限，书中难免存在不足之处，恳请广大读者批评指正。

作　者

2013 年 4 月

目　　录

第 1 章　物联网概述

1.1　物联网基本概念

1.1.1　物联网的定义

“物联网”一词来源于英文“Internet of Things（IoT）”，按字面理解即为物与物的互联网络，在欧洲又常被称为“Machine to Machine（M2M）”。目前对物联网较为通俗的定义是：利用射频识别、传感器、二维码等传感元件，通过基础网络实现物与物、人与物之间的互联互通，允许任何人和物在任何时间任何地方利用任何途径对任何服务进行访问和交互的网络。

物联网的概念最早出现于 1999 年美国麻省理工学院自动识别中心（Auto-ID Labs，EPCGlobal 的前身），Kevin Ashton 教授提出了以标识为特征的物联网概念，把所有物品通过射频识别等传感设备与互联网连接起来，以实现智能化识别和管理。

2005 年国际电信联盟（International Telecommunications Union，ITU）在突尼斯举行的信息社会世界峰会（World Summit on the Information Society，WSIS）上正式确定了“物联网”的概念，随后发布了《ITU 互联网报告 2005：物联网》，报告指出无处不在的“物联网”通信时代即将来临，世界上所有的物体从汽车、房屋到毛巾都将可以通过网络进行信息交换。

2010 年 3 月 5 日温家宝总理的政府工作报告附录中对物联网的注释：物联网指通过信息传感设备，按照约定的协议，把任何物品与互联网连接起来，进行信息交换和通信，以实现智能化识别、定位、跟踪、监控和管理的一种网络，是在互联网基础上进行延伸和扩展的网络。

从物联网的发展历程（图1-1）可以看出，它得到了越来越多的关注和支持，被称为继计算机和互联网、移动通信之后，世界信息产业的新一次浪潮，有望进一步改进人们的生活和生产方式。美国权威咨询机构 FORRESTER 乐观地预测：到 2020 年，世界上物与物互联的业务与人与人通信的业务的比例将达到 20∶1，并将成为下一个万亿级的产业，市场前景也将远远超过计算机、互联网和移动通信。

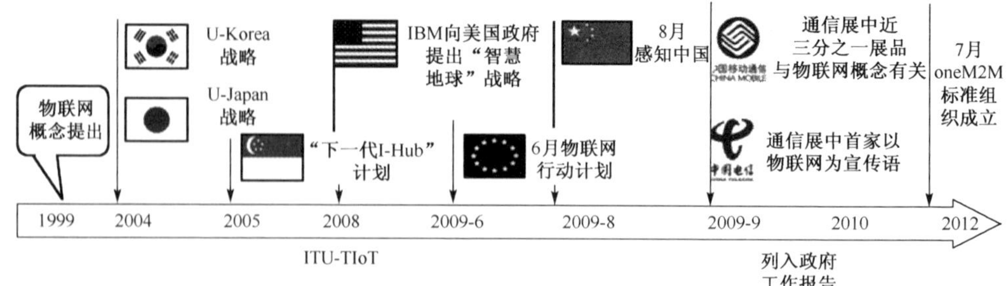

图 1-1　物联网的发展历程

物联网的体系架构业界已基本达成共识，一般分为三层：感知层、网络层和应用层，如图 1-2 所示。

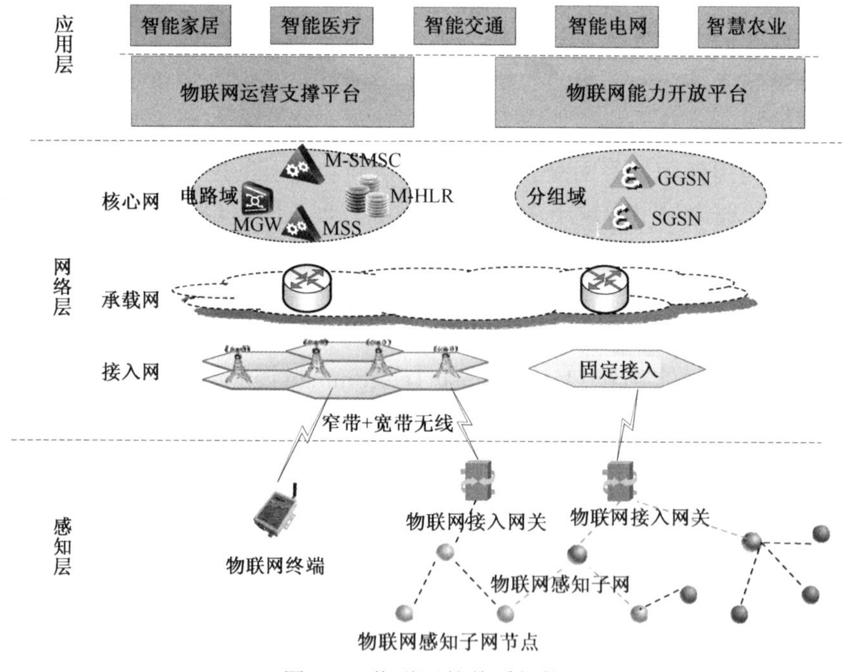

图 1-2　物联网的体系架构

感知层主要实现识别物体和采集信息，包括感知控制子层和通信延伸子层。感知控制子层实现对物理世界的智能感知识别、信息采集处理和自动控制；通信延伸子层通过通信终端模块直接或组成延伸网络后将物理实体连接到网络层和应用层。

网络层主要实现信息的传递、路由和控制，包括接入网和核心网。网络层可依托公众电信网和互联网，也可以依托行业专用通信网络，将感知层获取的信息进行传输和处理。

应用层包括应用基础设施如运营支撑平台、能力开放平台，以及各种具体应用。应用基础设施提供信息存储、计算等通用基础服务，为具体应用提供跨行业、跨应用、跨系统的信息协同与共享。

1.1.2　物联网行业发展现状

欧洲智能系统集成技术平台（the European Technology Platform on Smart Systems Integration，EPoSS）在《Internet of Things in 2020》报告中分析预测，物联网的发展可能将经历四个阶段：2010 年前，基于 RFID 技术实现低功耗、低成本的单个物体间的互联，并在物流、零售、制药等领域进行局部应用；2010～2015 年，利用传感器网络及无处不在的 RFID 标签实现物与物之间的广泛互联，针对特定产业制定技术标准，并完成部分网络融合；2015～2020 年，具有可执行指令的标签被广泛应用，物体进入半智能化，完成网间交互标准制定，网络具有超高速传输能力；2020 年之后，物体具有完全智能的响应行为，异构系统能够协同交互，强调产业整合，实现人、物、网的深度融合。

物联网并非完全新的产业，而是对现有信息产业的继承和发展，产业链与通信网和互联网类似，在上下游分别增加了 RFID 和传感器等设备供应商和物联网集成与运营服务提供商。

设备供应商主要包括：芯片制造商、终端制造商、终端软件开发商、终端系统集成商。物联网的发展给终端厂商提供了机会，据统计 2011 年仅 RFID 产品世界范围内就达到了 60 亿美元的市场规模，而在我国大约达到 197 亿人民币的市场规模。

服务提供商在物联网的发展中扮演着重要角色，物联网应用基础设施服务主要包括云计算、基础架构、存储等；物联网软件开发与集成服务又可细分为基础软件服务、中间件服务、应用软件服务、信息处理与分析服务以及系统集成服务；物联网应用服务又可分为行业服务、公共服务、支撑性服务，其中行业服务一般由行业自身主导并承担服务任务，公共服务一般是由企业或政府提供的面向公众的商业性服务或非商业性服务，支撑性服务是贯穿物联网服务的基础性服务业，如金融服务业。

1.1.3　物联网技术与标准

物联网涉及的范围非常广，是计算机、通信和微电子等技术发展的结果，其运用到了很多新兴技术。新兴技术往往缺乏统一的标准，而要真正实现任何时刻、任何地点、任何物体之间的互联互通，标准的制定显得尤为重要。标准制定也是物联网技术竞争的制高点，是发挥物联网价值和优势的基础支撑。

从物联网的层次结构上看，网络层相关的技术架构相对成熟和稳定，而感知层和应用层技术架构仍在研究发展之中，尚未形成成熟的技术体系，目前各界的标准化工作重点也都集中在这两方面，基本都还处于初期需求和技术方案研究阶段。

国际标准化组织（International Standard Organized，ISO）/国际电工委员会（International Electrotechnical Commission，IEC）。ISO 负责 RFID 标准制定的委员会为 ISO/IEC JTC1 SC31，涉及数据载体、数据内容、一致性、RFID、实时定位系统。ISO/IEC 已经发布 18000 系列 RFID 空中接口、15961 系列关于 RFID 应用于物品管理的数据协议等标准。ISO 负责 sensor 标准制定的委员会包括 SC6、SC31、SC35、SC27 等。此外，2009 年 10 月成立的 ISO/IEC JTC1 WG7 工作组负责“Sensor Networks”的研究，主要研究集中在传感器网络总体架构和需求层面。

国际电气与电子工程师协会（Institute of Electrical and Electronics Engineers，IEEE）。IEEE 802.15 制定的 802.15.4 WPAN 系列标准是目前应用于传感器节点的主要通信协议，现阶段 IEEE 正集中开发 802.15.4g 面向智能电网应用的标准。IEEE 1451 系列标准主要规定了传感器通用命令和操作集合，同时还完成了包括模拟传感器接口、无线传感器接口和执行器接口等在内的一系列标准。

ZigBee。ZigBee 是基于 IEEE 802.15.4 的网络层和应用层规范，是当前无线传感器网络的热门技术，其特点是近距离、低复杂度、自组织、低功耗、低速率、低成本，非常适合物联网的应用场景，目前已有大量的实际应用。

国际电信联盟电信标准部（International Telecommunication Union-Telecommunication Standardization，ITU-T）。ITU-T 现在有 3 个研究组（Study Group）SG13、SG16、SG17，分别在泛在传感器网络、业务和应用、标识解析、泛在网安全、身份管理等方面开展标准化研究工作；成立 IOT-GSI（Internet of Things-Global Standard Initiatives）负责物联网需求与架构，并负责协调与其他标准组织的合作工作；成立 M2M 服务层焦点工作组（Focus Group on Machine-to-Machine Service Layer），致力于研究通用的物联网服务层的需求。

互联网工程任务组（Internet Engineering Task Force，IETF）。IETF 长期致力于互联网的相关研究，针对物联网的相关需求，成立了 6LoWPAN（IPv6 over Low power WPAN）、ROLL（Routing Over Low power and Lossy networks）、CoRE（Constrained RESTful Environment）等三个工作组进行技术标准的研究。其中 6LoWPAN 与 ZigBee 一样，都基于 IEEE 802.15.4 标准，两者之间形成了竞争关系，6LoWPAN 实现了 IEEE 802.15.4 对 IPv6 的承载、压缩和适配，而凭借与 IPv6 的紧密结合和未来 IP 化的潮流，6LoWPAN 将具备更强的竞争力；ROLL 解决 6LoWPAN 的路由问题；CoRE 则是解决应用层的问题，相当于轻量级的 HTTP 协议，使得受限的设备能通过 RESTful 的方式对外提供服务。

6LoWPAN、ROLL 和 CoRE 的协作，使得物联网受限网络能够与互联网很方便地实现互联互通，推广前景广阔。

第三代合作伙伴计划（The 3rd Generation Partnership Project，3GPP）。作为移动网络技术的主要标准组织，3GPP 和 3GPP2 关注的重点在物联网网络能力增强方面，从移动网络出发研究物联网对网络的影响，如网络优化技术等。研究范围：只讨论移动网络的 M2M 通信；只定义 M2M 业务，不定义特殊的 M2M 应用。其下的工作组（System Architecture）SA1 确定 M2M 通信的基本需求、业务需求和 MTC Feature；SA2 研究 M2M 通信网络架构及网络优化；SA3 研究 M2M 通信中的安全问题。

欧洲电信标准化协会（European Telecommunication Standards Institute，ETSI）。ETSI 于 2008 年底成立 M2M 技术委员会，致力于 M2M 业务及运营需求、端到端的 M2M 高层体系架构、M2M 应用、M2M 解决方案间的互操作性进行研究。ETSI M2M 是目前所有物联网领域中较为成熟、完善的标准，世界各大知名运营商、设备商、科研机构都积极参与该标准的制定，下设需求、架构、接口、安全和管理等五个工作组，已经发布 R1 版本标准。

中国通信标准化协会（China Communications Standards Association，CCSA）。CCSA 成立“泛在网技术工作委员会”，代号为 TC10，从通信行业的角度启动了传感器网的总则/术语、通信与信息交互、接口、安全、标识、应用标准化工作。分为总体工作组——通过对标准体系的研究，重点负责泛在网络所涉及的名词术语、总体需求、框架以及码号寻址和解析、频谱资源、安全、服务质量、管理等方面的研究和标准化；应用工作组——对各种泛在网业务的应用及业务应用中间件等方面进行研究及标准化；网络工作组——研发网络中业务能力层的相关标准，负责现有网络的优化、异构网络间的交互、协同工作等方面的研究及标准化；感知延伸工作组——对信息采集、获取的前端及相应的网络技术进行研究及标准化。重点解决各种泛在感知节点，以多种信息获取技术（包括传感器、RFID、近距离通信等）、多样化的网络形态进行信息的获取及传递的问题。

oneM2M。由于世界各标准组织都在研究物联网相关标准，为了整合资源，避免重复研究以及未来有一个真正可行的全世界通用的标准，在美国高通公司的推动下，由日本无线工业及商贸联合会（Association of Radio Industries and Businesses，ARIB）、世界无线通讯解决方案联盟（The Alliance for Telecommunications Industry Solutions，ATIS）、中国通信标准化协会（China Communications Standards Association，CCSA）、欧洲电信标准化协会（European Telecommunication Standards Institute，ETSI）、电信工业协会（Telecommunications Industry Association，TIA）、韩国电信技术协会

（Telecommunications Technology Association，TTA）和日本电信技术委员会（Telecommunications Technology Committee，TTC）等7家标准组织发起，于2012年7月成立了oneM2M标准组织。oneM2M将定义一个M2M服务层标准规范，该层可嵌入各类硬件和软件中，可连接无数的设备。oneM2M还将制定全球端到端规范，希望能够降低成本、缩短产品上市时间、创建规模经济、简化应用开发。

1.2 物联网应用与关键技术

1.2.1 典型应用与需求

1. 智能交通

随着社会的发展，汽车越来越普及，极大地方便了人们的生活。但汽车化的社会带来的诸如交通拥堵、交通事故、能源消耗和环境污染等社会问题也日趋严重，这些问题造成的经济损失巨大，即使道路设施十分发达的美国、日本等也不得不从以往只靠供给来满足需求的思维模式转向采取供、需两方面共同管理的技术和方法来改善日益尖锐的交通问题。

智能交通系统（Intelligent Transport Systems，ITS）是解决这个问题的方向，它是将先进的信息技术、数据通信传输技术、电子传感技术、控制技术及计算机技术等有效地集成运用于整个地面交通管理系统而建立的一种在大范围内、全方位发挥作用的，实时、准确、高效的综合交通运输管理系统。智能交通系统一方面要能够提供精确的公共交通信息服务，另一方面要能够提高既有交通设施的运行效率。

2. 智能家居

智能家居是以住宅为平台，利用综合布线、网络通信、安全防范、自动控制、音视频技术将家居生活有关的设施集成，构建高效的住宅设施与家庭日程事务的管理系统，提升家居安全性、便利性、舒适性、艺术性，并实现环保节能的居住环境。物联网的发展将为智能家居产业注入强劲动力，带来机遇和突破。

目前智能家居业务主要分为家庭安防类、计量类、信息服务类、家电设备类。家庭安防类涉及防盗门磁、窗磁报警，门厅非法进入报警，可燃气体泄漏报警，有害气体监测与报警等；计量类主要是实现水费、电费、采暖费、燃气费等采集及交纳，实现温度、湿度、空气质量等多维参数的监控等；信息服务类业务主要是通信服务、视频点播、娱乐信息服务等；家电设备类业务主要是家用设备的互联及遥控，包括灯光控制、窗帘控制、空气清洁控制、空调系统等。

未来智能家居市场将进入一个产业整合阶段，朝着多种接入方式并存、节能减排、跨应用融合等方面发展。

3. 智能医疗

智能医疗是通过打造健康档案区域医疗信息平台，利用物联网技术，实现患者与医务人员、医疗机构、医疗设备之间的互动，将医疗服务延伸至社区和家庭，将健康管理和健康服务延伸至家庭。

智能医疗不但可以有效提高医疗质量，更可以有效降低医疗费用。智能医疗使从业医生能够搜索、分析和引用大量科学证据来支持他们的诊断，同时还可以使病人、医生、医疗研究人员、药物供应商、保险公司等整个医疗生态圈的每一个群体受益。通过建立医疗信息整合平台，将医院之间的业务流程进行整合，不同医疗机构间的医疗信息和资源可以共享和交换，可以进行跨医疗机构在线预约和双向转诊，这将使得“小病在社区，大病进医院，康复回社区”的居民就诊就医模式成为现实，从而大幅提升医疗资源的合理化分配，真正做到以病人为中心，真正体现科技改变生活、提高生活质量。

1.2.2 物联网应用关键技术

从应用层的角度来看，物联网可以看做一种基于通信网、互联网或专用网络的，以提高物理世界的运行、管理、资源使用效率等水平为目标的大规模信息系统。物联网对感知层所采集的海量数据进行智能分析和数据挖掘，以实现对物理世界的精确控制和智能决策支撑，这是物联网智慧性的核心体现，物联网应用的关键技术也聚焦于此。

1. 物联网与云计算

云计算模式起源于互联网公司对特定的大规模数据处理问题的解决方案，具有高效、动态、可大规模扩展的计算资源处理能力，这一特征决定了云计算能够成为物联网最有效的工具，使物联网中海量物理实体的实时动态管理和智能分析更容易实现，物联网也将成为云计算最大的应用需求之一。基于云计算模式的基础架构层，物联网海量数据的存储和处理得以实现；基于云计算的平台层可以进行快速的软件开发和应用；而基于云计算的软件即服务层可以使更多的第三方参与到服务提供中来。从目前的发展现状来看，云计算与物联网的结合仍处于初期发展阶段，主要基于云计算技术进行通用计算服务平台的研发，与物联网领域对事件高度并发、海量数据分析挖掘、自主智能协同的需求特性仍有一定的差距，实现两者的深度融合，充分发挥两者的优势仍有一段很长的路要走。

2. 软件和算法

软件和算法在物联网的信息处理和应用集成中发挥重要作用，是物联网产生价值的核心，这其中的关键技术主要包括面向服务的体系架构（Service Oriented Architecture，SOA）和中间件技术。面向服务的体系架构是一种松耦合的软件组件技术，它将应用程序的不同功能模块化，并通过标准化的接口和调用方式联系起来，实现快速可重用的系统开发和部署。SOA 可提高物联网架构的扩展性，提升应用开发效率，充分整合和复用信息资源，是解决目前大量存在的信息孤岛问题的重要方法。中间件技术重点包括各种物联网计算系统的感知信息处理、交互与优化软件和算法，如海量数据挖掘与分析、分布式通信、流计算与复杂事件处理、规则引擎等。

3. 信息和隐私安全技术

物联网发展及技术应用在显著提高经济和社会运行效率的同时，也势必给国家和企业、公民的信息安全和隐私保护问题带来严峻的挑战。安全和隐私技术包括安全体系架构、网络安全技术、“智能物体”的广泛部署对社会生活带来的安全威胁、隐私保护技术、安全管理机制和保证措施等。与传统网络相比，由于物联网注重数据的采集和数据的分析挖掘，物联网所带来的信息安全、数据安全、网络安全、个人隐私等问题更加突出，同时基于云计算模式的数据私密性、完整性和安全性都是重要的安全要素。例如，RFID 标签预先被嵌入与人息息相关的物品之中，这也就意味着这些物品甚至包括用户自身都处于被监控的状态，从而导致个人的隐私权问题受到潜在的威胁；如果基于物联网采集的海量数据处理权限和分析结果不能得到有效保护，可能对商业秘密、公共安全等造成重大的影响，而且伴随采集数据量的增加其重要程度不断提升。目前，物联网相关安全技术和隐私保护手段的研究都处于较初级的阶段，相关安全技术研究与应用思路都以单一场景为依托，已有的安全方案和保护策略无法在多个层面上适应变化的应用环境，无法满足日益迫切的业务应用安全需求。

4. 标识技术

标识是物联网关键资源之一。标识和解析技术是对物理实体、通信实体和应用实体赋予的或其本身固有的一个或一组属性，并能实现正确解析的技术。物联网的标识主要包括物体标识和通信标识，物联网标识和解析技术涉及不同的标识体系、不同体系的互操作、全球解析或区域解析、标识管理等。目前，物联网的标识体系标准众多，这就带来了兼容性和协作共享方面的难题，也带来了管理方面的难度，因此物联网标识体系的标准化是未来工作的重点。

第 2 章　物联网能力开放平台与应用开放环境

随着物联网时代的来临，多种应用因素介入，多网络、多技术的应用将成为物联网的一大特色，也将成为主流。谁把握了业务应用，谁就将占领未来物联网竞争中的制高点。当前典型的物联网体系架构如图 2-1 所示，分为感知层、网络层及应用层。感知层主要用于识别物体、采集信息；网络层以无线或有线的方式将感知层上传的数据信息进行传递和处理；应用层则结合具体行业需求，利用感知层采集的数据实现具体的业务和服务。

为了解决图 2-1 所示的现有物联网体系在单个业务的交互性及设备资源重复投资和互相隔离等方面的问题，需要一种新的网络体系架构，这种未来通信网络演进的方向将极大地影响物联网业务体系的发展。下一代网络正朝着一个扁平的综合网络体系演进，因此，物联网也将适应这一发展趋势。为了充分发挥物联网的整体潜能，实现多异构基础网络能力的融合，提升网络的智能服务能力，需要在应用层构建一个公共的物联网应用支撑平台，也就是说，可以将应用层划分为平台层和应用层两部分，如图 2-2 所示。

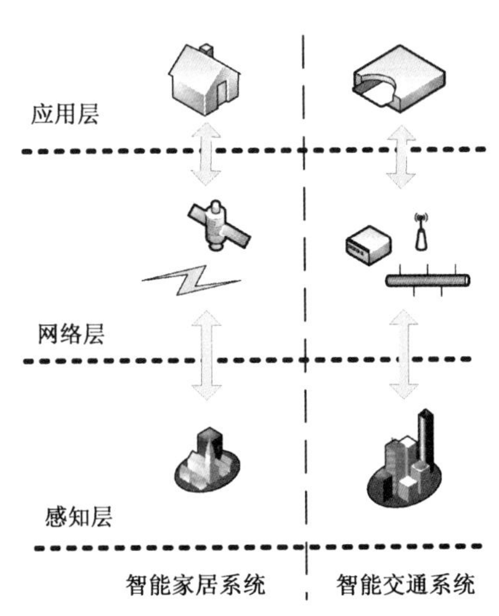

图 2-1　现有物联网体系架构图

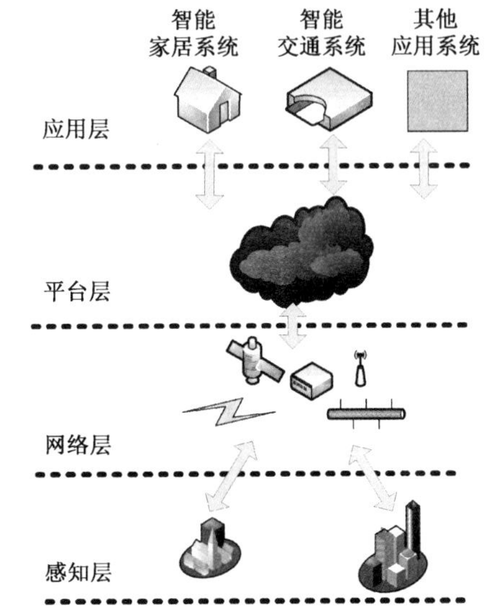

图 2-2　增加了平台层的物联网体系架构图

该体系架构在现有的三层架构的基础上，在应用层与网络层之间增加了一个公共的物联网应用支撑平台。平台层将上层所有应用的多种异构网络的差异屏蔽掉，同时提供应用开发所需要的业务能力，促进物联网应用对物联网能力的复用，节省应用开发时间，提高开发效率，并有助于融合的物联网应用的开发。

2.1 物联网平台

一个理想的物联网应用体系架构，应当有一套共性能力平台，有为各行各业提供通用服务的能力，如数据集中管理、通信管理、基本能力调用（如定位等）、业务流程定制、设备维护服务等。

物联网平台必须具备以下能力：提取并抽象下层网络，并将其封装成标准的业务引擎；为上层应用业务开发者提供便利的业务开发环境，简化业务的开发难度，缩短业务的开发周期，降低业务的开发风险；对最终用户进行统一的用户管理和鉴权计费，以增强各种智能化应用的用户体验；为平台运营人员提供对用户和业务的统一管理，方便其进行安全维护。

物联网平台需要对终端进行管理和监控，并为行业应用系统的数据转发等功能提供中间平台，平台将实现终端接入控制、终端监测控制、终端私有协议适配、行业应用系统接入、行业应用私有协议适配、行业应用数据转发、应用生成环境、应用运行环境、业务运营管理等功能。物联网平台是为机器对机器通信提供智能管道的运营平台，它能够控制终端合理使用网络，监控终端流量和分布预警，提供辅助快速定位故障，提供方便的终端远程维护操作工具。

物联网平台是一个为物联网应用提供应用开发、部署、运营的应用平台。物联网服务平台以云计算技术为基础为各种物联网应用提供应用交付能力。此外，通过提供海量的计算和存储资源，提供统一的数据存储、数据处理及数据分析手段，支持应用的集中式托管和运营，降低运营成本。云计算与物联网的融合，将会使物联网呈现多样化的数据采集端、无处不在的传输网络、智能的后台处理的特征。

2.1.1 物联网平台在物联网中的位置

物联网的技术体系架构主要包括四个层次：感知与控制层、网络层、平台服务层和应用服务层。物联网企业级应用需要在这四个层次上做有效的整合以形成物联网智能管理系统，从而真正服务于多种行业并产生巨大的价值。物联网技术体系覆盖多个层次与领域，蕴涵着新的技术趋势、挑战与机遇，包括更小、更省电、更智能、更便宜的传感器技术的发展，适应于复杂环境的面向多类型感知数据的无线通信技术的发展，物联网中间件与平台技术的发展，云计算、边缘计算、分析与优化技术在物联网中的融合与应用，面向社会需求的物联网应用创新。

感知与控制层通过从传感器、计量器等器件获取环境、资产或者运营状态信息，进行适当的处理之后，通过传感器传输网关将数据传递出去；同时通过传感器接收网关接收控制指令信息，在本地传递给控制器件达到控制资产、设备及运营的目的。在该层次中，感知和控制器件的管理、传输与接收网关、本地数据及信号处理是重要的技术领域。

网络层通过公网或者专网以无线或者有线的通信方式将信息、数据与指令在感知控制层与平台及应用层之间传递，其中特别需要对安全及传输服务质量进行管理以避免数据的丢失、乱序、延时等问题。

平台服务层通过感知层及网络层获得数据后，对数据进行必要的路由和处理（包括数据过滤、丢失数据定位、冗余数据剔除、数据融合）。数据处理的逻辑根据设备和应用的不同而不同，其产生的高质量以及融合的数据会传送给数据分析模块做进一步的数据挖掘处理。分析模块首先把数据和物理环境与设备和应用关联起来，根据当前数据和历史数据，评估和预测系统当前的状态以及风险因素。根据预警规则，分析模块把具有一定风险等级的分析结果通过业务流程及应用整合传送给控制与通知系统，如果需要对系统做优化，则可以运用仿真及优化方案，并提供决策支持，从而实现在实时感知的基础上支持业务的即时优化与控制。

应用服务层根据企业业务的需要，可以在平台服务层之上建立相关的物联网应用。例如，城市交通情况的分析与预测；城市资产状态的监控与分析；环境状态的监控、分析与预警（例如，风力、雨量、滑坡）；健康状况的监测与医疗方案建议等。这些应用会以业务流程的方式整合感知与控制层、网络层以及平台层的服务及能力，从而实现及时感知、及时分析、及时响应的物联网智能管理业务模式，进而提升运营效率、推动业务模式的创新并降低运营与管理成本。

2.1.2　国内外物联网平台的发展状况

运营商传统的语音和短信业务饱受冲击，数据流量的暴增和收入严重不匹配，运营商亟需找到新的业务和利润增长点。物联网正处于兴起阶段，发展物联网能够给运营商带来新的机会，并在此行业拥有掌控力和话语权。

根据物联网的逻辑架构，运营商在物联网中可以做管道提供者、平台建设者或业务运营者。其中，单纯做管道价值较低，做应用则不是运营商的长项，那么最适合运营商的角色是平台提供者。在提供平台的过程中，运营商可以发挥网络和用户资源的优势，通过整合产业各方面，提升对整个产业链的掌控力度。从物联网产业的发展来看，建设平台有足够的合理性。专门为物联网分配号段，建设平台系统，有利于物联网运营商清楚地掌握业务运营情况，并提供更好的服务。基于平台中规范和开放的协议，运营商还可以将相关网络资源及信息面向应用企业开放，从而为业界更好地控制和管理终端提供参考。

大部分国际主流运营商都在建立物联网平台，积极进入物联网领域，国际主流运营商平台建设情况如表 2-1 所示。

表 2-1　国际主流运营商平台建设情况

电信运营商	平台建设动态
Verizon	与高通合作开发 M2M 平台，开放 M2M 应用开发
AT&T	与 Jasper 合作开发 M2M 平台
T-Mobile	建设 M2M 国际能力中心，客户分布在 9 个行业领域，包括宝马汽车公司
Vodafone	建设全球 M2M 平台，与 Verizon 和 nPhase 结盟
Orange	建设国际 M2M 中心，Orange M2M 平台
Telefonica	M-VIA 网络汽车业务平台
SK 电讯	在韩国推出“物联网开放式平台”，提供开放式 API

在国内，中国电信在江苏建成了 M2M 平台；中国移动在重庆也建设了 M2M 平台，并于 2011 年年底将其拆分成管理平台和业务网关两部分。在平台中，运营商还制定了 WMMP 和 MDMP 等协议规范。

IBM 公司的“智慧地球”计划是全球物联网领域的主导和先行者，2009 年 IBM“智慧地球”概念上升为美国国家战略计划，引起了各国对物联网的高度关注。“智慧地球”的实现就是传感设备和网络，加上基于云计算的服务平台和物联网应用，如图 2-3 所示。这其中基于云计算的服务平台包含终端数据采集、信息转化与存储、数据分析与报表，以及业务流程管理与优化的完整解决方案，可以非常方便地构建物联网应用的基础架构，为物联网应用提供应用开发、测试、交付和运营的服务平台。

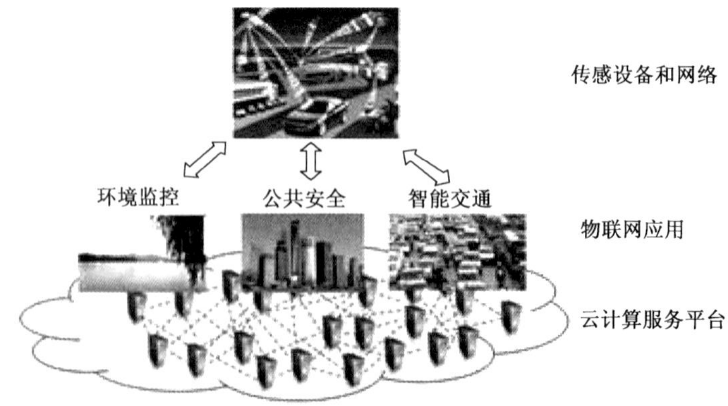

图 2-3　IBM“智能地球”的实现

2.1.3 物联网平台核心技术中间件

中间件介于应用系统和系统软件之间，是一种独立的系统软件或服务程序，分布式应用系统借助这种软件，可实现在不同的应用系统之间共享资源。在使用中间件时，往往是一组中间件集成在一起，构成一个平台（包括开发平台和运行平台），但在这组中间件中必须要有一个通信中间件，即中间件=平台+通信。中间件是位于平台（硬件和操作系统）和应用之间的通用服务，这些服务具有标准的程序接口和协议。

物联网中间件处于物联网的集成服务器端和感知层、传输层的嵌入式设备中。服务器端中间件称为物联网应用基础中间件，一般都是基于传统的中间件（SOA 面向服务的架构、应用服务器、企业服务总线 ESB、消息队列 MQ 等）构建，加入设备连接和图形化组态展示等模块。嵌入式中间件是一些支持不同通信协议的模块和运行环境。中间件的特点是固化了很多通用功能，但在具体应用中多半需要“二次开发”来实现个性化的行业业务需求，因此所有物联网中间件都要提供快速开发工具。本节所讲述的中间件的应用范围主要是指服务器端中间件，即物联网应用基础中间件，其主要目的是对物联网应用软件的开发提供更为直接和有效的支撑。以下是一些主要的中间件类型。

1）事务式中间件

事务式中间件（Transactional Middleware）又称事务处理管理程序（Transaction Processing Monitor）。其主要功能是提供联机事务处理所需要的通信、并发访问控制、事务控制、资源管理、安全管理和其他必要的服务。

事务式中间件由于其可靠性高、性能优越等特点而得到了广泛的应用，是一类比较成熟的中间件，其主要产品包括 IBM 的 CICS、BEA 的 Tuxedo 和 Transarc 的 Encina 等。

2）远程过程调用中间件

远程过程调用中间件（Procedural Middleware）是经典的过程调用思想在网络环境下的自然拓广。过程式中间件使得一个主机上的应用可以在网络环境下用过程调用的方式来调用部署在另一个主机上的应用中的过程。新近发展起来的一项技术是 XML RPC，它使得在 Internet 异构环境下的应用能够使用 RPC。

过程式中间件有较好的异构支持能力，简单易用，但在易剪裁性和容错方面有一定的局限性。过程式中间件是一项比较经典的技术，其主要产品有 Open Software Foundation 的 DCE、Microsoft 的 RPC Facility 等。

3）面向消息的中间件

面向消息的中间件（Message-Oriented Middleware）简称为消息中间件，是一类以消息为载体进行通信的中间件。按其通信模型的不同，消息中间件的通信模型分为两类：消息队列和消息传递。消息队列是一种间接通信模型，其通信基于队列来完成。而消息传递是一种直接通信模型，其消息被直接发送给感兴趣的实体。近年来，对消息中间件技术有较大影响的是 J2EE 规范中的 JMS。

消息中间件在支持多通信规程的可靠性、易用性和容错能力等方面有其特点，比较易于使用。面向消息中间件是一类常用的中间件，其主要产品有 IBM 的 MQSeries、Microsoft 的 Messaging Queuing，以及 Sun 的 Java Message Queue 等。

4）面向对象中间件

面向对象中间件（Object Oriented Middleware）又称分布式对象中间件（Distributed Object Middleware），简称对象中间件。分布对象模型是面向对象模型在分布异构环境下的自然拓广。分布对象中间件支持分布对象模型，使得软件开发者可在分布异构环境下面向对象方法和技术来开发应用。OMG 组织是分布对象技术标准化方面的国际组织，它制定出了 CORBA 标准等，DCOM 是微软推出的分布对象技术。COM＋和.NET 是其进一步的发展与深化。

对象中间件是一种标准化较好、功能较强的中间件，它全面支持面向对象模型，具有良好的异构支持能力，可适用于广泛的应用。分布对象中间件是一类常用的中间件，其主要产品有 OMG 的 CORBA 产品系列、Microsoft 的 COM 系列、Java RMI 等。

5）Web 应用服务器

概念上，Web 应用服务器（Web Application Server）是 Web 服务器和应用服务器相结合的产物，它是处于目前主流的三层或多层应用结构的中间的核心层次，直接与应用逻辑关联，对分布应用系统的构建具有举足轻重的影响。应用服务器中间件技术是为支持应用服务器的开发而发展起来的软件基础设施，它不仅支持前端客户与后端数据和应用资源的通信与连接，而且还通过采用面向对象、组件化等技术以提供事务处理、可靠性和易剪裁性等功能的支持。大大简化了网络应用系统的部署与开发。EJB 和 J2EE 是目前应用服务器方面的主流标准。

应用服务器由于直接支持三层或多层应用系统的开发而受到广大用户的欢迎，它是目前中间件市场上竞争的热点，其主要产品有 BEA 的 WebLogic、IBM 的 WebSphere 等。

6）Web 服务中间件

为了支持跨边界的企业应用系统的集成，出现了 Web Services 及其相关的标准。Web 服务中间件是指支持通用描述、发现与集成服务（Universal Description，Discovery and Integration，UDDI）。可扩展标记语言（eXtensible Makeup Language，XML）。简单对象访问协议（Simple Object Access Protocol，SOAP）。Web 服务描述语言（Web Services Description Language，WSDL）。Web 服务流程语言（Web Services Flow Language，WSFL）等各种相关标准的中间件。此类中间件可支持在各种不同类型中间件环境中开发的应用系统在统一的模式下进行灵活的应用集成和互操作。

Web 服务是近年来发展起来的新兴技术，有较好的市场发展前景。与之相关的主要工作有 Microsoft 的.NET、Sun 的 SunOne、Oracle 的 Oracle9i，以及 BEA、HP、Borland 等对 Web 服务的支持。

7）万能中间件 OSGi

万能中间件 OSGi（Open Service Gateway initiative）是一个于 1999 年成立的开放标准联盟，旨在建立一个开放的服务规范。一方面，为通过网络向设备提供服务建立开放的标准；另一方面，为各种嵌入式设备提供通用的软件运行平台，以屏蔽设备操作系统与硬件的区别。OSGi 规范基于 Java 技术，可为设备的网络服务定义一个标准的、面向组件的计算环境，并提供已开发的 HTTP 服务器、配置、日志、安全、用户管理、XML 等公共功能标准组件。

OSGi 组件可以在无需网络设备重启下被设备动态加载或移除，以满足不同应用的不同需求。OSGi 规范的核心组件是 OSGi 框架，如图 2-4 所示。该框架为应用组件（bundle）提供了一个标准运行环境，包括允许不同的应用组件共享一个 Java 虚拟机，管理应用组件的生命期（动态加载、卸载、更新、启动、停止等）、Java 安装包、安全、应用间依赖关系，服务注册与动态协作机制，事件通知和策略管理的功能。

基于 OSGi 的物联网中间件技术早已被广泛应用于手机和智能 M2M 终端，在汽车业（汽车中的嵌入式系统）、工业自动化、智能楼宇、网格计算、云计算、各种机顶盒、车载通信等领域都有广泛应用。有业界人士认为，OSGi 是“万能中间件”（Universal Middleware），可以毫不夸张地说，OSGi 中间件平台一定会在物联网产业发展过程中大有作为。

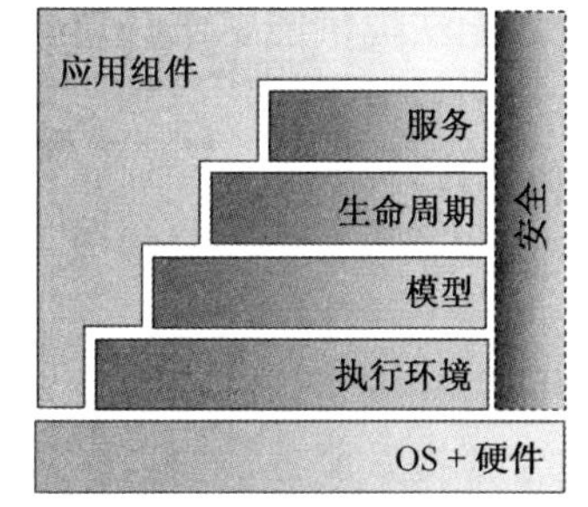

图 2-4　OSGi 框架及组件运行环境

8）其他

新的应用需求、应用领域促成了新的中间件产品的出现。例如，商务流程自动化的需求推动了工作流中间件的兴起；企业应用集成的需求引发了企业应用集成服务器的出现；动态 B2B 集成的需求又推动了 Web 服务技术和产品的快速发展，Web 服务技术的发展又必将推动现有中间件技术的变化和新中间件种类的出现；中间件应用到通信环境，服务于移动电子商务，就出现了移动中间件；而对中间件在开放环境下的灵活性和自适应能力的需求促进了对所谓自适应中间件、反射式中间件和基于 Agent 的中间件等新型中间件的研究。

2.2 物联网能力开放平台架构

物联网是新一代信息技术的重要组成部分，从网络层面讲，它的核心和基础仍然是互联网；从客户端上讲，物联网将以人为对象的通信和信息交换延伸和扩展到了任何物品与物品之间。因而，物联网从网络层面讲，是一个泛在网络，即一个无所不在的网络。而物联网的应用，是以物体为对象，以解决物体与物体之间、物体与人之间的通信与信息交换为目的的智能化应用。在这种情况下，物联网的应用数量和应用范围将远远超出现有的互联网和电信网应用，物联网的应用也将是基于泛在网络的泛在应用。

目前，物联网技术在许多行业中得到了广泛地应用，包括交通、电力、农业生产、物流和安防等。但是从总体上而言，尚存在以下问题：

（1）应用的种类和数量粗具规模，但是与预期的市场规模相比，仍然还有较大的差距；

（2）应用范围比较有限，行业相对集中，跨行业、融合型的物联网应用尚比较缺乏；

（3）市场需求比较旺盛，但是需求过于分散，集成商和运营商受限于成本压力，无法提供能够细分市场、满足个性化需求的服务；

（4）受限于前端感知层和网络层的标准化和产业化发展状况，创新型的物联网应用比较缺乏；

（5）缺乏一个物联网应用开发和研制的公共支撑，物联网应用研发效率不高，产品上线速度较慢。

能力开放是信息服务业发展到一定阶段所必须面临的课题，它已经成为服务运营商提升服务能力、扩展服务经营范围、提升信息服务产业链中参与力度的主要途径之一。具体而言，能力开放的目的包括以下几方面。

（1）提供高效、丰富的服务，拓展价值空间，这是能力开放最直接的目的。在以往只提供纯通道服务的基础上，将更多的服务以“能力”这种统一的形式提供，使得开发者可以通过对多种服务能力的编排和聚合来构建满足用户需求的应用，从而使得运营商在提供更多、更灵活的信息服务的同时，提升在用户应用中的服务比重。

（2）提高应用开发效率，支持应用的快速开发、快速上线，缩短应用上线时间，使应用开发更加敏捷高效，并快速满足客户个性化需求。针对信息服务应用“碎片化”的情况，将应用开发分为能力素材建设和业务逻辑开发两个相对独立的部分。运营商及合作伙伴作为能力素材建设的主体，应用开发者（包括大量的独立开发者）则负责将用户需求转化为具体的业务流程，并利用底层所开放的服务能力进行二次编排和内容的聚合来实现业务系统。这种方式可以有效解决信息服务应用开发周期长、开发成本高的问题，并有利于分散型应用在能力层面的统一。

（3）以专业化服务的方式满足多用户的共性需求，降低服务的提供和使用成本。基于运营商已经建设的成熟的基础网络、业务环境和运营体系，可为用户提供广域范围内的信息服务应用、有效应用种类和业务空间。此外，通过与云计算等技术的结合，利用公共的软、硬件设施和运营服务，可有效降低应用开发、部署和运营管理成本，提高服务质量，从而降低用户特别是没有 IT 服务能力的用户的总体拥有成本。

对于物联网产业而言，能力开放就显得尤为重要。首先，从物联网应用的角度来看，物联网应用具有泛在性、融合性和定制化特点，与传统的电信行业相比，已经很难有专业的设备商、运营商或者应用开发商单纯依靠自己的力量来提供具备这些特性的物联网应用；其次，从能力层来看，物联网应用所使用的网络能力是一个涵盖电信网通信能力、电信业务能力、互联网服务能力和终端能力等多种融合的服务能力，这些能力的构建也不是整个生态链中某一个角色所能承担的，而是要发挥整个生态链中所有环节的力量，使得它们在承担消费者的同时，积极扮演服务者的角色；最后，开放平台的构建可以对物联网应用环境进行有效的管控，从而有效促进物联网产业生态环境的良性发展。综合以上分析，可以看出，物联网能力开放平台的建设对于物联网生态环境的构建和良性发展具有非常重要的作用，运营商通过将与物联网相关的各类服务能力开放给合作伙伴和用户，逐步建立起可快速满足用户多样化需求的、统一的、可持续发展的服务体系，并基于此形成可规模销售和管理的物联网信息服务产品。

物联网能力开放平台的建设需要遵循的基本原则如下。

（1）标准技术。一个良好的物联网能力开放平台应当基于开放的 IT 技术和相关的行业标准（包括物联网标准、电信标准或互联网标准等）来实现，包括中间件、协议、应用程序接口、数据库服务以及操作系统，这是平台开放性的实现基础。

（2）水平式架构。平台应当采用水平式架构，平台中的各个功能实体可以在横向进行静态或动态的扩展。这种扩展包括功能扩展和性能扩展两个方面。同时，在纵向上，平台必须要有明确的功能分层，各个分层之间要有明确的接口定义。水平式架构的特点在于可以灵活扩展，实现自由的应用，特别适合于业务需求发展快的阶段。

（3）基于面向服务的架构 SOA 的集成。遵从面向服务的架构，采用松耦合、可重用的服务组件方式实现服务的集成，支持与外部服务的对接与互通，支持服务的管理和服务的编排。此外，采用 SOA 相关规范和技术来实现安全的应用接入，确保平台对应用接入的安全控制。

（4）通用的应用管理与数据管理运行在平台上的业务可共享同一个环境，包括通用的业务能力引擎、业务执行环境、业务和用户档案库、业务编排管理机制以及通用的计费和营账接口，支持根据相应的业务签约协议为应用提供对应的能力服务保障和计费策略。

（5）开放的应用生成环境可使用业界通用技术实现物联网应用开发及调测的仿真环境，为合作伙伴提供开发工具和开发框架，支持应用的快速开发和部署，缩短应用上线时间。应用开发者利用开发工具，结合可拆卸式组件以及应用程序编程接口（Application Programming Interface，API）来开发各种新的融合应用。这些可拆卸的组件平台自身提供的，也可以是第三方开发的插件。应用的部署和执行可采用托管运行方式直接运行在集中的业务执行环境中，也可通过对接口的远程调用运行于远端系统。

（6）强大的数据分析能力，强大的运营分析、监控和动态调整能力，是运营商实现精准商业运营的关键。监控包括终端业务运营指标，实时跟踪业务发展和业务运营状态；分析客户行为习惯，对客户进行合理分群，支撑由业务为中心向以客户需求为中心转变的全程精确营销。

（7）灵活的终端接入能力与终端管理支持多种物联网终端的接入，为众多的终端提供低成本、快速的接入通道。同时，支持对终端能力库的建设，并且可以针对不同的终端提供不同的通信、数据传输和应用控制能力。

与物联网体系架构对应，物联网能力开放平台的架构体系需要包含系统支撑、应用支撑、管理支撑以及运维与工具四大组成部分，如图 2-5 所示。

（1）系统支撑能力是物联网平台的基础支撑能力，主要包括通信通道能力和 IT 基础能力。前者主要负责物联网终端的接入、物联网应用和物联网终端之间的数据传输，主要涉及电信基础网络（GSM\GPRS\3G\WLAN 和以太网等）；后者是物联网平台必备的计算和存储能力，涉及虚拟化、分布式计算、分布式存储、分布式数据库等云计算关键技术，主要解决物联网应用在运行状态下的计算、存储和数据库服务等基本需求。

（2）应用支撑能力是物联网应用业务功能实现的基础。物联网应用是一种融合的应用，涉及的业务能力包括：传统的电信业务能力，如短信、彩信、无线应用协议（Wireless Application Protocol，WAP）、定位等基本电信业务能力；互联网业务能力，如地图、天气、搜索、邮件、支付等；物联网业务能力，主要是指通过对物联网行业应用进行抽象而形成的一些可复用的通用业务能力，如环境监测、安防、监控、物流信息等专有能力；终端管理能力，是指对物联网终端的状态、位置查询及变更，终端数据服务，终端告警及其处理等相关的业务能力。

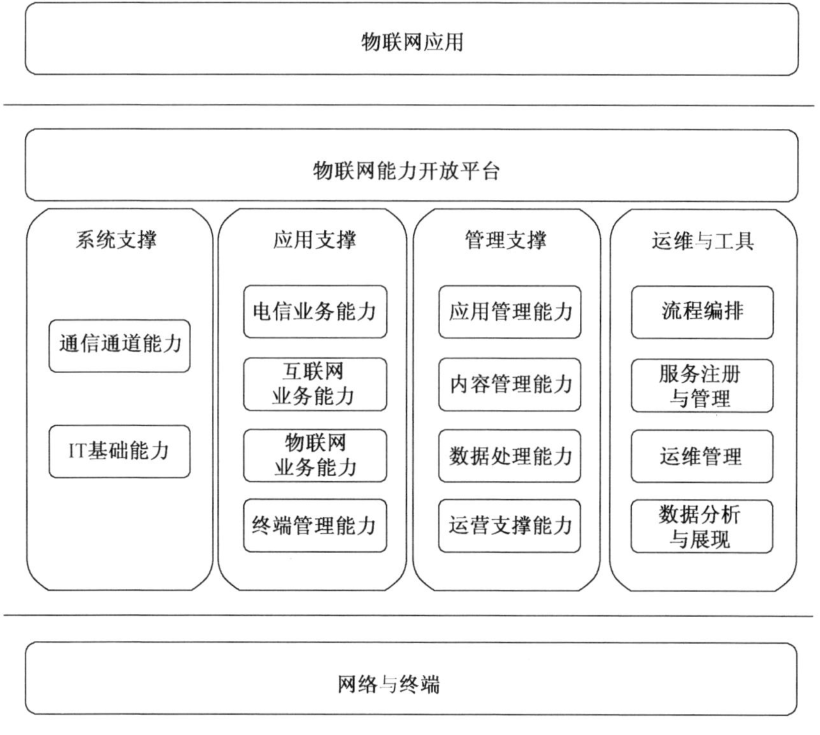

图 2-5　物联网能力开放平台基础架构

（3）管理支撑能力是物联网应用发布、内容发布及其运营的必备能力。主要包括：应用管理能力，负责应用的提交、审核、发布、部署和下线等应用的生命周期管理功能；内容管理能力，负责内容的提交、审核、发布和下线等生命周期管理功能以及应用的商品化交易等功能；数据处理能力，负责物联网数据的存储、共享和数据统计分析等；运营支撑能力，负责应用的计费、认证和鉴权等基本运营支撑功能，需要与现网的鉴权认证服务器及计费服务器对接以实现应用的运营支撑功能。

（4）运维与工具是物联网应用开发和运行管理等功能实现的支撑。主要包括：流程编排、服务注册与管理、运维管理及数据分析与展现。流程编排功能提供以企业服务总线（Enterprise Service Bus，ESB）、业务流程执行语言（Business Process Execution Language，BPEL）和规则引擎等为代表的SOA中间件，主要负责物联网应用的逻辑编排和业务逻辑的执行。业务逻辑的流程可以分为长流程和短流程两类，前者主要是工作流的逻辑编排，后者是指实时处理的业务流程编排。而规则引擎为业务逻辑的快速开发提供了常用的支撑模块；服务注册与管理是SOA的服务治理模块，主要负责种类繁多的物联网应用可重用模块的生命周期管理；运维管理为系统的运行和日常维护提供必备的操作维护管理工具，包括系统认证、单点登录、网管与告警等；数据分析与展现负责物联网应用中海量的数据分析、最终结果的分析和展现，以更直观和生动的图形化展示方式将结果展示给最终用户。

物联网开放平台可以看做在电信能力开放平台和互联网开放平台等基础之上，结合物联网应用的特性而形成的新的领域模型，从开放平台的角度而言，作为物联网应用交付的中间件平台，相关的中间件技术及其实现是物联网能力开放平台实现的基础，下节内容将重点介绍这些关键技术。

2.3 物联网能力开放平台关键技术

2.3.1 分布式数据采集

物联网的“触手”是位于感知识别层的数据采集设备，既包括采用自动生成方式的RFID、传感器、定位系统等，也包括采用人工生成方式的各种智能设备，例如，智能手机、个人数字助理、多媒体播放器、笔记本计算机等。各种类型的数据采集设备将采集到的信息汇集到中央信息系统，实现物品的识别、管理和监控。

图2-6是单户家庭的家居数据采集系统，各种传感器把采集到的数据汇聚到家庭网关，通过家庭网关上传到物联网平台。

本节将探讨数据采集系统的特征和分类、分布式环境下的数据采集接口和数据采集中的抗干扰技术。

1. 工业数据采集

通常所指的数据采集，是指测量和工业自动化领域的数据采集系统。在测量和工业自动化领域，自动识别、预警、控制是其重要功能，无人值守是特点之一。其中，有适应振动、爆破、图像检测等高速数据采集场合采集器，有适应强辐射、有毒等危险和恶劣场合采集器。

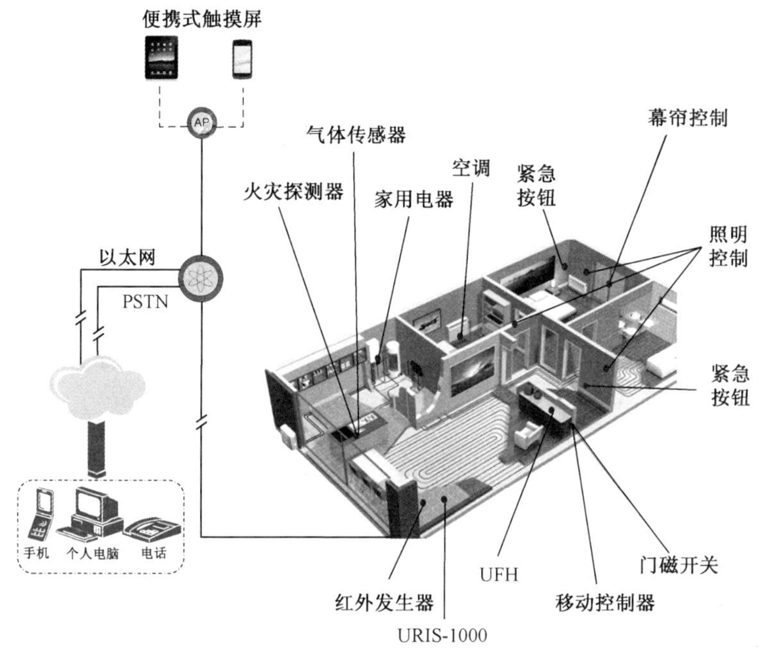

图 2-6　单户家庭的家居数据采集系统

评价数据采集系统性能优劣的标准有采样精度、采样周期和上报周期，在保证系统具备采样精度的条件下，尽可能保证高的采样速度，满足实时处理和控制的要求。数据采集后，进行数据处理，该任务包括对采集信号作标度变换，消除数据中的干扰，分析计算数据中的内在特征。

以矿山安全管理为例，方案之一是借助集成有 RFID 标签的矿灯实现 RFID 井下人员定位系统（图2-7），实时、准确地掌握井下作业人员的位置，可以在任何时间、任一采掘面及时掌握作业人数、作业人员位置、每个作业人员的个人信息，为日常状态下的人员管理以及紧急事故情况下的救援活动提供及时、准确的依据。其中，收发器和读卡分站实现数据采集和汇集。

数据采集系统由传感器、模拟信号调理、数据采集电路、微机系统四部分组成，如图 2-8 所示。

传感器感应物理现象并生成数据采集系统可测量的电信号。例如，热电偶、电阻式测温计、热敏电阻器和 IC 传感器可以把温度转变为模拟数据转化器可测量的模拟信号。其他例子包括应力计、流速传感器、压力传感器，它们可以相应地测量应力、流速和压力。在所有这些情况下，传感器可以生成和它们所监测的物理量成比例的电信号。

为了适应数据采集设备的输入范围，由传感器生成的电信号必须经过处理。为了更精确地测量信号，信号调理配件能放大低电压信号，并对信号进行隔离和滤波。此外，某些传感器需要有电压或电流激励源来生成电压输出。软件使 PC 和数据采集硬件形成一个完整的数据采集、分析和显示系统。驱动软件控制和管理采集硬件的操作。

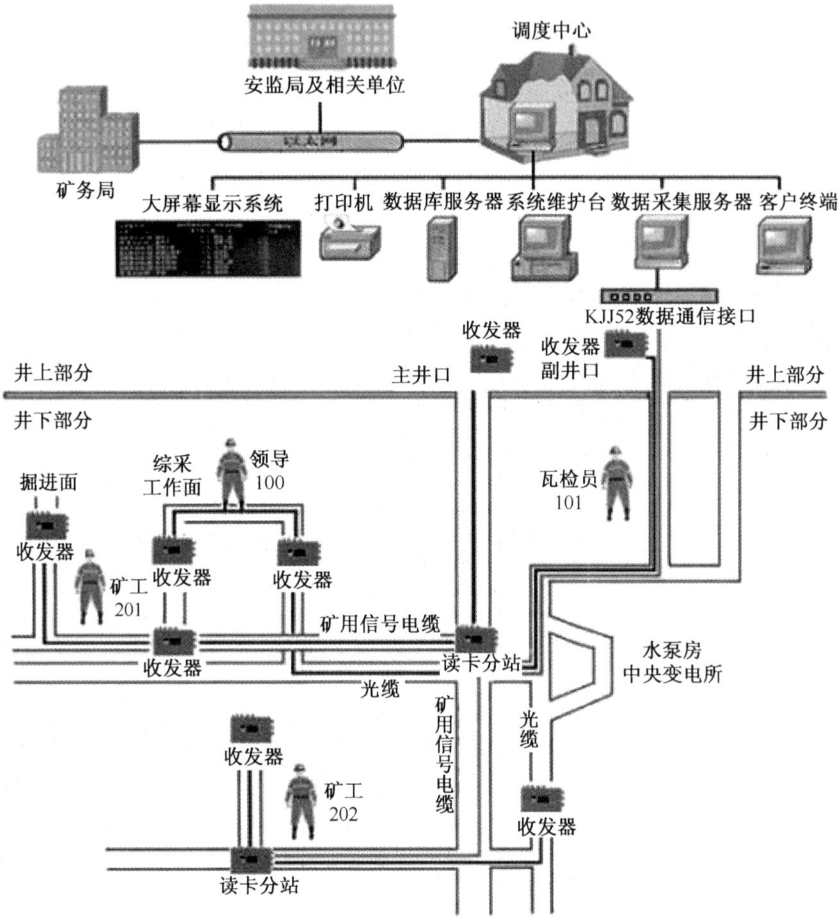

图 2-7 RFID 井下人员定位系统

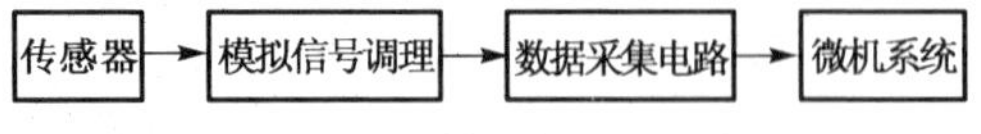

图 2-8 数据采集系统的基本组成

实际的数据采集系统往往需要同时测量多种物理量（多参数测量）或同一种物理量的多个测量点（多点巡回测量）。因此，多路模拟输入通道更具有普遍性。按照系统中数据采集电路是各路共用一个还是每路各用一个，多路模拟输入通道可分为集中采集式（简称集中式）和分散采集式（简称分布式）两大类型。

集中采集式多路模拟输入通道的典型结构有分时采集型和同步采集型两种，分别如图 2-9(a)和图 2-9(b)所示。

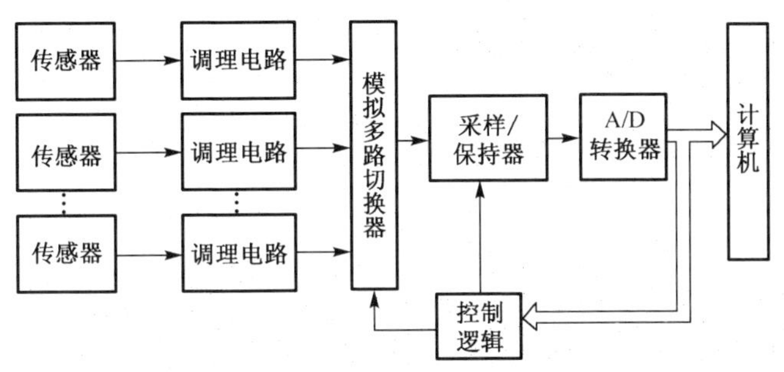

(a) 多路分时采集分时输入结构

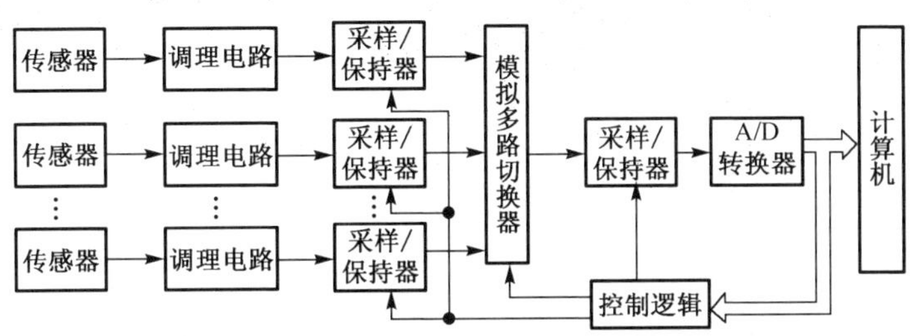

(b) 多路同步采集分时输入结构

图 2-9　集中式数据采集系统的典型结构

分布式采集的特点是每一路信号一般都有一个 S/H 和 A/D，因而不再需要模拟多路切换器 MUX。每一个 S/H 和 A/D 只对本路模拟信号进行数字转换即数据采集，采集的数据按一定顺序或随机地输入计算机，根据采集系统中计算机控制结构的差异可以分为单机采集系统和网络式采集系统，如图 2-10(a)和图 2-10(b)所示。

采集上报的类型有四种：时间周期内定时上报、按需上报（又分为瞬时数据上报和指定时间上报）、计划上报和基于事件上报。

随着分布式网络和局域网的广泛应用，分布式数据采集系统广泛应用于船舶、飞机等采集数据多、实时性要求较高的地方。同步采集是这类分布式数据采集系统的一个重要要求，数据采集的实时性、准确性和系统的高效性都要求系统能进行实时采集。

2. 空间数据采集

在地理信息领域，空间数据采集的任务包括对地图数据、野外实测数据、空间定位数据、摄影测量与遥感图像、多媒体数据等进行采集。将现有的地图、外业观测成果、航空像片、遥感图片数据、文本资料等转换成 GIS 可以接受的数字形式。常用的图形数据采集设备包括全站仪、遥感卫星、GPS、平板仪、首付跟踪数字化仪、扫描仪、移动测绘系统。现在比较热门的是三维数字地图采集与绘制，如图 2-11 所示。

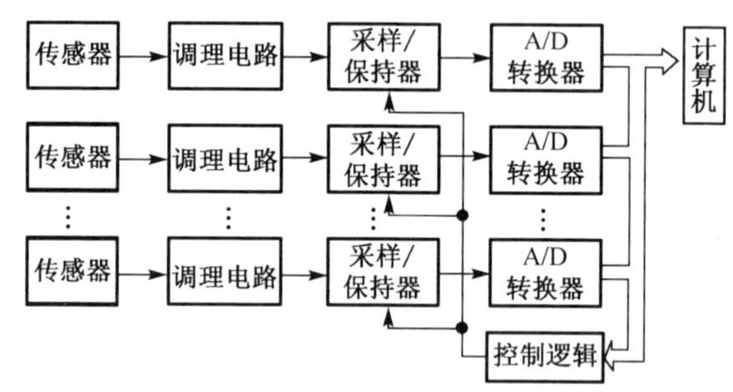

(a) 分布式单机数据采集结构

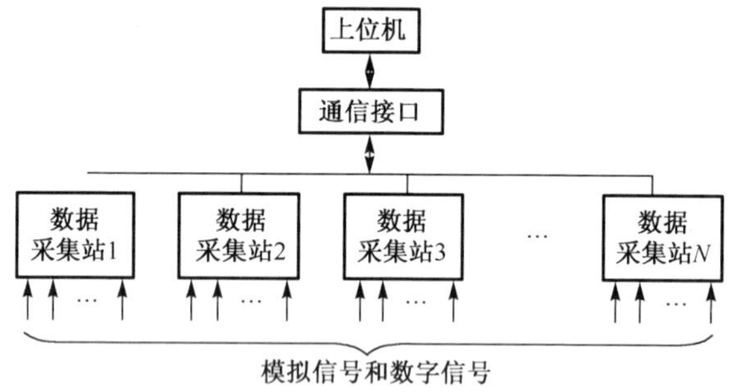

(b) 网络式数据采集结构

图 2-10　分布式数据采集系统的典型结构

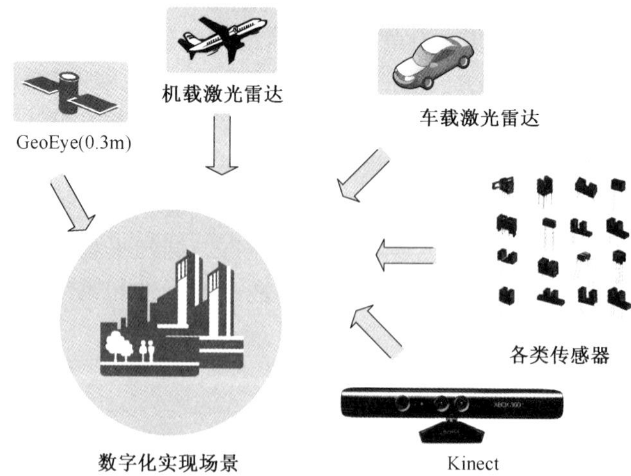

图 2-11　三维数字地图采集系统

地球物理领域的分布式数据采集系统是相对于集中式数据采集系统而言的。它一般是由地面采集站、遥测数传电缆以及中央控制站三部分组成，其中地面采集站按测线的方向布置，负责采集一个或几个测点的地球物理数据，而中央控制站的主要任务是完成数据的记录和质量监控。目前这种系统已广泛应用于地震勘探和高密度电法中。

3. 物流数据采集

物流数据采集器，是将条码扫描装置与数据终端一体化，带有电池可离线操作的终端计算机设备。数据采集器具有 CPU、ROM、RAM、键盘、屏幕、计算机接口、条码扫描头、电源灯装置。批处理数据采集器，将数据暂存于机器中，批量上传或下载至计算机系统中。无线数据采集器，是通过无线网络实现数据交互和实时传输。数据采集器应具有数据采集、数据传送、数据删除和系统管理等功能。进行条码信息数据采集，并进行数据处理的装置，一般还带有显示窗口和信息输出接口。

4. 网络数据采集

网站格式化数据采集的定义是利用软件技术从任意网站下载看到的数据，并分析、提取出格式化的数据存入数据库。网页信息采集是指利用计算机软件技术，针对特定的目标数据源（可以是网站、网站接口等），实时进行信息采集、抽取、挖掘、处理，将非结构化的信息从大量的网页中抽取出来保存到结构化的数据的过程，从而为各种信息服务系统提供数据输入和信息整合。通俗地讲就是从指定的网页批量抓取到想要的数据，如新闻、博客、帖子、电子商务网站上产品和价格信息等，然后保存至指定的数据库或一定格式的文件数据，以供应用程序、报表等使用。在网络信息浩如烟海的今天，如何有效挖掘网络信息富矿、收集企业外部信息，对于公司的经营来说至关重要。对目前大量分布在网络环境中的个人计算机上的数据进行长时期采集与监测，并且在此过程中采集和监测的数据类型和人群也可能随着研究的进行而发生动态变化。

5. 数据采集面临的挑战

数据采集面临许多挑战：如何保证数据采集的实时性、准确性和效率；如何选定合适的采样精度和周期；分布式数据同步采集和协调处理；采集数据呈现海量、多变量、高噪音、强耦合的特征，如何通过多源信息融合提取信息；采集过程中如何抑制可能的干扰。多源信息融合技术在解决这些问题方面具有很重要的作用。

多源信息融合的概念是在 20 世纪 70 年代提出来的。人类和自然界中其他动物对客观事物的认知过程，就是对多源信息的融合过程。多源信息融合技术实际上就是对人脑综合处理复杂问题的一种功能模拟。而基于机器来模仿由感知到认知的过程也可称为多传感信息融合。由于大多数融合方法研究是针对数据处理的，所以也把信息融合称为数据融合。这里所讲的传感器也是广义的，不仅包括物理意义上的各种传感器系统，也包括与观测环境匹配的各种信息获取系统，甚至包括人或动物的感知系统。

针对目前所研究的多传感信息融合来说，各种传感器提供的信息可能具有不同的特性：时变的或非时变的，实时的或非实时的，确定的或随机的，精确的或模糊的，互斥的或互补的等。多源信息融合技术就是要利用计算机进行多源信息处理，从而得到可综合利用信息的理论和方法，其中也包含对自然界人和动物的大脑进行多传感信息融合机理的探索。

信息融合研究的关键问题就是提出一些理论和方法，对具有相似或不同特征模式的多源信息进行处理，以获得具有相关和集成特性的融合信息。比如，针对数据源和数据质量的不确定性的处理；针对数据多时标与不完整性，以及因许多变量的变化快慢各异，采集信号的频率不同而导致时间上的不同步和不完整的处理等。

2.3.2 海量数据挖掘与分析

物联网通过基础设施的各种感知设备感知物体信息，然后利用网络技术将感知获取的数据传输到物联网的数据中心。大家知道物理世界的物体数量是庞大的、形式是多样的、状态是多变的，分布在不同地点，并且极易受外界环境的影响，这就必然导致物联网采集的数据具有海量、异构、高维、杂乱、分散等特点。同时这些海量数据又是物联网应用的核心资源，只有从这些海量数据中发现知识，才有可能将物联网信息应用到人们的生活中去，才可以推动物联网的进一步发展。

本节主要介绍海量数据挖掘相关的技术，包含数据挖掘、分布式文件系统、并行计算、个性化推荐引擎。

1. 数据挖掘

数据挖掘是一个从大量的、不完全的、有噪声的、模糊的、随机的实际数据中提取隐含在其中的、人们所不知道但是又潜在有用的信息和知识的过程。数据挖掘是一个自动或半自动的过程，采用人工智能、统计学、机器学习、模式识别等领域知识完成从数据到模式、关联、变化、预测等有意义的结构。数据挖掘在物联网应用中具有很重要的作用。例如，通过对海量的数据进行全面的深层次的数据挖掘，发现隐含在其中的规律，再结合相应的行业知识，就可以建立相应的专家系统、预测模型等，使用户对物理世界更深入地了解和掌握。

数据挖掘算法分为基于统计学习的算法、基于机器学习的算法和基于数据库技术的算法。

（1）基于统计学习的算法：包括回归分析、判别分析、聚类分析、主成分分析、相关分析等算法。

（2）基于机器学习的算法：包括决策树、SVM、关联规则、遗传算法、贝叶斯学习、KNN、神经网络等算法。

（3）基于数据库技术的算法：包括多维分析、OLAP 技术、多属性归纳等算法。

传统的数据挖掘算法面对物联网的海量数据已经力不从心，亟待解决海量数据存储和海量数据挖掘效率的问题。分布式计算是解决海量数据挖掘任务、提高海量数据挖掘效率的有效方法，目前分布式挖掘技术包含基于 Agent 的分布式数据挖掘、基于网格的分布式数据挖掘、基于云的分布式数据挖掘等技术。其中，前两种分布式数据挖掘技术理论上可以解决海量数据挖掘任务，但是在产业界没有经过大数据量的实践；相反，基于云的分布式数据挖掘技术在产业界得到了海量数据的实践证明，如 Google、亚马逊、Facebook 等公司都有自己的基于云计算平台的海量数据处理平台。

如图 2-12 所示，基于云计算平台的海量数据挖掘通用架构需要选择适合的云计算支撑平台，并且基于云计算平台的计算模型需完成海量数据挖掘算法的并行化。目前应用比较广泛的是 Apache 的开源云计算平台 Hadoop 平台。

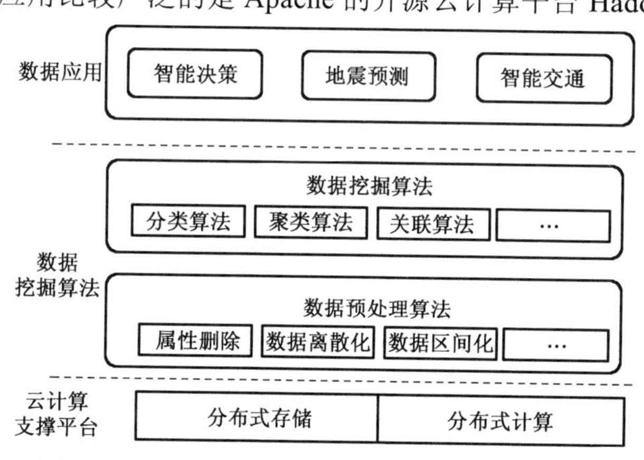

图 2-12　基于云计算平台的海量数据挖掘通用架构

2. 分布式文件系统

分布式文件系统有效地解决了海量数据存储的问题，并且具有高扩展性，实现了位置透明、移动透明、性能透明、扩展透明、高容错、高安全、高性能等关键存储功能。目前业界比较流行的分布式文件系统有 GFS（Google File System）、HDFS（Hadoop Distributed File System）、KFS（Kosmos File System），这三种分布式文件系统都是基于 Google 提出的分布式文件系统理论进行研发的，Google 提出的 GFS 解决其海量数据存储和搜索、分析等问题；HDFS 和 KFS 是基于 GFS 理论基础上实现的开源系统，并且在商业和学术领域得到了广泛的应用。

3. 并行计算

分布式计算框架是分布式应用服务平台的关键组件之一，如图 2-13 所示，它架构在分布式存储（存储层）之上，其功能在于将计算并行、任务调度与容错、数据分发、负载平衡等细节封装起来，对上层应用提供计算服务。图中的 Language 层是对服务接口的封装，对用户提供类 SQL 语言的编程界面，不同的计算框架的类 SQL 编程语言也不尽相同。

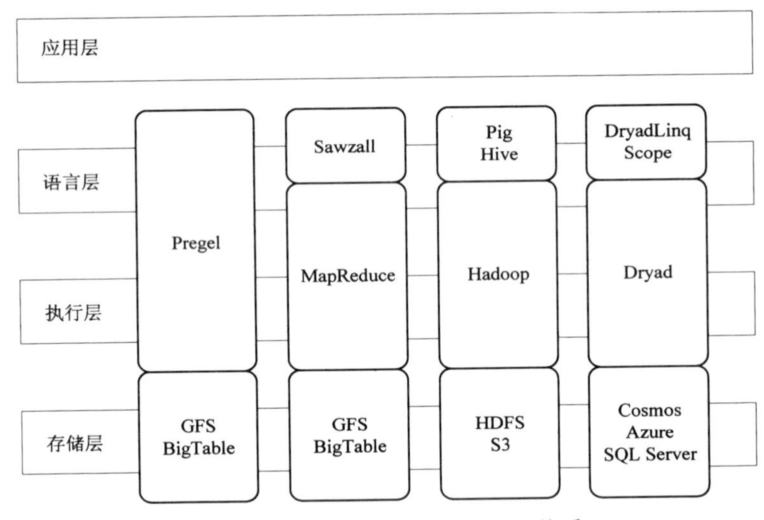

图 2-13　分布式计算框架的服务体系

MapReduce 是 Google 提出的一个并行计算框架，2003 年，Google 为了解决海量数据挖掘和分析，提出了 MapReduce 计算框架，把分布式计算作为一种服务提供给上层应用，从而使开发人员不再需要考虑分布式计算的细节问题，提高了开发效率，降低了维护成本。

MapReduce 可以在大量 PC 机上并行执行海量数据的收集和分析任务，它把如何进行任务并行执行、如何进行数据分布、如何容错、网络带宽延时等问题的解决方案编码、封装在了一个库里面，使用户只需要执行数据运算即可，而不必关心并行计算、容错、数据分布、负载均衡、任务调度等复杂的细节。同时它又对上层应用提供良好简单的抽象接口。

Apache 参考 Google 的论文进行了 Java 的开源实现——Hadoop，基本上复制实现了分布式文件系统 HDFS 和计算框架 MapReduce。图 2-14 是经过理论验证、并且经过实践验证的可并行化的数据挖掘技术的实现方案。

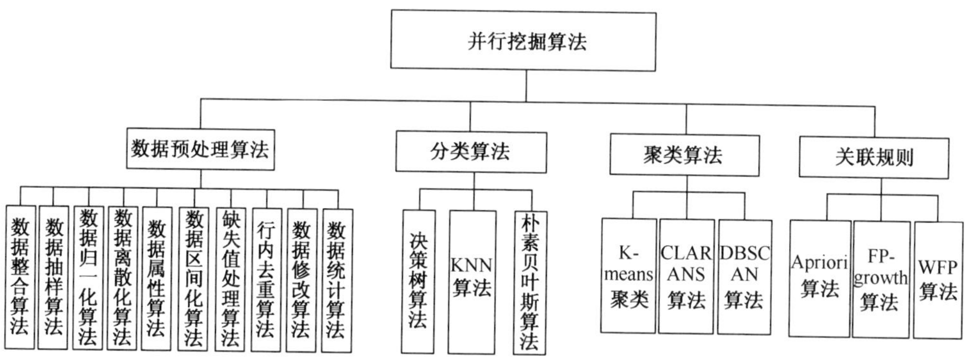

图 2-14　并行数据挖掘算法

4. 个性化推荐引擎

个性化推荐是根据用户的兴趣特点、行为向用户推荐用户感兴趣的信息或产品。个性化推荐解决的问题就是如何在海量信息中发现用户感兴趣的信息。其形式化地描述为假设 U 是系统中所有用户（user）的集合，I 是系统中所有可以推荐给用户的对象（item）的集合，如电影、书籍、视频等。在实际的应用中，U 和 I 的规模通常都很大，如电子商务网站 Amazon 的图书多达 200 万本。定义 $f(u, i)$为衡量某推荐对象 i 对于目标用户 u 的效用大小的函数，则个性化推荐系统要解决的问题就是在对象集合 I 中找到对任意一目标用户 u 效用最大的对象 i，即

$$\forall u \in U,\quad i'_u = \underset{i \in I}{\operatorname{argmax}}\ f(u, i)$$

为了实现个性化推荐的目的，如何选取合适的推荐算法来设计效用函数 f 是推荐系统的核心问题。

常用的推荐算法一般被分为以下三种类别：基于内容的推荐（Content-Based）、协同过滤推荐（Collaborative Filtering）和组合推荐。基于内容的推荐是以项的基本特征和对用户兴趣的描述作为推荐的基础，通过一种比较项之间相似性的方法来给用户做推荐。协同过滤推荐主要是依据这样一个前提假设：有着相似历史记录的用户，可以认为他们有着相似的爱好，从而可以把与目标用

户相似的用户喜爱的项推荐给目标用户。而组合推荐框架综合了以上两种方法的优点。

图 2-15 是一个典型的个性化推荐算法图。

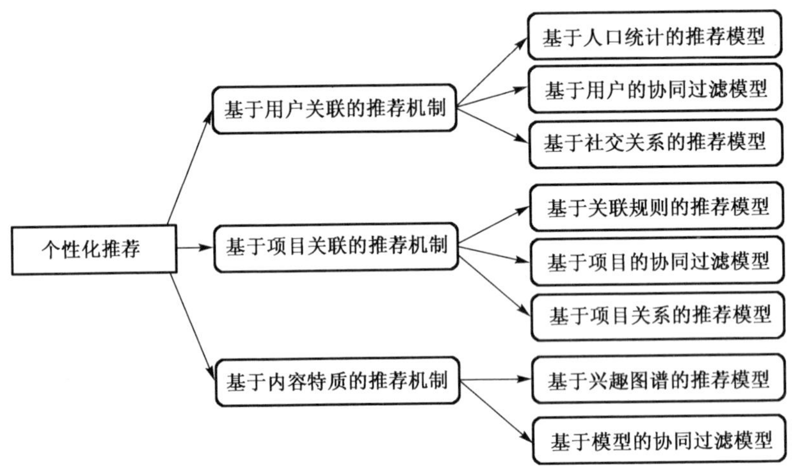

图 2-15　典型的个性化推荐算法

个性化推荐除了上图的推荐算法之外，业界主要采用融合数据挖掘算法、社交网络、地理位置以及业务信息等全方位信息进行个性化推荐。物联网基于个性化推荐技术完成个性化服务功能，如根据用户历史的行驶记录，完成智能路线推荐。

2.3.3　分布式通信

分布式通信是物联网应用实现的基础支撑技术之一，也是物联网应用开放平台自身实现的基础。分布式通信是远程调用的实现框架，可以快速实现应用与应用之间、应用与平台之间以及平台内部子系统之间的远程调用。

通常，分布式通信框架提供的是高性能和透明化的 RPC 远程服务调用方案以及 SOA 服务治理方案。主要围绕着服务方式的远程调用、软负载体系、服务可用性保障（容错机制、路由策略、断链重连、服务监控等）这几个方面进行设计和实现。开源的远程调用框架比较多，在 Java 领域可用于实现远程通信的框架或库有 Jboss-Remoting、Spring-Remoting、Hessian、Burlap、XFire（Axis）、ActiveMQ、Mina、Mule、EJB3 等。而目前比较流行的应用是基于 NIO 的通信框架 Mina、grizzly 和 Netty 框架。这些远程通信框架作为远程调用已经比较成熟，但是这些框架只提供底层的远程调用，在负载体系和服务可用性保障方面并没有拓展，所以用来做服务治理方案是远远不够的，一般开源方案少有提供。基于这些远程通信框架的基础而发展的分布式通信框架可以有效地提升传统远程调用框架的服务能力，目前应用比较成熟的有淘宝的 HSF 和阿里巴巴的 Dubbo 这两个框架。下面，简要介绍这些典型的远程调用和分布式通信框架的技术架构及其特点。

1. Apache MINA 简介

Apache 的 MINA（Multipurpose Infrastructure Networked Applications）是一个网络应用框架，可以帮助用户开发高性能和高扩展性的网络应用程序；它提供了一个抽象的、事件驱动的异步 API，使 Java NIO 在各种传输协议（如 TCP/IP、UDP/IP 等）下快速高效开发。

MINA 有 MINA1 和 MINA2 两个版本，淘宝的 HSF 框架和阿里巴巴的 Dubbo 框架第一个版本就是以 MINA1 为基础的。MINA1 在高并发时 full gc 存在缺陷，而 MINA2 修订了这些缺陷，并且在线程池等其他方面做了优化和改进。若本书没有特殊说明，提到的都是 MINA2。

MINA 的架构如图 2-16 所示。

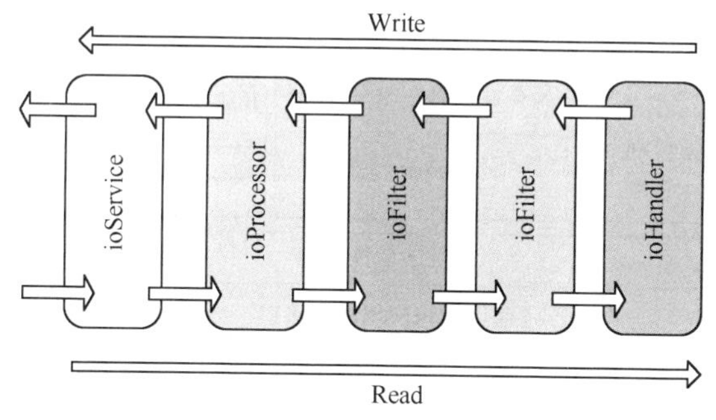

图 2-16　MINA 的架构图

MINA 的通信流程大致如图 2-16 所示，各个组件功能如下。

（1）ioService：这个接口在一个线程上负责套接字的建立，拥有自己的 Selector，监听是否有连接被建立。

（2）ioProcessor：这个接口在另一个线程上负责检查是否有数据在通道上读写，也就是说它也拥有自己的 Selector，这是与使用 Java NIO 编码时的一个不同之处，通常在 Java NIO 编码中，都是使用一个 Selector，也就是不区分 ioService 与 ioProcessor 两个功能接口。另外，ioProcessor 负责调用注册在 ioService 上的过滤器，并在过滤器链之后调用 ioHandler。

（3）ioFilter：这个接口定义一组拦截器，这些拦截器可以包括日志输出、黑名单过滤、数据的编码（write 方向）与解码（read 方向）等功能。

（4）ioHandler：这个接口负责编写业务逻辑，也就是接收、发送数据的地方。

MINA 的特点总结如下。

MINA 的 NIO：MINA 底层使用 Java NIO，基于 Reactor 模式架构，采用事件驱动编程模式。相对于传统的阻塞式模式，可以大幅提升服务的并发处理能力。

MINA 的多线程：MINA 的高性能主要是对 NIO 的封装使用，不过这一切都是建立在多线程的并发基础上的。MINA 可以运行用户自定义线程模型，可以是单线程、线程池等。对于 MINA 来说，当服务器端启动的时候，会启动默认的 I/O 线程，也就是主线程。

2. JBoss Netty 简介

Netty 是由 JBoss 提供的一个 Java 开源框架。Netty 提供异步的、事件驱动的网络应用程序框架和工具，用以快速开发高性能、高可靠性的网络服务器和客户端程序。Netty 是一个基于 NIO 的客户、服务器端编程框架，同时还保证了其应用性能的稳定性和伸缩性。其技术架构如图 2-17 所示。

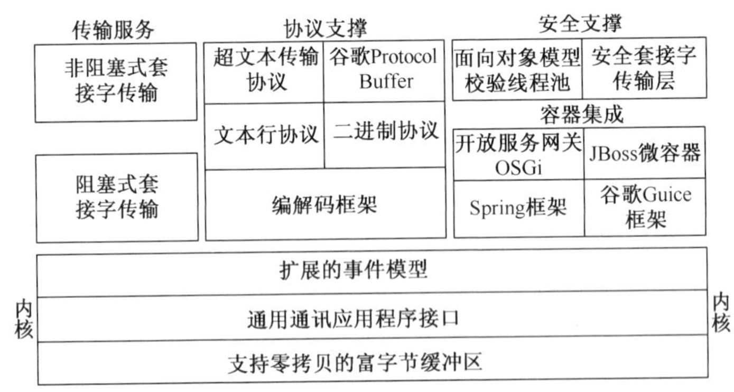

图 2-17　Netty 的技术架构图

Netty 整体架构可以分成两个部分：ChannelFactory 和 ChannelPipelineFactory，其中，ChannelFactory 主要生产网络通信相关的 Channel 实例和 ChannelSink 实例，Netty 提供的 ChannelFactory 基本能够满足绝大部分用户的需求，也可以定制自己的 ChannelFactory。

ChannelPipelineFactory 主要关注于具体传输数据的处理，同时也包括其他方面的内容，比如异常处理等，一般 ChannelPipelineFactory 由用户自己实现，因为传输数据的处理及其他操作和业务关联比较紧密，需要自定义处理的 handler。

Netty 通信的流程大致如下。

（1）Netty 一般是通过 bootstrap 来启动。实例化一个 bootstrap，并且通过构造方法指定一个 ChannelFactory 实现。

（2）向 bootstrap 实例注册一个自己实现的 ChannelPipelineFactory。

（3）如果是服务器端，则启动 bootstrap.bind(new InetSocketAddress(port))，然后等待客户端来连接。如果是客户端，则启动 bootstrap.connect(new InetSocketAddress(host，port))取得一个 future，这个时候 Netty 会去连接远程主机。

（4）在连接完成后，会发起类型为 CONNECTED 的 ChannelStateEvent，并且开始在自定义的 Pipeline 里面流转，如果注册的 Handler 有这个事件的响应方法，就会调用到这个方法。

（5）数据的传输。

Netty 的特点总结如下。

（1）Netty 提供了 NIO 和 BIO 两种模式来处理这些逻辑。NIO 的实现方式由一个 boss 线程来负责连接请求的监听，由 workers 线程池中的多个 worker 线程来接受 boss 线程转交过来的连接请求，进行 I/O 的读写操作，并回调业务层进行业务逻辑的处理，其中线程池中的每一个 worker 线程都绑定了一个实例化的 channel 对象；而在 BIO 情况下，服务器端虽然仍是由 boss 线程来处理等待链接的接入，但是客户端是由主线程直接连接，并且写数据时在客户端\服务器端都是由主线程直接来写，而数据读操作则是通过线程池中的一个 worker 线程以阻塞方式读取（一直等待，直到读到数据或者链路关闭）。

（2）采用什么样的网络事件响应处理机制对于网络吞吐量是非常重要的，Netty 采用的是标准的 SEDA（Staged Event Driven Architecture）架构，其所设计的事件类型，代表了网络交互的各个阶段，并且在每个阶段发生时，触发相应事件交给初始化时生成的 Pipeline 实例进行处理。事件处理都是通过 Channel 类的静态方法调用开始的，将事件、Channel 传递给 Channel 持有的 Pipeline 进行处理，Channels 类几乎所有方法都为静态，提供一种 Proxy 的效果（整个工程里无论何时何地都可以调用其静态方法触发固定的事件流转，但其本身并不关注具体的处理流程）。

（3）Netty 提供了全面而又丰富的网络事件类型，其将 Java 中的网络事件分为 Upstream 和 Downstream 两种类型。Upstream 类型的事件主要是由网络底层反馈给 Netty 的，如 messageReceived、channelConnected 等事件，而 Downstream 类型的事件是由框架自己发起的，如 bind、write、connect、close 等事件。Netty 的 Upstream 和 Downstream 网络事件类型特性也使一个 Handler 分为了 3 种类型：专门处理 Upstream，专门处理 Downstream，同时处理 Upstream 和 Downstream。实现方式是某个具体 Handler 通过继承 ChannelUpstreamHandler 和 ChannelDownstreamHandler 类来进行区分。Pipeline 在 Upstream 或者 Downstream 类型的网络事件发生时，会调用匹配事件类型的 Handler 响应这种调用。ChannelPipeline 维持所有 Handler

有序链表，并且由 Handler 自身控制是否继续流转到下一个 Handler（ctx.sendDownstream（e），这种设计的优点是随时终止流转，一旦业务目的达到则无需继续流转到下一个 Handler）。

Netty 提供了大量的 Handler 来处理网络数据，但是大部分是与 CODEC 相关的，以便支持多种协议。

Netty 封装实现了自己的一套 ByteBuffer 系统，具有的高可重用性 buffer 特性；并实现了自己的一套完整 Channel 系统，对 Java 网络做了一层封装，加上了 SEDA（Staged Event Driven Architecture）特性（基于事件响应、异步、多线程等）。

3. 淘宝 HSF 框架简介

HSF 是淘宝远程服务调用框架，其基于 MINA 框架开发，是淘宝大型分布式的基础支撑，其架构如图 2-18 所示。

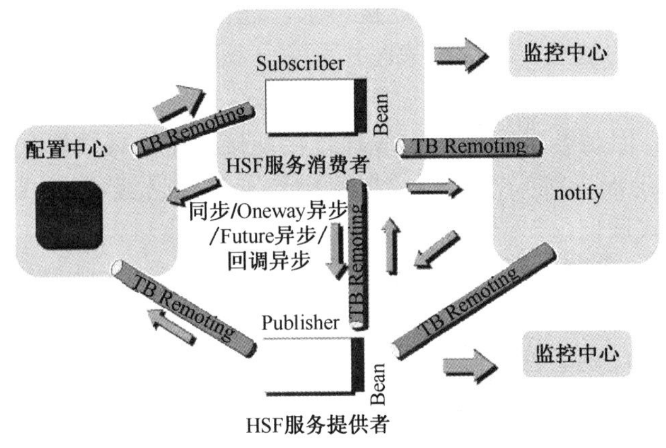

图 2-18 淘宝 HSF 架构

HSF 的交换流程如下。

（1）消费端从配置中心获取服务端地址列表。

（2）消费端和服务端建立连接开始远程调用。

（3）服务端更新通过 notify 系统（淘宝本身的消息通知系统）通知客户端。

（4）服务端和客户端都有监控中心，实时监控服务的状态。

（5）客户端、服务端、配置中心、notify 之间的通信通过 HSF 中的 TB Remoting 来实现。

图 2-19 是 TB Remoting 的架构图。

从上面可以分析出，HSF 的配置中心和 notify 中间件共同完成了服务端的配置动态下发功能，而各个功能角色间的通信基础是在 Mina 基础上开发出来的 TB Remoting 远程通信 API。

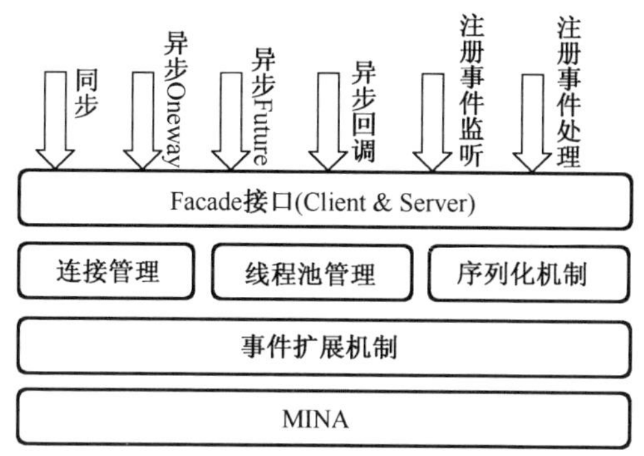

图 2-19　TB Remoting 架构图

HSF 特点总结如下。

（1）HSF 的远程通信。HSF 是在 MINA 的基础上开发的，采用了 hessian 和 protobuf 这两种序列化的实现方式。整个 HSF 的远程通信基础是 MINA+hessian 的组合方式。并提供了同步、单向异步、Future 异步、Callback 异步、可靠异步这几种远程的调用方式。

（2）HSF 的自动发现。HSF 的自动发现是通过采取配置中心和消息通知的方式实现的。客户端通过配置中心取得服务端地址列表与服务端取得通信，而服务端的更新通过淘宝的 notify 系统（一种消息中间件）以消息的方式通知客户端。

（3）HSF 的集群容错。HSF 提供软负载均衡机制支持。其负载均衡策略有 failover（故障转移）、随机寻址、第七层路由、路由规则、权重规则、HSF 的负载均衡。HSF 的软负载基础在于配置中心和 notify 系统的配置通知，结合本地的负载策略从而达到负载均衡功能。

4. Dubbo 框架简介

Dubbo 也是基于 Java 语言开发的分布式服务框架。相对于 HSF，Dubbo 的设计更加灵活，其拓展性更强，功能支持也更多。图 2-20 是 Dubbo 交互场景的架构图。

Dubbo 作为分布式通信框架，其核心部分可以总结为如下几点。

（1）远程通信基础。Dubbo 的远程通信框架主要是以 Java 的 NIO 框架为基础，提供了对多种 NIO 框架的抽象封装。其有两个版本，在 Dubbo1 中，NIO 框架采用的是以 MINA1 为基础框架，在 Dubbo2 中变为了以 Netty 为基础框架。在 NIO 的基础上实现了包括“同步转异步”和“请求-响应”模式的信息交换方式。

（2）集群容错。Dubbo 提供软负载均衡和容错机制的集群支持。

（3）自动发现。Dubbo 的自动发现机制，采用服务注册中心形式，使服务消费方能动态地查找服务提供方。服务提供方通过发布服务形式向注册中心注册服务，消费方通过订阅形式从注册中心获取服务方地址列表。服务方的更新通过注册中心通知消费方。Dubbo 采用其实现的基于数据库的注册中心。注册中心的数据均存储于数据库中。

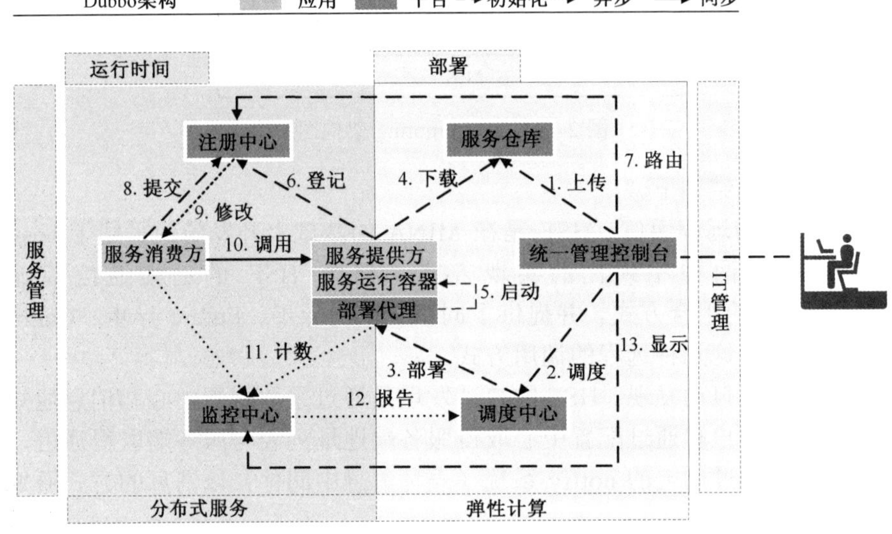

图 2-20　Dubbo 交互场景的架构图

Dubbo 技术特点总结如下。

（1）Dubbo 的 RPC 分析。Dubbo 的 RPC 通信是在 Java 的 NIO 通信框架 Netty 上拓展的：客户端仅调用服务的接口“存根”，通过编码、序列化，再经过 RPC 通信到达服务端。服务端经过解码、反序列化，再由线程池调用相应的接口实现，如图 2-21 所示。

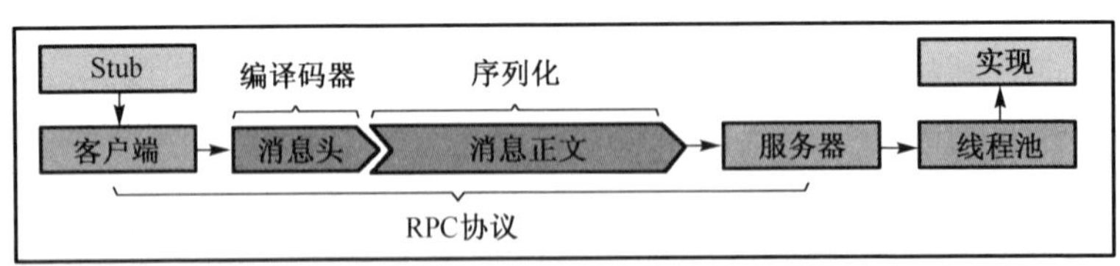

图 2-21　Dubbo 的 RPC 通信过程

① RPC：Dubbo 的 RPC 通信是以 Java 的 NIO 通信框架 Netty 为基础开发的，也拓展了其他的 NIO 协议。

② Serialization：Dubbo 的序列化在 hessian2 的基础上开发，也拓展了其他的序列化方式。

③ ThreadPool：Dubbo 的线程池实现采用 Java 的线程池实现。

（2）Dubbo 的集群容错分析。Dubbo 的负载均衡放在客户端实现，包括容错、路由和软负载均衡。客户端缓存了从注册中心处获取的服务端的地址，根据一定的负载和路由策略进行服务的调用，从而实现了软负载。

（3）Dubbo 的注册中心分析。Dubbo 的注册中心是基于 key-value 数据库自身实现的注册机制，负责实现订阅、注册、服务端地址更新和通知消费端更新地址列表等功能。其本身也是普通的 RPC 服务，通过回调操作进行实现。Dubbo 也拓展了其他注册实现。

作为一个完整的服务治理框架，Dubbo 提供了服务监控中心，负载服务调用数据的采集和统计，也是作为普通的 RPC 服务来实现的，采集的数据存储在数据库或文件中。服务监控中心是可拆卸的，是否装载并未对系统造成影响。

物联网平台对上支撑着各种泛在的物联网应用，对下需要支持海量的物联网终端的接入，处理海量的服务请求，基于分布式通信框架的远程调用将有效解决平台处理能力的问题。基于分布式通信框架实现松耦合、可重用、高并发的系统调用（物联网应用与平台之间、平台内部子系统之间、应用与应用之间），是物联网平台构建的关键技术之一。

总体而言，一个成熟的分布式通信框架应该是高性能和透明化的 RPC 远程服务调用方案，而且还是 SOA 服务治理方案。其核心功能应该包括高性能的 RPC 通信、序列化与反序列化、负载均衡及容错机制、服务注册与发现、服务消费与服务监控、动态部署。

2.3.4　流计算与复杂事件处理

互联网和物联网中存在着海量事件的发生与传递，如何从这些信息中获取有价值的信息，如何对这些事件进行处理成了一个专门的研究课题。

在互联网上，用户访问一个页面，页面加载开始到页面加载结束，这两个事件决定了用户的体验，页面加载时间短用户体验就好，可以针对这两类时间长短再细化分析，哪些地区哪些页面加载时间长，哪些地区哪些页面加载时间短，后续根据这些数据进行改进。例如，某个新上线的页面，用户访问了多少次，用户在这个页面上停留了多长时间，这些数据都可以通过用户的访问事件计算出来。

在物联网上，有很多传感器，每个传感器不停发送着事件。例如，一个超市的传感系统，在用户进门时，门口的传感器感知到有用户进入超市，用户从货架上取一个商品，货架上的传感器就会产生一个取商品的事件，用户去结账，在结账柜台的传感器也产生一个结账事件。这些都是事件，并且部分事件是有先后逻辑关系的，需要对这些事件做统计和计算。

这些事件都有一个共同的特点：数据量非常大，并且时时刻刻都在产生事件，每个事件代表不同的含义，从这些事件背后找到其隐藏的含义是一个海量数据的处理，单机无法满足要求，需要分布式的架构来实现计算。

针对上述问题传统的做法是把这些事件记录成话单文件，把话单文件存入数据库，在数据库的基础上进行统计计算。但上述方法具有滞后性，不能够快速地从互联网或物联网的大量事件中获取所需信息，所以需要引入流计算和复杂事件处理的方式来处理物联网和互联网领域的大量事件处理。

流计算（Streaming Compute）也叫事件流处理（Event Stream Process，ESP）简单来说就是对大量事件流做实时分析，流计算有几个典型的特点：实时计算、数据量大、内存计算，典型商业的流计算系统有 IBM 的 system S、YAHOO 的 S4，开源的有 Esper。

复杂事件处理（Complex Event Process，CEP）是一种新兴的基于事件流的技术，它用于处理事件，从事件流中发现复杂的模式。它将系统数据看做不同类型的事件，通过分析事件间的关系，建立不同事件关系序列库，利用过滤、关联、聚合等技术，最终由简单事件产生高级事件或商业流程。

CEP/ESP 适合的应用场景包括商业活动监控、群众智能、犯罪预防、系统动态校验、实时风险分析、网络攻击、市场趋势分析等。商业 CEP 产品厂商有 Oracle、IBM 等。

1. Esper 介绍

EsperCEP 官网是这么定义的：Esper 是用于 CEP（复杂事件处理）和 ESP（事件流处理）应用程序的组件（Esper is a component for CEP and ESP applications）。Esper 是纯 Java 开源复杂事件和事件流引擎，可以监测事件流，并在特定事件发生时触发某些动作。Esper 引擎是为了满足事件进行分析并做出反应等应用需求而产生的。这些应用要求实时或者接近实时处理事件（或消息），具有高吞吐量、低响应时间和复杂的计算等特点。

Esper 引擎的典型应用有如下几点。

（1）业务处理管理和自动化（处理监控、业务活动监控、异常报告、经营智能化等）。

（2）财务（算法交易、欺诈检查、风险管理）。

（3）网络及应用程序监控（入侵检测、SLA（Service Level Agreement）监控）。

（4）传感器网络应用（RFID 读取，生产线调度和控制、空中交通）。

EsperCEP 提供两种机制来处理事件，即事件流查询和事件模式。

事件流查询的过程包括以下内容。

文法定义：定义文法，定义规则；

验证规则：传入的 SQL-LIKE 文本，是否符合预先定义的语法和词法；

解释规则：解析，解释 SQL-LIKE 文本，转化成 EPL 内部 Java 表示；

执行输出：一旦事件来了，根据 EPL 内部 Java 表示，输出对时间窗的预想的查询结果。

事件模式的过程包括以下内容。

文法定义：定义文法，定义模式规则；

验证规则：传入的模式文本，是否符合预先定义的语法和词法；

解释规则：解析，解释模式文本，转化成 EPL 内部 Java 表示；

执行输出：一旦事件来了，根据 EPL 内部 Java 表示，输出对时间窗的预想的查询结果。

两种模式的差异主要体现在，在事件流查询集中，传入的是 SQL-Like 的文本，只需要根据语法进行解析和执行即可；而在事件模式机制中，传入的是模式文本，需要根据语法和此法，采用模式匹配的技术实现事件流的处理。

Esper 内部运行基于异步事件驱动和线程池技术来实现。事件发送和事件内部处理之间以及事件监听和事件分发之间都采用异步处理模式。

Esper 运行态事件处理实现过程如下。

（1）定时器发送的 TimerEvent 定时器事件，先放入 inboundQueue 队列。

（2）线程池 inboundThreadPool 中的各个线程从这个队列中取任务，做预处理，处理完后放入 timerQueue。

（3）线程池 timerThreadPool 中的各个线程从 timerQueue 队列中取任务，才真正具体做实际的定时器事件处理。

（4）类似地，应用程序发送的业务事件，先放入 inboundQueue 队列。

（5）线程池 inboundThreadPool 中的各个线程从这个队列中取任务，做预处理，处理完后放入 routeQueue 队列。

（6）线程池 routeThreadPool 中的各个线程从这个队列中取任务，才真正具体做实际的业务处理。

（7）线程池 outboundThreadPool 中的各个线程从 outboundQueue 中取任务，处理外部程序的监听。

在以上过程中，时间窗事件和业务消息事件分开处理，避免相互干扰。最后，outboundThreadPool 从 outboundQueue 中取任务，处理外部程序的监听者，这样就可以避免极端的非常慢的监听者影响 Esper 的内部处理。Esper 的处理过程如图 2-22 所示。

2. Antlr 介绍

下面我们重点介绍一下写规则语言 EPL 的一个通用的解析工具 Antlr。Antlr

是一个规则处理语言的通用解析工具，可以支持嵌入 Java 代码和 C 代码。Antlr 不仅仅能够处理正则表达式，还能处理如左右括号的匹配等正则表达式不容易处理的事情。

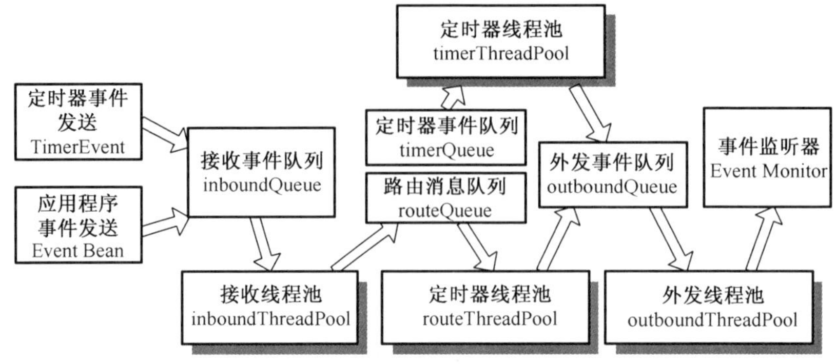

图 2-22　Esper 的处理过程

从功能结构上 Antlr 包括词法分析器、语法分析器和树分析器。词法分析器就是把本来没有意义的字符流分析成操作符、关键字、标识符、符号等，拆分成离散的字符数组后提供给语法分析器使用，词法分析器不关心上下文；语法分析器关心上下文，根据上下文把字符数组分析成目标语言识别的序列；树分析器是针对语法分析的结果语法树遍历，并执行相应的动作。

在 Windows 下面可以很容易构建如下一个简单的例子。

首先下载 jar 包直接放到 Java 的第三方类库中，让 Java 程序能找到，如 d:\javalib 目录下，下载地址：http://antlr.org/download/antlr-4.0-complete.jar。

然后把 antlr-4.0-complete.jar 增加到 classpath 中，SET CLASSPATH=.;D:\Javalib\antlr-4.0-complete.jar;%CLASSPATH%。

为了后续使用方便，一般都需要为 antlr 命令创建快捷方式：

```
doskey antlr4=java org.antlr.v4.Tool $*
doskey grun =java org.antlr.v4.runtime.misc.TestRig $*
```

至此安装工作已经完成，现在开始我们的第一个 helloworld 编码，在工作目录下创建 hello.g4 文件，内容如下：

```
grammar Hello;
r  : 'hello' ID ;          //匹配关键词 hello，紧跟其后的就是 ID
ID : [a-z]+ ;
WS : [ \t\r\n]+ -> skip ;
```

这个文件的意思是匹配关键词 hello，紧跟其后的就是 ID，匹配小写字母，并过滤掉空格。然后我们可以图形化解析出这个规则。

只要使用 antlr4 命令把 hello.g4 文件转化成对应的多个 Java 文件，然后把对应的 Java 文件都用 javac 编译成 class 文件就可以使用 grun 命令来执行了。具体参见 http://www.antlr.org 上的 getting started

在对基本的流计算和复杂事件处理 CEP 的知识进行简单研究之后，我们认为 CEP 的典型实现架构如图 2-23 所示。

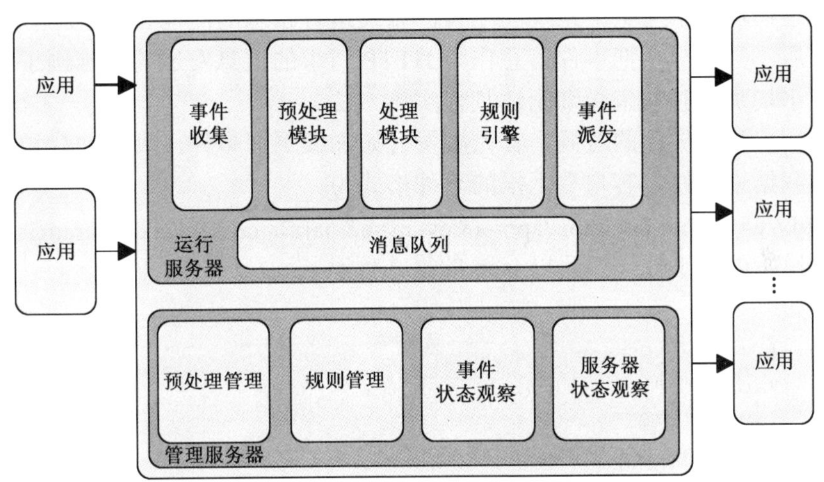

图 2-23　CEP 的典型实现架构图

整个系统逻辑上分为运行部分和管理部分。其中，运行部分完成事件处理的业务功能，管理部分供用户接入门户，在门户上可完成处理规则的配置。

运行部分包括事件收集模块、预处理模块、处理模块、规则引擎、事件派发、消息队列。其中规则引擎和预处理或者处理模块融合运行。

管理部分主要为 Web 门户，完成预处理规则、运行规则和服务器的管理。

图 2-23 中的应用是指产生这些事件的系统，以及需要在这些事件中分析结果的系统，左边的应用产生各种事件，系统分析以后，经过分布式计算把分析的结果提供给右边的应用。

系统对外开放的接口模块，通过事件收集模块可完成消息的收发、约定格式文件的读取、TCP 消息的通信。事件收集模块将接收到的事件消息存放到消息队列中待预处理。

预处理模块从消息队列中获取事件消息，然后依据预处理规则完成对消息的补偿和剔除分发等处理，预处理完后消息放入消息队列中待正式处理。

规则引擎可以实现各种事件的计算逻辑，其通过规则实现，而不需要实际固定编程。

消息队列完成事件处理过程中的过程数据的存储。系统依靠消息队列完成和外部系统的交互，并完成消息内部处理的传递。

事件派发模块完成将事件消息主动推送到系统内部或者系统外部的功能。事件派发模块一般和管理模块统一部署，主要将计算到的统计数据发送到外部业务系统中。

处理模块是系统的事件核心处理节点，完成系统过程数据的处理，包括数据的转换、更改，以及将处理数据触发到事件派发模块。

管理模块用于对整个系统的配置，以及运行状态的监控。

最后，列举一个把事件信息作为 HTTP 请求的信息发送的实际例子，以计算页面平均加载时间来详细阐述具体实施方法。

当用户访问页面的时候，首先触发开始加载页面事件，页面加载结束以后触发加载结束事件，客户端上报的事件格式为

http://www.xxx.com/abc?app=a&event=b¶1=c¶2=d¶m3=e

对原始处理事件转换后以 json 的格式保存。

例如：

```
{
"app":"a",
"event":"01",
"sessionid":"43534534543",
"optime":"20120202010101",
"ip":"88.88.88.88",
"pageurl":"http://www.sina.com.cn"
}
```

其中，app 为应用编号，event 为输入的事件号，para 为参数名，后面跟参数值。

针对页面加载需求，event 的取值如下：

event=01　页面开始加载；

event=02　页面加载结束；

event=03　页面加载时长；

sessionid 唯一表示一个用户；

optime 表示事件发生的时间；

ip 表示用户所在的 ip 地址；

pageurl 表示具体哪个页面的加载。

用户访问页面的时候，页面开始加载和页面加载结束两个事件都经过事件收集模块保存到消息队列，然后由预处理模块处理。

预处理模块收到页面开始加载事件以后，先保存不处理，等页面加载结束事件触发以后，预处理模块会查找同一个用户 sessionid、同一个应用 app、同一个页面 pageurl，对应的页面开始加载时间，并把两个操作时间 optime 相减，得到该用户访问该页面的页面加载时间。

经过预先处理以后形成新的事件，事件类型变成 event=03，页面加载时长事件，预处理模块把该事件保存到消息队列中。

处理模块监听 event=03 的事件，当收到 event=03 的事件以后，处理模块计算该页面的平均加载时间，具体计算步骤如下。

收到 event=03 的事件，放入到 FIFO（先进先出队列）队列中，并记录队列中所有事件的加载时间总和及事件总个数，插入到队列尾部；该事件的加载时间加入到总加载时间上，并把队列的事件数目加 1，该队列中只保留 5 分钟的时间（该 5 分钟可以配置）；判断队首的时间是否超过插入时间 5 分钟，如果是超过 5 分钟的事件，则从队首去掉该事件，被去掉的事件的加载时间从总加载时间中减去，并把队列的事件数目减 1；再继续判断队首的事件时间是否超过 5 分钟，如果超过也从队首中去掉，该被去掉的事件的加载时间从总加载时间中减去，并把队列的事件数目减 1，直到没有符合要求的事件，并根据实时动态变化的队列里面的总加载时间和总时间数，计算平均加载时间。实时计算的结果通过事件派发模块传递给需要的应用程序展示。

这里只是举了个例子阐述详细的实现方法，如果不是计算平均加载时间，而是计算其他的求和或者计算事件先后顺序，都是可以通过规则引擎来配置这些逻辑。

2.3.5　智能学习

智能学习，又名机器学习，是近 20 多年兴起的一门多领域交叉学科，涉及概率论、统计学、逼近论、凸分析、算法复杂度理论等多门学科。机器学习算法是一类从数据中自动分析获得规律,并利用规律对未知数据进行预测的算法,简而言之，就是让计算机可以自动“学习”。

机器学习已经有了十分广泛的应用，例如，数据挖掘、计算机视觉、自然语言处理、生物特征识别、搜索引擎、医学诊断、检测信用卡欺诈、证券市场分析、DNA 序列测序、语音和手写识别、战略游戏和机器人运用。

本节内容包括机器学习的概念、基本模型、常用方法，以及在物联网中的应用案例。

机器学习，狭义指人们通过系统设计、程序编制和人机交互，使机器获取知识；广义指除了上述人工知识获取之外，机器还可自动或半自动地获取知识。通过机器获取知识，改进系统性能，不断完善知识库，可将获取的信息用于未来的估计、分类、决策或控制。

机器学习的途径可以分为四类：人工移植，即将人的知识移植到机器的知识库中，使机器获取知识；示教式学习；自学式学习；机器感知，即通过机器视觉、机器听觉、触觉等途径，直接感知外部世界，输入自然信息后获取感性和理性知识。

机器学习系统的基本模型如图 2-24 所示。

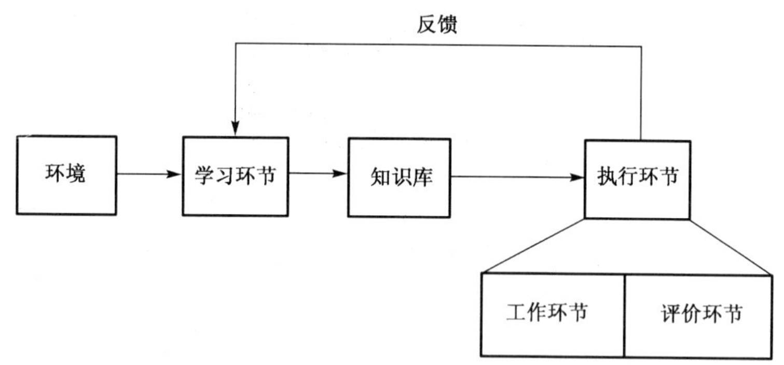

图 2-24　机器学习系统的基本模型

环境和知识库是以某种知识表示形式表达的信息的集合，分别代表外界信息来源和系统具有的知识。学习环节和执行环节代表两个过程。学习环节处理环境提供的信息，以便改善知识库中的显式知识。执行环节利用知识库中的知识来完成某种任务，并把执行中获得的信息回送给学习环节。

学习环节是核心，主要任务是采集环境信息、接受监督指导、进行学习推理、修改知识库。学习环节是将外部信息加工为知识的过程，在从环境获取外部信息后，再对这些信息进行分析、综合、类别、归纳、推理等加工形成知识，并把这些知识放入知识库中。

知识库是用于存储、记忆、积累、增删、修改、扩充、更新知识的系统，是以某种形式表示的知识集合，用来存放学习环节所得到的知识。学习系统的学习过程实质上就是在初始知识的基础上，对原有知识库扩充和完善的过程。

执行环节是利用知识库的知识，进行识别、论证、决策、判定，采取相应的行动完成某种任务的过程，并把完成任务过程中所获得的一些信息反馈给学习环节，以指导进一步的学习。执行环节由工作环节和评价环节两部分组成，工作环节用于处理系统面临的现实问题，比如定理证明、智能控制、自然语言处理、机器人行动规划等；评价环节用来验证、评价工作环节执行的效果，比如结果的正确性等。

所有的学习系统都必须有从“执行环节”到“学习环节”的反馈信息，这种反馈信息是根据执行环节的执行情况对学习环节所获知识的评价。学习环节主要根据这些反馈信息来决定是否还需要从环境中进一步索取信息，以修改、完善知识库中的知识。

机器学习的常用方法有机械式学习、指导式学习、示例学习和类比学习。

机械式学习是一种最基本最简单的学习方法，在把环境提供的知识存储起来以后，它所需要做的唯一工作就是检索过程：执行元素每解决一个问题，系统就记住这个问题和它的解，以后一旦再遇到此类问题，系统就不必重新进行计算，而可以直接找出原来的解来使用。

指导式学习的核心问题是如何把由外部环境向系统提供的、不能被直接执行的知识或建议转化为可执行的知识，并把新的知识与知识库中已有的知识有机地联系起来，如图 2-25 所示。

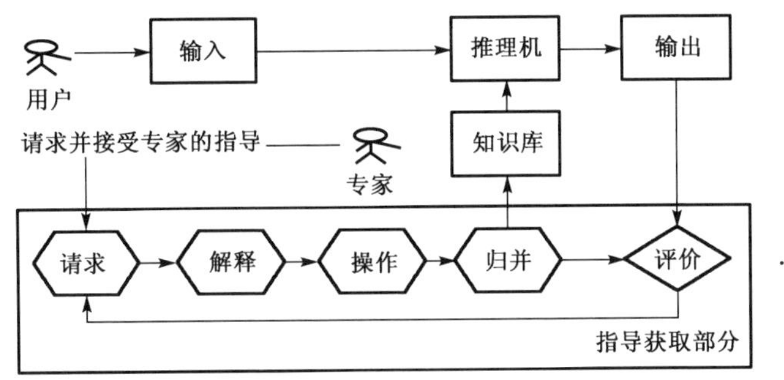

图 2-25　指导式学习的系统模型

示例学习通过从环境中取得若干与某概念有关的例子，经归纳得出适用于更大范围的一般性知识，它将覆盖所有的正例并排除所有反例。如图 2-26 所示。

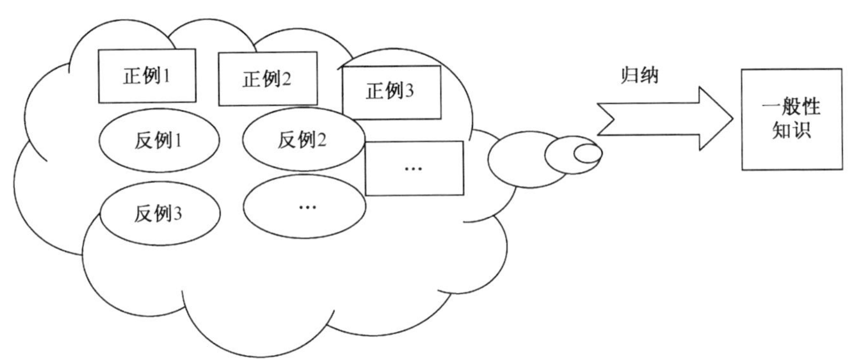

图 2-26　示例学习的系统模型

类比学习根据以往经验应用相似性把已知知识转换为适于新情况的形式。即当一个新的事物和另一个已知事物在某些方面相似时，可以推出这个新的事物和已知事物在其他方面也相似。

机器学习与人工智能决策支持系统之间存在紧密的关系。

人工智能技术主要是以知识处理为主体，利用知识进行推理，完成人类定性分析的智能行为。机器学习是人工智能中一个重要的研究领域，是人工智能的核心。人工智能决策支持系统的研究重点已由专家型的智能决策支持系统逐步结合更先进的人工智能技术，如机器学习、自然语言处理、遗传算法、神经网络及分布式智能系统等。人工智能决策支持系统的基本结构如图 2-27 所示。

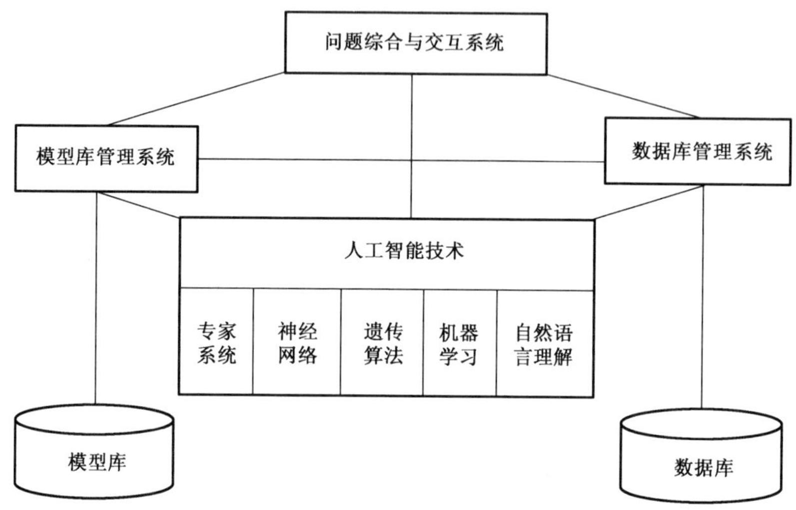

图 2-27 人工智能决策支持系统的基本结构

在物联网应用中，智能决策支持是物联网在各行各业大显身手的重要技术，使得物联网“智能化”和“智慧化”。机器学习使得物联设备变得智能与便捷。

比如，智能家居出门提醒功能。一方面，智能设备随时关注气象信息，并针对雨天发出报警提醒。另一方面，一些智能终端随时跟踪主人行踪，预测主人要出门，在合适的时候由相应的智能终端提醒不要忘记带雨伞。

比如，联通设计了名为“沃”宝贝的机器人作为智能家居的操控中心，智能控制家电、照明、窗帘等家庭设备。

2.3.6 数据可视化

物联网具有信息爆炸时代的典型特征，时时刻刻都在产生着海量数据。而物联网产生的大部分数据既枯燥又难于理解，如何才能将这些数据有效地展示出来，帮助用户理解数据，发现潜在的规律，是亟待解决的问题。数据可视化能够将抽象的数据表示为可见的图形或图像，显示数据之间的关联、比较、走势关系，有效解释出数据的变化趋势，从而为理解那些大量复杂的抽象数据信息提供非常有效的帮助。

因此，采用合适的数据可视化技术进行数据分析和展现，对于物联网的运营是非常重要的。本节，我们将对数据可视化技术进行深入浅出的介绍和分析，从而揭示利用数据可视化技术进行物联网相关数据分析与展现的奥秘。

数据可视化来源于对大型数据库或数据仓库中数据的可视化，它是可视化技术在非空间数据领域的应用，使人们不再局限于通过关系数据表示来观察和分析数据信息，而以更直观的方式看到数据及其结构关系。数据可视化技术凭借计算机的巨大处理能力及计算机图像和图形学基本算法以及可视化算法，把海量的数据转换为静态或动态图像或图形呈现在人们的面前，并允许通过交互手段控制数据的抽取和画面的显示，使隐含于数据之中不可见的现象成为可见，为人们分析、理解数据、形成概念、找出规律提供了强有力的手段。

数据可视化包括科学可视化和信息可视化，两者的区别在于科学可视化的研究对象主要是具有几何属性的科学数据，而信息可视化则主要应用于没有几何属性的抽象信息，解释信息之间的关系和信息中隐藏的特征。

物联网获取的数据具有海量、多维、复杂的特点，基于数据可视化技术可以更直观、准确地还原数据的本来面貌，这主要得益于数据可视化技术的以下特点。

（1）可视性：数据可以用图像、曲线、二维图形、三维体和动画来显示，并可对其模式和相互关系进行可视化分析。

（2）交互性：用户可以方便地以交互的方式管理和开发数据。

（3）多维性：可以看到表示对象或事件的数据的多个属性或变量，而数据可以按其每一维的值，将其分类、排序、组合和显示。

自从计算机应用于可视化技术以后，人们发现了许多新颖的可视化技术，现有的技术也得到了改进，而且应用领域扩展到了大规模的数据集可视化及动态交互显示等方面。数据可视化技术可用三维正交标准来描述：可视化技术、扭曲技术、交互技术。

任何可视化的技术都与扭曲技术和交互技术协同工作。可视化技术分为基于几何技术、基于图标技术、面向像素技术、分层技术、基于图形技术、混合技术等。

除可视化技术以外，对于数据的分析处理，交互技术和扭曲技术也是非常重要的。交互技术允许用户直接干预可视化过程，如映射、投影、过滤、缩放、连接和刷新。交互技术允许用户根据操作队形的特性动态改变可视化过程，而且也可以联合多种相对独立的可视化技术进行多样性操作，以便于提供更多的信息。扭曲技术的基本思想是显示所有数据的同时有选择地详细显示某局部数据，许多简单和复杂的扭曲技术已经产生并得以应用，例如，透视墙、双焦点透视镜、表格透镜、fisheye 视图、双曲线树和多维箱技术。

根据可视化的原理不同，数据可视化可以划分为基于几何投影技术、基于层次技术、面向像素技术、基于图标技术和基于图形技术等类别。

基于几何投影技术的目的是在多维数据集中找到“有意义”的投影，是以几何画法或几何投影的方式来表示数据库中的数据，主要技术包括 scatter plots、Landscapes、Projection Pursuit、Parallel Coordinates 等。平行坐标是最早提出的以二维形式表示 n 维数据的可视化技术之一。主要是通过使用相互平行而且等距的坐标轴将 K 维空间降维映射成二维来展示。这些坐标轴分别对应于不同的空间堆，并且从对应维的最小值到最大值进行线性变化。每个数据项由一根折线表示，该折线与每个坐标轴都有一个焦点，焦点处就是该数据项在坐标轴对应的值。如图 2-28 所示。

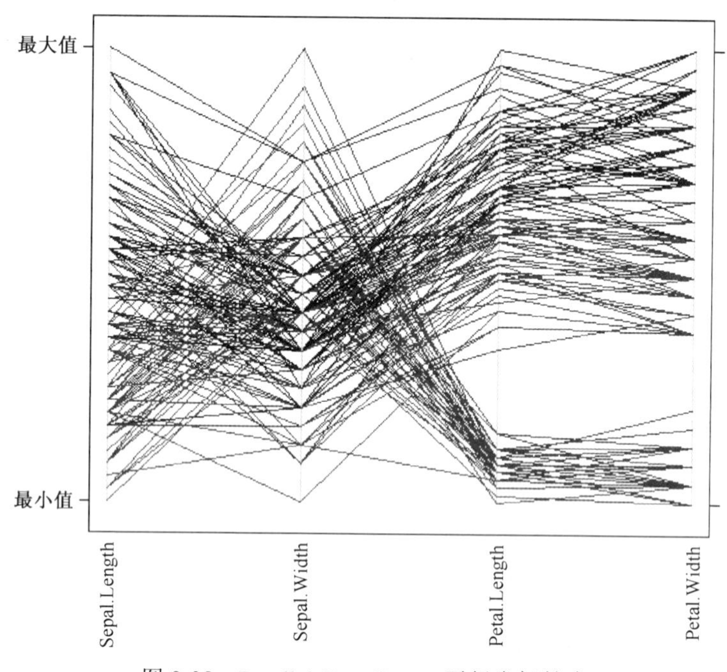

图 2-28 Parallel Coordinates 平行坐标技术

1）基于层次技术

基于层次技术主要针对数据库系统中具有层次结构的数据信息，如人事组织、文件目录、人口调查数据等。著名的技术有 n-Vision 技术、Dimensional Stacking、Treemap、Cone Trees 等。它的基本思想是将 n 维数据空间划分为若干子空间，对这些子空间以层次结构的方式组织并以图形表示出来。例如，Dimensional Stacking 技术就是将 K 维空间细分成多个二维空间。树图是其中的一种代表技术，如图 2-29 所示。

树图根据数据的层次结构将屏幕空间划分成一个个矩形子空间，子空间大小由节点大小决定。树图层次则依据由根节点到叶节点的顺序，水平和垂直依次转换，开始将空间水平划分，下一层将得到的子空间垂直划分，再下一层又水平划分，依次类推。对于每一个划分的矩形可以进行相应的颜色匹配或必要的说明。

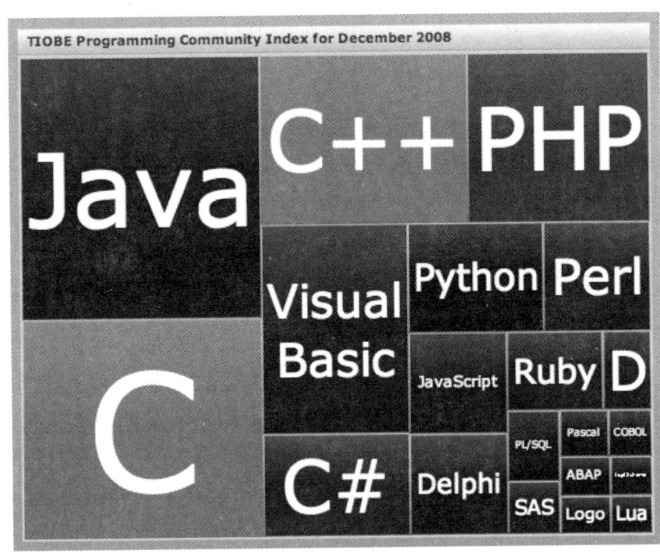

图 2-29 基于层次技术图示

2）面向像素技术

面向像素技术是有效可视化海量数据的技术，它的基本思想是将每一个数据项的数据值对应于一个带颜色的屏幕像素，对于不同的数据属性以不同的窗口分别表示。如图 2-30 所示。

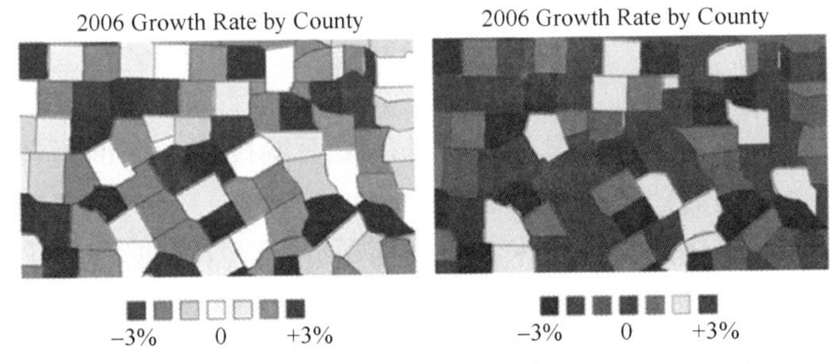

图 2-30 面向像素技术图示

面向像素技术对每一维只使用一个像素，它能在屏幕中尽可能多地显示出相关的数据项。对于高分辨率的显示器可显示多达上亿数量级的数据。面向像素技术利用递归模型、螺旋模型、圆周划分模型等方法分布数据，以便在屏幕窗口上展示尽量多的数据。基于面向像素技术开发的系统有 VisDB 可视化系统。

3）基于图标技术

基于图标技术的基本思想是将每一个多维数据的数据项映射成一个图标，即用一个简单图标的各个部分来表示 n 维数据的属性。基于图标的可视化技术包括 Chernoff-face、Shape Coding、Stick Figures 等，这种技术适用于某些维值在二维平面上具有良好展开属性的数据集。Chernoff-faces 是著名的图标显示技术，基本思想是数据项的两维被映射成两个用于显示的坐标维，而剩下的维则被映射成一张脸的各个器官——鼻子、嘴巴、眼睛的形状以及脸部本身的形状，如图 2-31 所示。

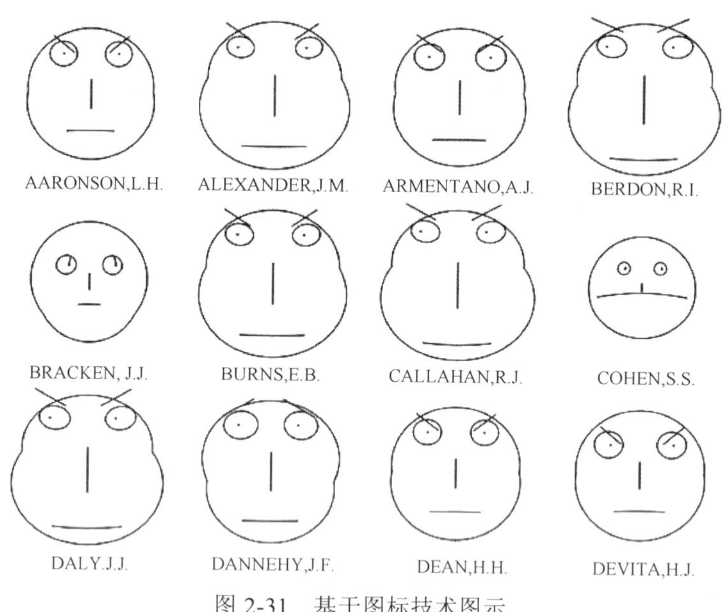

图 2-31 基于图标技术图示

4）基于图形技术

基于图形技术的基本思想是使用特殊的页面编排法、查询语言和抽象技术有效结合现实一个大的图形，如图 2-32 所示。

以上是数据可视化的常用技术，下面简单介绍一下数据可视化处理流程。

Ben Fry 将可视化数据的处理分为七个阶段，即获取、分析、过滤、挖掘、表述、修饰和交互，如图 2-33 所示。

获取：得到数据，无论是磁盘上的文件或是来自网络上的源文件。

分析：为数据的意义构造一个结构图，并按分类排序。

过滤：删除多余的数据，只保留感兴趣的数据。

挖掘：应用统计学或数据挖掘方法来辨析数据格式，或者是把数据置于一个数学的环境中。

▲ 上调蛋白
★ 下调蛋白

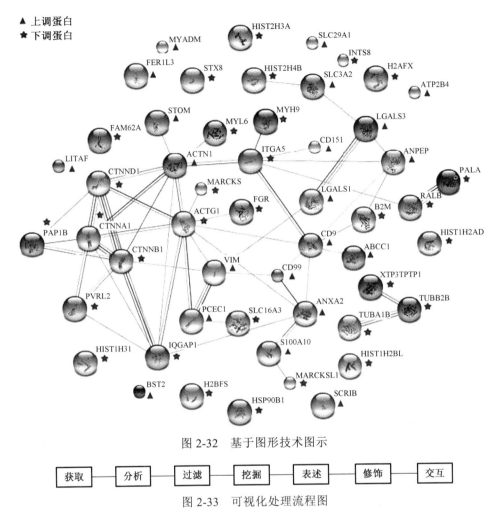

图 2-32　基于图形技术图示

获取 — 分析 — 过滤 — 挖掘 — 表述 — 修饰 — 交互

图 2-33　可视化处理流程图

表述：选择一个基本的视觉模型，如一个条形图、列表或树状结构图。

修饰：改善基本的表述方法，使其变得更加清晰、视觉化。

交互：增加方法来操作数据或控制其可见的特性。

以上数据可视化处理流程的七个阶段，在实际可视化项目中并不是固定的，可以根据实际情况减少。同时，流程中有些阶段之间相互还有影响，如图 2-34 所示。

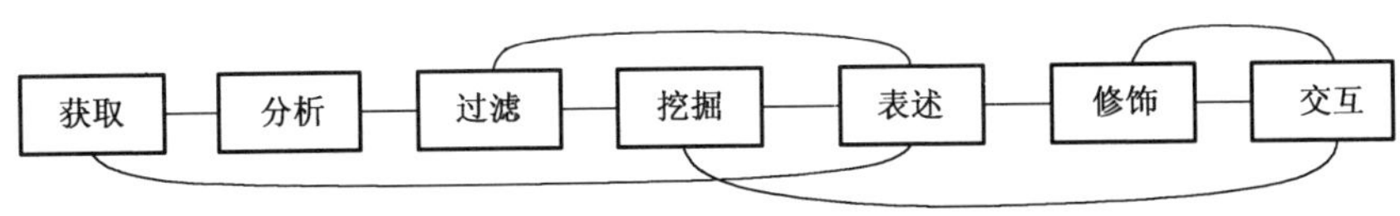

图 2-34　流程间的相互影响

在获取数据的时候，应考虑它如何变化，是偶尔的还是连续的。这样可以扩宽图形设计的思路，传统的方式只是关注于某个具体数据集的某个具体问题，相反地，现在需要考虑如何处理一种可能在将来发生变化的数据。

在过滤数据的时候，数据可以被实时过滤。在视觉化修饰中，设计上的变化可以应用到整个系统中。比如，一种颜色的变化可以自动应用到上千个用到这种颜色的元素中，而不是手动地进行重复性的修改。这是计算方法的优势，通过自动化，烦琐的过程都被减至最小。

数据可视化展现方式有多种，基本的数据可视化展现方式主要从以下几个方面来体现。

1）尺寸

最常用的可视化展现方式，当辨别两个对象时，可以通过尺寸来快速地区分。此外，使用尺寸还可以加快理解两组不熟悉的数字之间的区别。

2）色彩

展现大数据集的一种优秀方式，可以通过色彩识别出很多层次和色调，可以以很高的分辨率来查看区别。这一点使得色彩成为展现宏观趋势的必然选择，但对于规模较小的数据集或者相互之间区分度不大的数据，色彩的作用就不明显。

3）位置

基于位置的展现方式就是把数据和某些类型的地图关联起来，或者把它和一个真实或虚拟地方相关的可视化元素进行关联。当观察者对于所描述的位置比较熟悉时，位置展现方式对于可视化特别有价值。只要对所展现的位置有一定的了解，观察者就可以把他们的个人背景和可视化关联起来，并且可以基于对该地区的个人经验下结论。

4）网络

网络展现方式显示了数据点之间的二元连接，在查看这些数据点之间的关系时很有帮助。在线网络可视化如雨后春笋，使得人们可以看到他们在 Facebook 上的朋友或者在微博 Twitter 上的关注者的地图。对于网络可视化，需要记住一点，如果这些可视化不是精心构建的，那么成千上万的数据点可能会变成视觉凌乱的连接，它们对于我们增强了解这些连接的含义是没有帮助的。

5）时间

随着时间变化的数据（股票报价、选举结果等）通常是根据时间轴进行描绘。最近几年，具备动画功能的软件使我们能够以不同的方式来描绘这些数据。把一段较长的时间进行压缩，使得我们可以在加速环境中观察到数据的变化。

一种可视化展现方式就是某种可视化维度，不同的数据以不同的维度展示。上面是一些常用的可视化展现方式，在实际应用中，可以选择应用一种可视化展现方式或应用多种可视化展现方式。大多数优秀的信息可视化都是使用多种视觉展现方式来全面展现数据。

常见的可视化展示数据模型，根据数据结构和特点可以分为关系型数据模型、比较型数据模型、随时间变化型数据模型、整体与部分数据模型、地理分布数据模型和文本分析数据模型六大类。使用基本展现方式的常见可视化展现形式有地图、网络图、树图、气泡图、散点图、矩阵图、条形图、饼图、直方图、线形图、堆栈图、标签云等。

下面将对不同的数据模型与可视化展现方式之间的关系进行简要分析和举例。

1）数据之间关系展示

关系型数据模型强调数据之间关系的展示，针对这一特点，通常可采用以下三种可视化图形进行有效展示：散点图、矩阵图、网络图。图 2-35 所示为散点图示例。

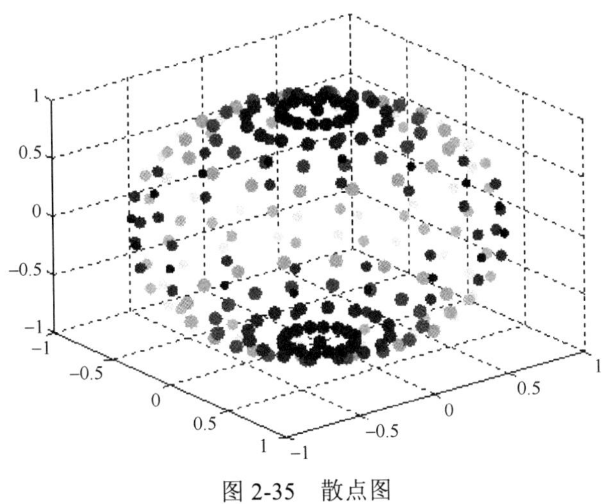

图 2-35　散点图

2）数据值比较展示

对于强调数据值比较的数据结构，可采用以下三种可视化图形进行有效展示：条形图、直方图、气泡图。图 2-36 所示为气泡图示例。

3）随时间变化的涨幅展示

对于强调随时间变化有明显涨幅的数据结构，可采用以下三种可视化图形进行有效展示：线形图、堆栈图、分类堆栈图。图 2-37 所示为线性图示例，线性图是常用的物联网时序数据展现方式。

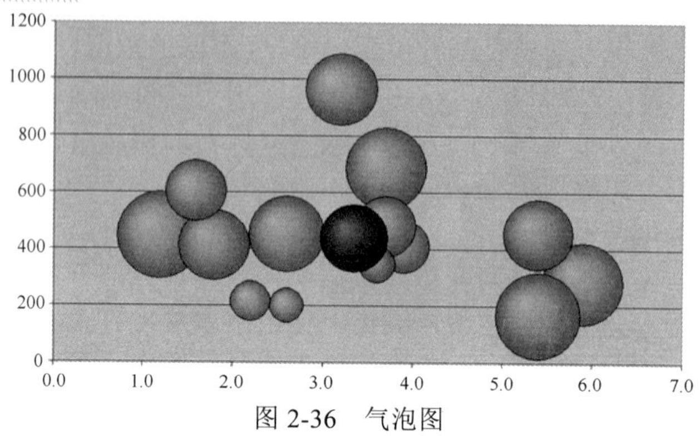

图 2-36　气泡图

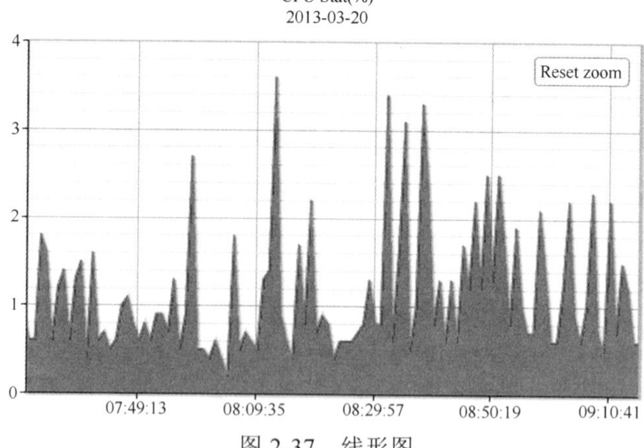

图 2-37　线形图

4）整体与部分展示

对于强调整体以及其中各个部分的数据结构，有饼图和树形图两种可视化图形展现方式。饼图如图 2-38 所示。

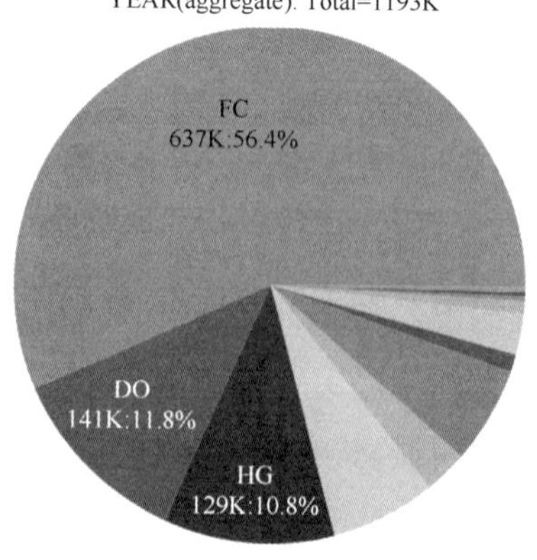

图 2-38　饼图

5）地理分布展示

对于含有地理分布信息的数据结构展示，地图是最典型的展示方式。如世界地图、国家地图或具体的区域地图等。采用地图展示，尤其是对于用户比较熟悉的地图形状，能够非常简洁直观地展示出信息分布的情况和规律，熟悉的地形图也具有亲切感，能够快速传递所承载的信息。

6）文本分析展示

对于文本结构的分析展示，可用单词树图和标签云（见图 2-39）进行有效展示。

物联网的海量数据处理平台，聚合了多领域的实时业务信息，这些数据大多带有时效性，对时间维度和数据采集周期有特定的需求。需要在长时间跨度上对数据进行分析，以便于发现和掌握规律。因此，在可视化展示时，时间是其非常重要的一个维度，需要考虑采用时序数据可视化技术进行实现。

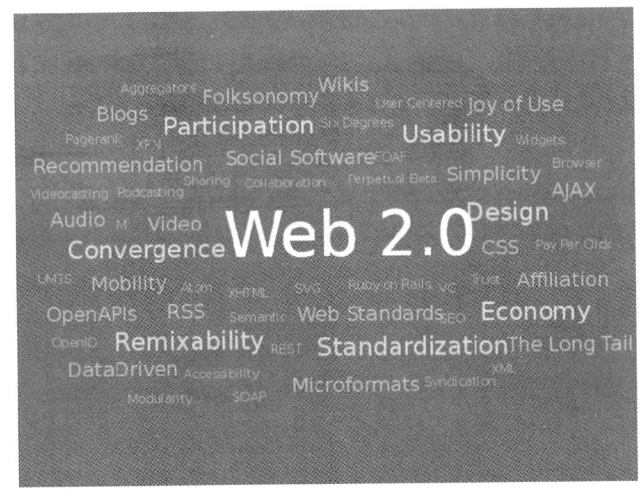

图 2-39 Web 2.0 标签云

1）数据特征

物联网海量数据处理平台的数据主要包括终端、网络节点、厂商、用户以及订购关系等相关信息。

2）可视化展示

通过可视化组件库，实现直观的图形化信息展示。丰富可配置的可视化组件库：包括曲线图（各类曲线图、动画效果）、KPI 仪表盘（数字、图形化、指针型）、表格（数据报表）、看板（简报、通知、To-Do List）、控制组件（日期选择、选择框）、定制组件等。

在物联网的海量数据处理平台上，提供出直观的图形化信息展示，将多领域的业务信息迅速聚合并以业务人员非常熟悉的业务指标和分析图形的形式呈现出来，帮助决策人员从各个角度洞察变化、发现规律。

以用户为中心的动态交互展示，根据用户设置的指标或相关参数变化，动态展示相应的分析结果，可以帮助用户高效地组织和利用数据进行综合分析以及假设验证等推理。

数据可视化作为一门涉及计算机图形学、图像处理、计算机视觉、人际交互等多个领域的综合学科，是数据描述的图形表示，旨在一目了然地揭示数据中的复杂信息。它不失数据分析的精确性和严密性，更体验了可视化展现的艺术之美，成功的可视化其美丽之处在于其通过对细节的优雅展示，能够有效地产生对数据的洞察和新的理解。

一幅图画最伟大的价值莫过于它能够使我们实际看到的比我们预期看到的内容丰富得多。

——*John Tukey*

图 2-40 为 Facebook 在 IPO 首次公开招股书中，为大家展现的全球用户社交关系图谱，丰满、简洁、美！而这也正是我们对包括物联网在内数据可视化的追求目标。

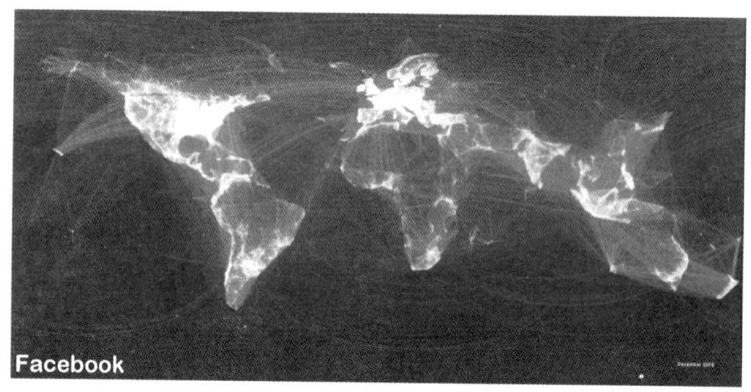

图 2-40 Facebook 全球用户社交关系图

2.3.7 SOA 中间件

面向服务的架构（Service Oriented Architecture，SOA）是一种分布式系统的架构设计方法和模型，其基本思想是将软件系统的功能或资源以服务形式开放，将软件资产服务化，系统间交互通过服务调用的方式来完成。

服务接口采用中立的方式定义，不依赖具体的硬件、操作系统和编程语言，服务调用可以采用统一和通用的方式。目前常见的服务类型有 SOAP 类型 Web Service（简称 Web Service）和 Rest 服务。Web Service 接口用 Web 服务描述语言（Web Services Definition Language，WSDL）来定义，具有服务自描述性、定义严格、互通性好的特点。Web Service 技术已经很成熟，被各平台和编程语言所广泛支持。Rest 服务并不是规范或协议，只是一种基于 Http 协议实现资源操作的思想，可以直接传递 JSON 或 XML 格式数据，具有灵活和轻量的特性。

软件系统用 SOA 架构重构后，对外可见的是一组具备特定功能的服务集合。但这只是第一步，为了将多个软件系统的服务很好地管理起来，企业服务总线（Enterprise Service Bus，ESB）应势而生。通过 ESB 实现服务的统一接入、协议适配、服务路由、格式转换、服务统一开放、服务治理等功能。

通常 ESB 上接入的服务是孤立的，现实中经常需要将这些孤立的服务编排起来形成一个组合服务或业务。例如，ESB 上接入了互联网天气服务和电信网短信能力，将这两个服务编排起来，第一步调用天气服务获取到当前天气信息，第二步调用短信能力将天气下发到指定的手机，这就生成了一个非常简单而实用的天气通知业务。业务流程执行语言（Business Process Execution Language，BPEL）是一套基于 XML 和面向服务的业务流程执行语言，用于描述对服务流程的编排过程，以 XML 形式记录业务逻辑处理过程和服务调用关系。

在 SOA 概念提出之前大部分软件系统是孤立的，每个系统就是一个信息孤岛，异构系统之间的集成很困难。用 DBLink 方式来实现系统间数据的共享和交互，当要集成的系统很多时，就会形成一个网状关系图。如图 2-41 所示。

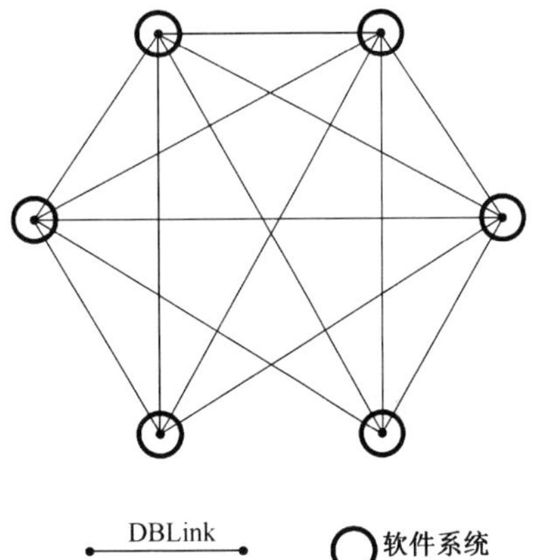

图 2-41　网状关系图

如图 2-41 所示，各系统之间用 DBLink 连接形成一张网状的关系图，存在如下几个问题。

（1）系统间的关系和接口很难管理。

没有一个地方清楚地记录了各系统提供什么接口、接口具备什么功能、系统间接口调用关系是什么样的，这为后期的维护工作带来很大困难。

（2）系统间耦合度紧、可扩展性差。

各软件系统间是紧耦合的，当其中一个系统出现异常就很容易引起其他系统的异常，而且也不具备可扩展性。

（3）软件系统很难资产化。

由于每个软件系统都是封闭或半封闭的，自身功能很难被其他系统共用。软件系统不能实现资产化，同样的功能模块重复建设。

SOA 架构具备很好的开放性、松耦合性、可扩展性，以上问题可以通过 SOA 架构很好地解决。

在国内外众多知名软件公司（如 IBM、Oracle）的宣传和推广下，SOA 已经根植到软件架构师的思想中。SOA 现在已没有刚推广阶段的喧嚣和浮躁，正沉淀下来成为众多领域解决方案的一部分，为物联网、云计算、互联网、企业应用集成等领域提供服务接入和服务开放的方案。SOA 架构思想在实践中完善和发展，并总结了 SOA 技术路线图和 SOA 架构模型。

如图 2-42 所示，展示了“服务 Web Service→服务组件 SCA/SDO→服务编排→服务治理”的 SOA 技术路线。

OSOA 联盟促进了 SCA 和 SDO 的规范制定，目前 SCA、SDO 和 BPEL 已经成为 SOA 的重要规范组成。SCA 是一组规范，描述了用 SOA 来构建软件系统的方法和模型，在 Web Service 规范的基础上补充和扩展了服务的实现方法。SDO 为软件系统的数据处理提供了统一处理方式，利用 SDO 可以一致地访问和操作异构数据源，包括关系数据库、XML 数据源、Web Service 及其他资源。用 SOA 思想重构系统可以有效解决传统架构下软件系统间集成存在的诸多问题，通常采用如下的步骤来实现基于 SOA 的系统重构。

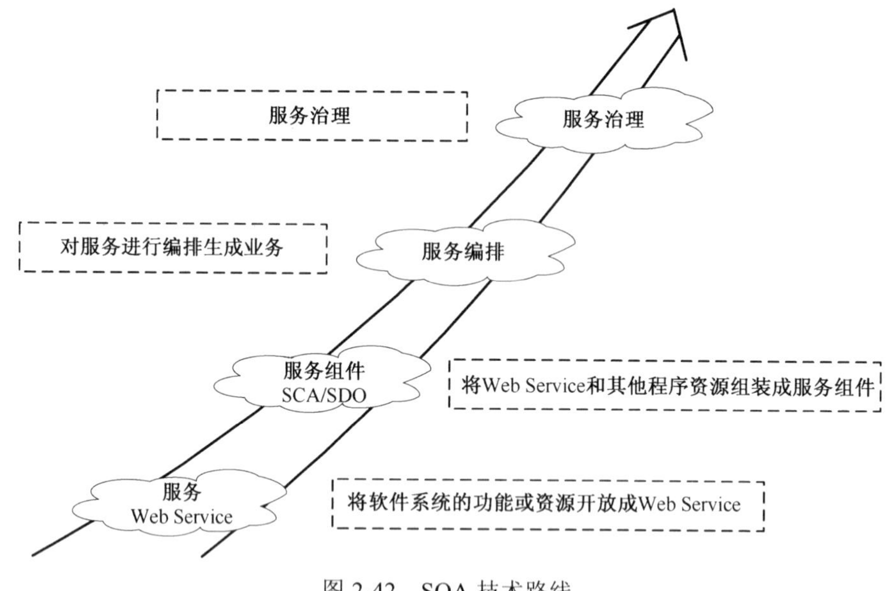

图 2-42　SOA 技术路线

第一步，将软件系统功能服务化，如图 2-43 所示，图 2-43(a)的软件系统由封闭的功能模块组成，图 2-43(b)的软件系统将功能模块以服务的形式对外开放。SOA 服务化以后，软件系统对外可见的是一组服务。

第二步，将服务统一接入到 ESB 上，通过 ESB 来实现服务的管理、系统间的服务调用、服务对外开放，如图 2-44 所示。

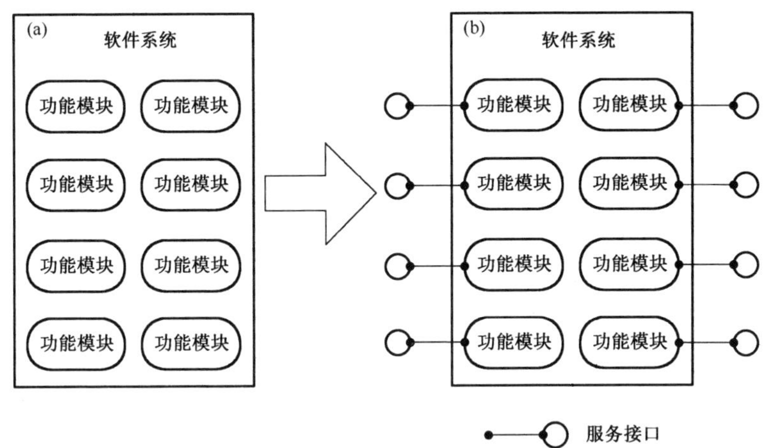

图 2-43　SOA 服务化

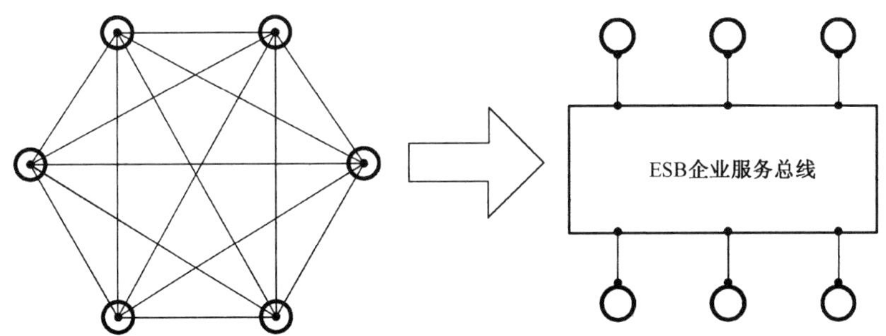

图 2-44　通过 ESB 实现服务管理和调用

第三步，用 BPEL 完成对服务的编排，实现组合服务或业务。如图 2-45 所示。该步骤不是必须的，要看具体应用场景，后面章节会介绍如果用 BPEL 来实现物联网组合服务的开发和执行。

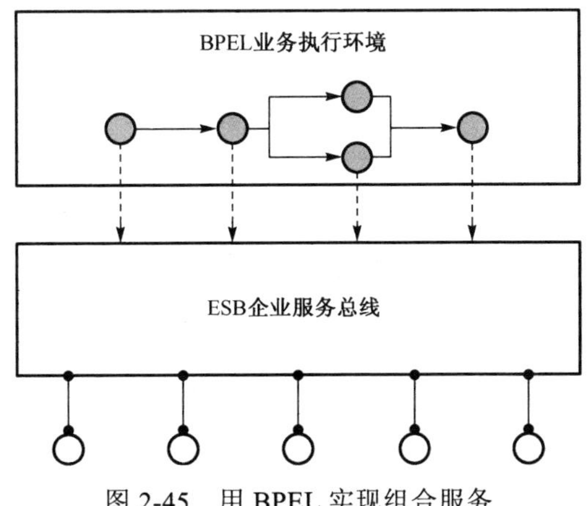

图 2-45　用 BPEL 实现组合服务

下面，对 SOA 中两个重要的概念——企业服务总线及业务流程执行语言进行简要介绍。

1. 企业服务总线

企业服务总线（ESB）是 SOA 架构的重要支撑平台，是软件系统间交互的连接中枢，是将 SOA 理念落地的具体产品。如前所述，用传统 DBLink 实现系统间集成会形成一张复杂的关系网，时间久后可能没有人能说出各系统间的具体关系，维护起来非常复杂。ESB 的出现彻底改变了这种传统架构，以松耦合、总线模式、事件驱动的方式来实现和管理软件系统间的交互。传统架构和基于 ESB 的 SOA 架构对比如图 2-46 所示。

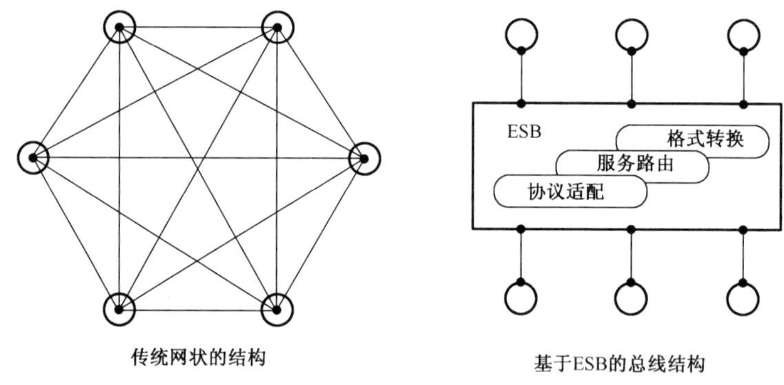

图 2-46 传统架构和基于 ESB 的 SOA 架构对比

SOA 虽然是个概念模型或分布式系统的架构设计方法，但发展至今已经有具体的规范、技术和产品在支撑，如 Web Service、SCA/SDO、ESB、BPEL。其中，ESB 已经被业界广泛接受和应用，并且已经成为物联网等领域方案的基础。后面还会详细介绍基于 ESB 来实现物联网能力的接入、开放和集成。

ESB 最核心也是最基本的功能是解决系统间服务集成，围绕这个目标，ESB 的功能架构如图 2-47 所示。

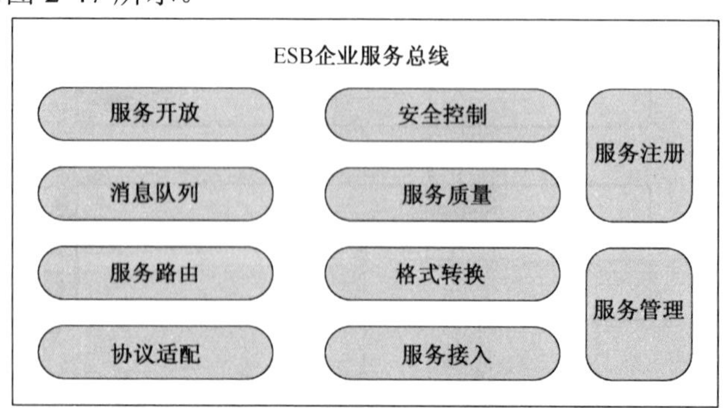

图 2-47 ESB 的功能架构

当把 ESB 作为一个完整的产品来看，它需要有 ESB Server、适配器、设计器、管理控制台等模块，如图 2-48 所示。

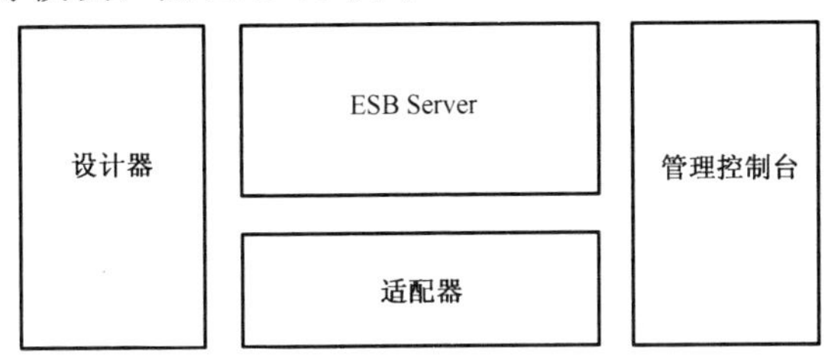

图 2-48　ESB 产品结构图

1）适配器

适配器（Adapter）的作用是将不同协议规范的服务、能力和资源接入到 ESB 服务总线上，ESB 也可以通过适配器完成对服务的调用，例如，通过 FTP 适配器将 FTP 服务接入 ESB、通过 SOAP 适配器将 Web Service 接入 ESB。

常见的适配器有 SOAP 适配器、FTP 适配器、REST 适配器、JMS 适配器、EJB 适配器、Socket 适配器、数据库适配器、XML 适配器、文件适配器等。

2）设计器

作为一款成熟的 ESB 产品，图形化的设计器是必不可少的。好的设计器会让 ESB 开发者很容易入门，不好的设计器会让 ESB 开发者无从下手。

ESB 设计器一般应该具备如下功能。

（1）工程创建：提供 ESB 工程创建菜单和创建界面，开发人员通过向导式完成工程创建。

（2）服务注册：根据不同适配器注册不同类型的服务。

（3）条件判断设置：提供基本的条件判断操作，实现逻辑分支和判断。

（4）服务路由设置：设置服务间的路由条件、路由规则、调用关系。

（5）服务调用设置：设置已接入 ESB 服务的调用方式和调用参数，获取服务调用返回结果。

（6）基本运算操作：提供基本的数字、字符、算法等运算操作。

（7）数据格式转换设置：不同协议的服务所能识别的数据格式会有差异，在调用服务前，准备好指定格式的请求数据。

（8）代码编辑：有些成熟的 ESB 产品还提供代码编辑的功能，在某些逻辑处理节点上可以直接嵌入高级编程语言的代码。

（9）异常设置：当服务流程出现异常时，应该执行哪些补充措施。

（10）仿真调试：对已编排的服务流程进行跟踪调试，检查和发现错误。

（11）编译打包：将开发好的 ESB 工程进行编译打包，结束后就可以在 ESB Server 上部署。

3）管理控制台

通过管理控制台可以将开发好的ESB工程部署到ESB Server上，并且具有对ESB工程的管理功能，包括工程部署、工程卸载、参数配置、服务监控、权限设置、流量检测等。

4）ESB Server

ESB Server是服务处理的核心引擎，完成服务接入、服务路由、格式转换、服务开放的功能，同时还要做好安全控制和服务质量控制。

在物联网、云计算、业务交付平台（Service Delivery Platform，SDP）等领域对性能和稳定性都要求很高，并要求ESB Server具备如下特征。

（1）采用高性能通信协议。

（2）支持集群部署和分布式部署。

（3）支持ESB Server状态监控，确保7×24小时不间断服务。

2. 业务流程执行语言

在SOA思想指导下，企业内部IT、电信、互联网、物联网等领域已经习惯将功能模块和资源以Web Service形式开放，通过WSDL来描述服务接口。例如，电信领域制定了ParlayX规范将短信、彩信、呼叫、定位等能力以Web Service形式开放，物联网网关采用Web Service形式开放终端采集、传感检测的能力，互联网上将天气、证券、航班等信息以Web Service形式开放。这些Web Service具备某个特定的独立的功能。如何在不影响Web Service运行的情况下将这些服务组合起来形成新的业务，例如，将天气服务和短信服务组合起来生成天气预报业务，需要制定一套面向服务的流程执行语言。

业务流程执行语言（Business Process Execution Language，BPEL）也可称为WS-BPEL（Web Services Business Process Execution Language），是OASIS的标准规范，是一套用于编写Web Service控制逻辑、基于XML的业务流程执行语言，以XML形式记录业务逻辑处理过程和服务调用关系。BPEL以标准化的方式将Web Service组合编排起来生成自动业务流程，这些流程可以运行在任何一个支持BPEL规范的平台上。

图2-49描述了一个用BPEL开发的大棚检测物联网应用。

业务步骤如下。

（1）调用“二氧化碳检测服务”获得大棚CO_2浓度值。

（2）调用“温度检测服务”获得大棚温度值。

（3）判断CO_2浓度和温度是否超标。

（4）如果超标就调用“短信下发服务”发送告警信息。

（5）调用“监控记录服务”记录本次监控情况。

BPEL 语法组成包含如下几个部分。

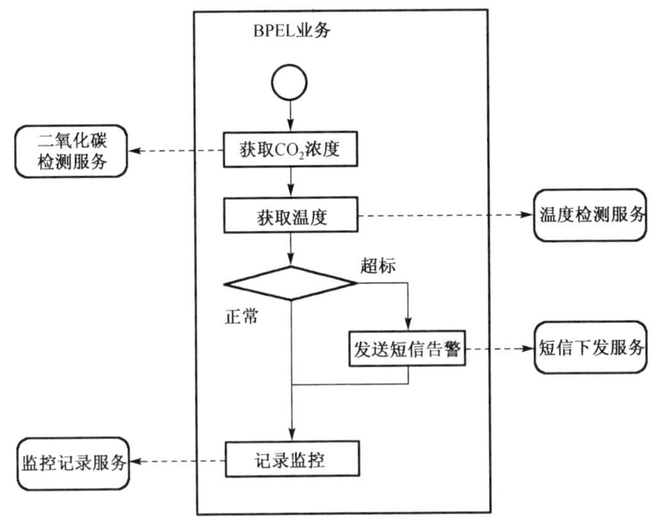

图 2-49 大棚监测物联网应用业务流程图

1）BPEL 协议栈

BPEL 是 SOA 架构的重要规范组成，它的协议栈如图 2-50 所示。

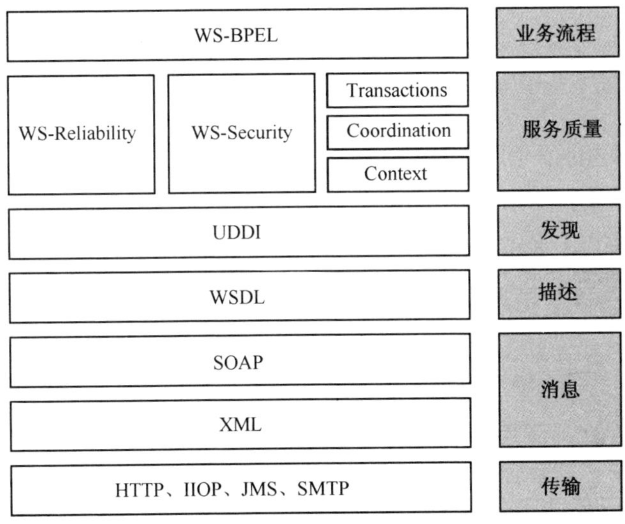

图 2-50 BPEL 协议栈

2）BPEL 语法

BPEL 语法由合作伙伴链接、变量、基本活动、结构化活动、属性关联集合、处理句柄等组成，如图 2-51 所示。

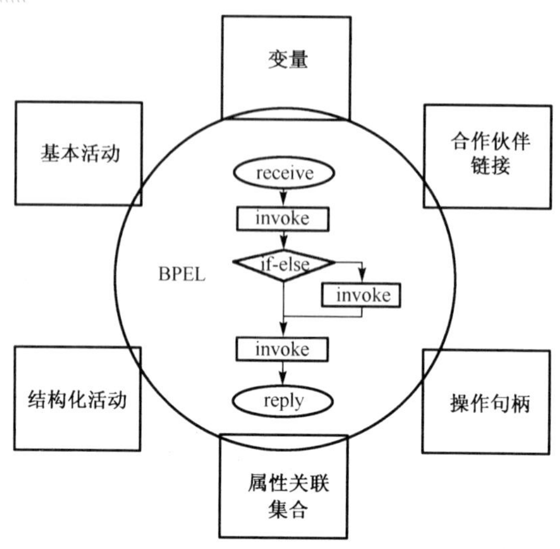

图 2-51　BPEL 语法

（1）合作伙伴链接

与 BPEL 流程交互的任何实体都称为伙伴（partner），它可以是一个 Web Service 或是一个业务伙伴。大棚检测例子中的二氧化碳检测服务、温度检测服务、短信下发服务、监控记录服务等都是 partner。合作伙伴链接（partner Links）是流程定义的一部分，在 BPEL 中用<partnerLink>...</partnerLink>来定义业务和伙伴的交互关系。

（2）变量

变量（variables）用在 BPEL 业务流程中以保存和传递数据，变量类型在 WSDL 中定义，支持 XML Schema 内置的简单类型，也支持自定义的复杂类型。变量可以作为 BPEL 的<invoke>、<receive>、<reply>等活动的输入输出，BPEL 也提供了变量操作活动<assign>。

（3）基本活动

BPEL 语法中定义的基本活动如表 2-2 所示。

表 2-2　BPEL 语法中定义的基本活动

活动名	说明
receive	BPEL 业务部署在引擎上会暴露成 Web Service 服务，当第三方调用该服务接口时引擎会启用<receive>活动来接收请求
reply	<reply>活动和<receive>活动是对应的，<receive>活动用于接收请求，而<reply>活动用于回复<receive>的请求
invoke	<invoke>活动调用<partnerLink>定义的 Web Service，可以同步调用，也可以异步调用
assign	对变量进行赋值和复制操作
throw	在 BPEL 业务中主动抛出异常

续表

活动名	说明
rethrow	将捕获的异常再次向上一级 scope 抛出
wait	业务执行到此活动延时一段时间或延时到某个截止时间
empty	业务执行到此活动不做任何处理
extensionActivity	用于定义之前规范未定义的新活动
exit	终止当前流程实例

（4）结构化活动

BPEL 的结构化活动如表 2-3 所示。

表 2-3　BPEL 的结构化活动

活动名	说明
sequence	<sqeuence>活动中包含一组按顺序执行的活动
if	<if>活动实现分支判断和条件选择，<if>、<elseif>和<else>等元素可以组合使用，类似编程语言的 if-else
while	<while>活动用于重复执行某段操作，直到指定的布尔条件<condition>为真为止，执行过程是先判断条件，再执行动作
repeatUntil	< repeatUntil>和<while>类似，也是重复执行某段操作，直到指定的布尔条件<condition>为真为止，不同的是执行过程是先执行动作，再判断条件
pick	业务流程执行到<pick>活动，会等待一组相互排斥事件中的一个事件发生，然后执行与发生事件相关联的活动
flow	<sqeuence>是定义一组顺序执行的活动，而<flow>是定义一组同时执行的活动
forEach	<forEach>用于循环执行某个活动到 N+1 次
scope	<scope>用于定义作用域，以分层方式将复杂流程划分为多个组织部分

（5）操作句柄

BPEL 的操作句柄类型如表 2-4 所示。

表 2-4　BPEL 的 handler 类型

名称	说明
event handler	用于处理外部传来的消息事件或用户定义的告警事件，事件处理机制从<scope>的一开始就激活，随<scope>的结束而结束
fault handler	<faultHandlers>用于完成异常处理，与<scope>关联并捕获<scope>内发生的异常。当异常产生时，BPEL 正常执行流结束，控制流转入<faultHandlers>内执行，作用类似 try-catch
compensation handler	<compensationHandler>用于实现补偿处理，将流程状态回滚到进入作用域前，将已执行的动作进行撤销处理，通常调用一个效果相反的动作
termination handler	<terminationHandler>用于控制处于运行状态中的 scope 的终止过程

（6）属性关联集合

在 BPEL 的声明机制中，一组相关标记可定义为相关联的组中所有消息共享的一组特性。这样的一组特性称为关联集合。每个关联集都在一个作用域中进行声明并属于该作用域。属于全局流程作用域的关联集称为全局关联集；属于局部作用域的关联集称为局部关联集。在流程开始时，全局关联集处于未初始化的状态。在其所属的作用域的执行开始时，局部关联集处于未初始化的状态。相关集在其语义上类似于延迟绑定的常数。相关集的绑定由特别标记的消息发送或接收操作来触发。相关集在其所属的作用域的生存期中只能初始化一次。在初始化之后，它的值就可被认为是业务流程实例的标识别名。在多方业务协议中，相关集合非常有用。初始流程发送启动会话的第一个消息，从而定义了标记该对话的相关集中的特性值，其他参与者通过接收提供相关集中的特性值的传入消息来绑定会话中的相关集。如一个旅行社订票流程，当该流程启动之后，用户能够查询该流程状态，并能取消该流程，这就需要相关集的支持来确保后续的请求消息绑定到相同的流程实例中。

BPEL 作为一个产品形态时，需要包括设计器、管理控制台、BPEL 引擎三部分，如图 2-52 所示。

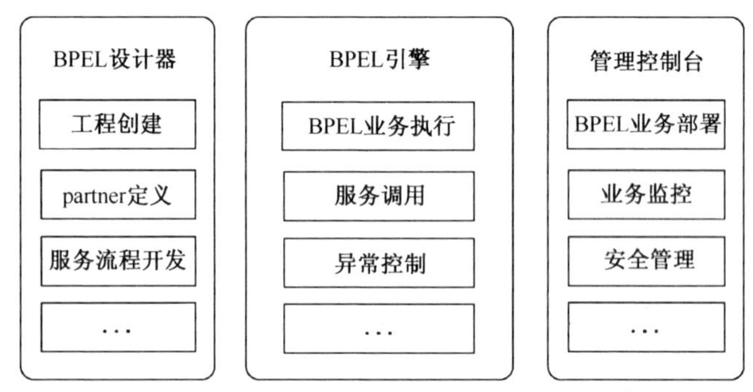

图 2-52 BPEL 产品结构图

（1）BPEL 设计器：需要具备的功能包括工程创建、partner 定义、根据 BPEL 规范以图形化形式完成服务编排、工程打包。

（2）管理控制台：完成对 BPEL 业务部署、参数配置、监控、权限设置等功能。

（3）BPEL 引擎：将 BPEL 业务开放成 Web Service、接收外部请求、根据 BPEL 规范完成业务流程执行。

2.3.8 规则引擎

在介绍规则引擎之前，先看一个个税的案例。个人所得税在 2011 年调整前后如表 2-5、表 2-6 所示。

表 2-5　调整前

级数	全月应纳税所得额	税率/%	速算扣除数
1	不超过 500 元	5	0
2	超过 500 元至 2000 元的部分	10	25
3	超过 2000 元至 5000 元的部分	15	125
4	超过 5000 元至 20000 元的部分	20	375
5	超过 20000 元至 40000 元的部分	25	1375
6	超过 40000 元至 60000 元的部分	30	3375
7	超过 60000 元至 80000 元的部分	35	6375
8	超过 80000 元至 100000 元的部分	40	13075
9	超过 100000 元的部分	45	15375

表 2-6　调整后

级数	全月应纳税所得额	税率/%	速算扣除数
1	不超过 1500 元	3	0
2	超过 1500 元至 4500 元的部分	10	105
3	超过 4500 元至 9000 元的部分	20	555
4	超过 9000 元至 35000 元的部分	25	1005
5	超过 35000 元至 55000 元的部分	30	2755
6	超过 55000 元至 80000 元的部分	35	5505
7	超过 80000 元的部分	45	13505

个税计算是财务软件的基本功能，如果将以上计税规则写死在代码中，一旦规则发生变化，那将是件悲哀的事情。如果你是一个财务软件设计人员，设计个税计算模块时至少需要考虑两件事情。

（1）个税计算模块自动识别应纳税额在哪个计算区间，并计算出个税值；

（2）在不修改代码的情况下适应个税规则的调整。

这是一个典型的规则引擎应用案例，表格中的每一行代表一条规则。用规则引擎可以很好地解决以上两个问题，步骤如下。

（1）将表格记录归纳整理成规则库，如表 2-5可以归纳整理成如表 2-7 所示规则库。

表 2-7　归纳整理后的规则库

规则一	当应纳税额小于等于 500 则税率等于 5%、速扣额等于 0
规则二	当应纳税额大与 500 并且小于等于 2000 则税率等于 10%、速扣额等于 25
规则三	当应纳税额大与 2000 并且小于等于 5000 则税率等于 15%、速扣额等于 125
…	…

（2）将规则库部署到规则引擎上。

（3）财务系统要计算个税时只需要调用规则引擎提供的 API，将“应纳税额”作为 API 参数输入，输出就是当月要扣的个税额度。

用以上方法实现财务软件的个税计算模块，如果政府第二年又调整个税比例，那只需要调整计税规则而不需要修改任何程序代码就可以实现。如图 2-53 所示为两种实现方式的对比。

看过上面案例后，大家对规则引擎的作用和应用场景应该有所了解。规则引擎由专家系统和推理引擎发展而来，可以模拟人类的推理方式，它是一套软件系统或组件，用于帮助其他软件产品处理具体的业务规则并输出结果。用规则引擎可以将业务规则和程序代码分离，在外部环境、法律法规、政策、需求发生变化时，允许业务人员通过调整规则库来适应，而不需要开发人员来修改代码和重新编译。

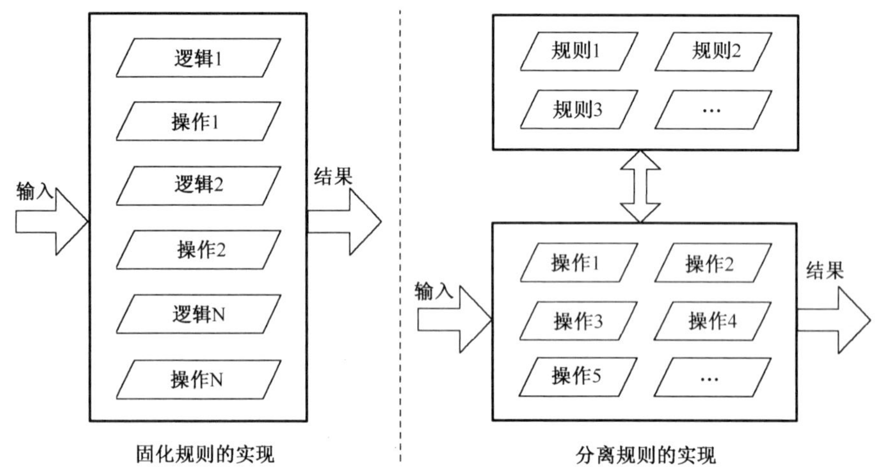

图 2-53　两种实现方式的对比

业务规则会明确定义一组条件，以及在满足此条件下执行的操作，用以代替软件系统的一段业务逻辑算法。例如，2011 年新执行的所得税计算方法可以转化为如表 2-8 所示规则。

表 2-8　2011 年新执行的所得税规则举例

规则一	当应纳税额≤1500 则所得税=应纳税额×税率（3%）－速扣额（0）
规则二	当应纳税额大与 1500 并且小于等于 4500 则所得税=应纳税额×税率（10%）－速扣额（105）

业务规则通常由业务分析人员和策略管理者来制定和维护，针对复杂的规则，也可以由技术人员用编程语言或脚本语言来开发。

常见的业务规则类型有以下几种。

1）规则文件

规则文件是以脚本文件形式记录每个规则的条件和执行的动作，并为每个规则定义了名字，如图 2-54 所示。

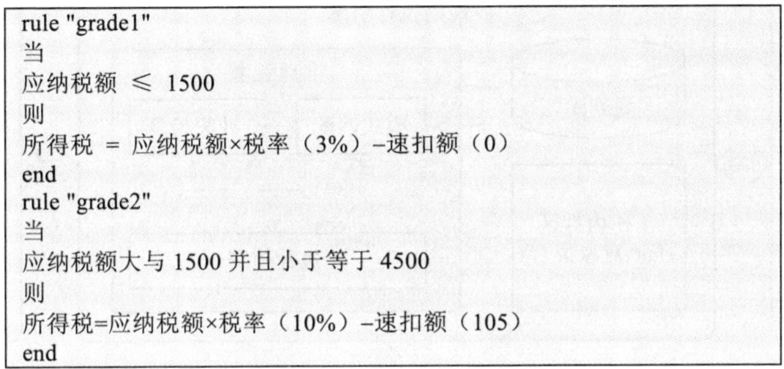

```
rule "grade1"
当
应纳税额 ≤ 1500
则
所得税 = 应纳税额×税率（3%）–速扣额（0）
end
rule "grade2"
当
应纳税额大与 1500 并且小于等于 4500
则
所得税=应纳税额×税率（10%）–速扣额（105）
end
```

图 2-54　规则文件举例

2）规则流

规则流是以流程图形式定义一组规则的先后执行循序。假如要实现以家庭为单位的个人所得税计算。要先定义两个规则：家庭成员归类规则、所得税计算规则，然后将这两个规则以流程图形式串起来。如图 2-55 所示。

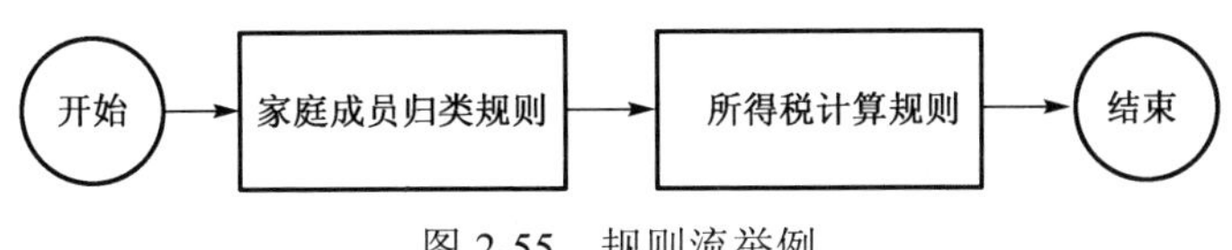

图 2-55　规则流举例

3）决策表

决策表是一种以表格形式描述条件和要执行的动作。表 2-9 是一张加薪决策表。

表 2-9　加薪决策表

条件			动作
学历	工作年限	本次考核	加薪
本科	3 年以内	C	0
本科	3 年以内	B	200
本科	3 年以内	A	400
本科	3 年以上	C	0
本科	3 年以上	B	300

规则引擎架构如图 2-56 所示，由规则执行引擎、规则设计器、管理控制台、规则引擎 API 等模块组成。

（1）规则设计器。

规则设计器主要面向开发人员或业务人员，用于完成规则的制定和测试。业务规则类型一般有规则文件、规则流、决策表，规则设计器要支持这些类型规则的创建、设计、测试、导入导出等功能。

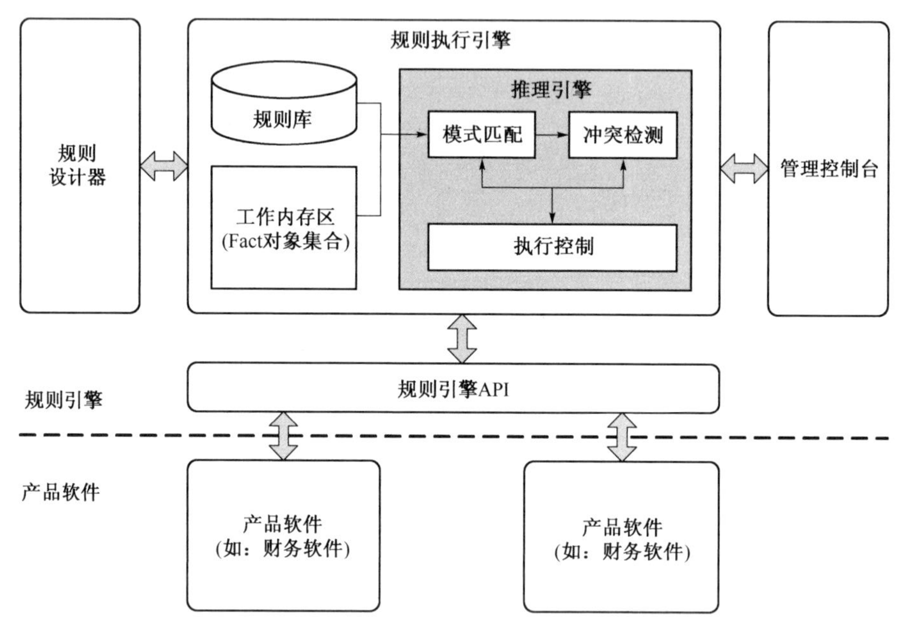

图 2-56　规则引擎架构图

（2）管理控制台。

管理控制台完成对规则引擎的系统管理、参数配置、权限管理、用户管理、系统监控等功能，还要具备规则部署、规则更新、规则导出、规则版本管理等功能。用设计器完成规则开发后，通过管理控制台部署到规则库上。

业务人员是管理控制台的重要用户，通过管理控制台来调整业务规则，不修改代码不需要重新发布版本就可以完成对软件逻辑的修改。还是以上述的个税为例，财务软件要执行 2011 年个人所得税新规，只需要在管理控制台上修改个税计算规则就可以完成。

（3）规则引擎 API。

规则引擎本身并不能产生价值，只有被产品软件使用才能产生价值，例如，财务软件通过规则引擎可以减少后期的维护成本。

规则引擎 API 是产品软件和规则引擎的接口，产品软件通过调用 API 向规则引擎传入参数，并获得规则引擎处理后的结果。

为了促进各规则引擎的接口兼容性，JCP（Java Community Process）制定了 JSR-94。JSR-94 是 Java 规则引擎的 API 标准规范，使规则引擎可以通过简单的 API 被 Java 平台访问。

（4）规则执行引擎。

规则执行引擎是核心模块，如图 2-56 所示，一般由规则库、工作内存区、推理引擎等模块组成。

规则库中存储的是规则集合，如个税计算案例中，将每条纳税规则整理归纳成规则引擎所能识别的规则记录，并部署到规则库上。

工作内存区中存放的是 Fact 对象集合，Fact 对象也可称为 BO 对象（Business Object），一般是产品软件通过调用规则引擎 API 将 Fact 对象传入到工作内存区。个税计算案例中，本月应纳税额就是 Fact 对象。一个 Fact 对象可以包含多个属性，例如大棚检测的物联网应用案例中，每次检测结果就是一个 Fact 对象，包含了温度、CO_2 浓度、湿度等指标。

推理引擎根据规则库中定义的规则，对工作内存区中的 Fact 对象进行匹配。如果执行规则存在冲突，即同时激活了多个规则，则通过冲突检测模块来解决。规则条件匹配的效率至关重要，它直接决定了规则引擎的性能。推理引擎需要快速检测工作内存区中的 Fact 对象，从已加载的规则集合中找到符合条件的规则，生成规则执行实例。美国卡内基·梅隆大学的 Charles Forgy 发明了 Rete 算法，很好地解决了这方面问题。Rete 算法是当前效率最高的 Forward-Chaining 推理算法，目前成熟的商用规则引擎产品基本上都使用该算法。

产品软件使用规则引擎有 3 种方式：集成部署模式、集中部署远程调用模式、集中部署本地调用模式。

1）集成部署模式

集成部署模式下产品软件和规则引擎的关系如图 2-57 所示。

集成部署模式是将规则引擎作为一个组件直接和产品软件打包在一起，产品软件通过调用规则引擎 API 来和规则引擎交互。这种模式的优点是直接通过规则引擎 API 进行交互，性能高。

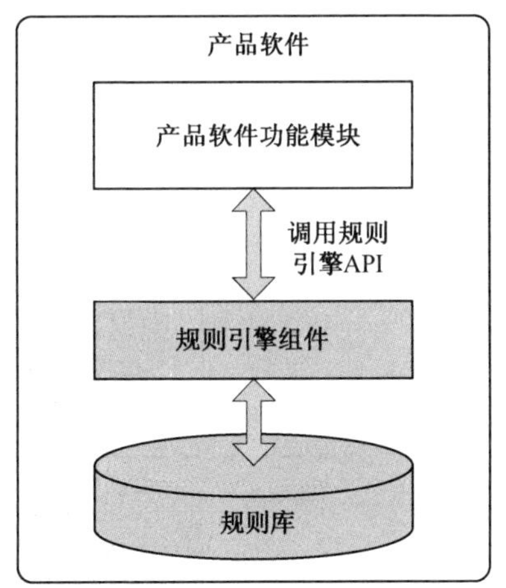

图 2-57　集成部署模式

2）集中部署远程调用模式

集中部署远程调用模式下产品软件和规则引擎的关系如图 2-58 所示。

集中部署远程调用模式是将规则引擎以独立的系统来部署，产品软件通过调用规则引擎暴露的服务接口来交互。这种模式的优点是规则统一部署、统一管理、统一维护，业务人员可以直接通过控制台制定和修改规则，缺点是交互效率低。

3）集中部署本地调用模式

集中部署本地调用模式下产品软件和规则引擎的关系如图 2-59 所示。

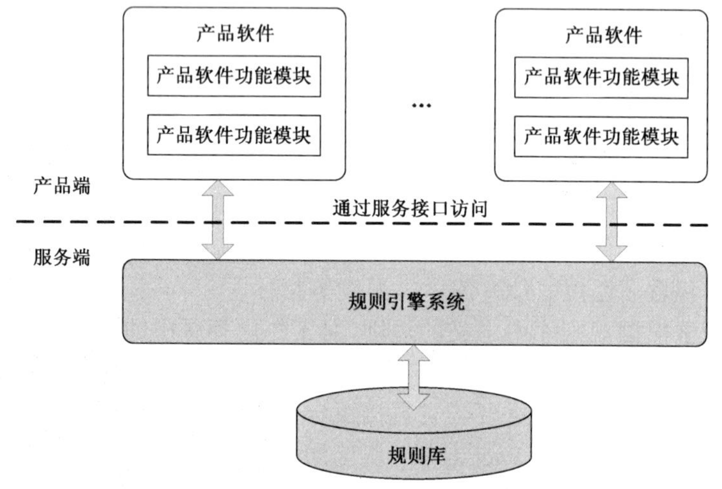

图 2-58 集中部署远程调用模式

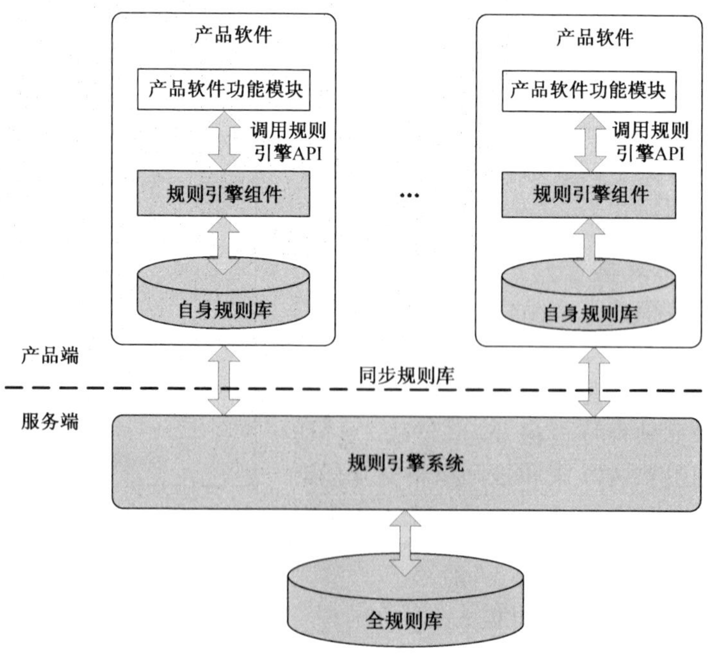

图 2-59 集中部署本地调用模式

集中部署本地调用模式是前面两种模式的综合，规则引擎以独立系统进行部署，同时产品软件也将规则引擎组件打包在一起。服务端有各产品完整的全规则库，产品端有其自身的规则库，当服务端的规则库更新后自动同步到产品端。

这种模式具备以上两种模式的优点，产品软件可以通过调用 API 快速和规则引擎交互，也具备规则统一管理、统一部署、业务人员可以直接通过控制台制定和修改规则等特点。

2.3.9 物联网的站内搜索

随着物联网系统覆盖范围的增加，需要在系统内部查找传感器名称，查询物联网里面有哪些开放的能力，这些不是简单的定制的数据库查询能解决的，需要站内搜索系统来解决这个问题。

搜索大家都不陌生，Google、百度应该已经是人们日常生活中必不可少的工具，Google 和百度的页面搜索其实是一种互联网的全文搜索。

从搜索的范围来分，搜索引擎分为互联网搜索、垂直搜索、站内搜索。互联网搜索主要有 Google 和百度，这里不详细讲解；垂直搜索是指针对一个领域一个行业的搜索，如音乐搜索、阅读数据搜索、移动应用搜索；站内搜索是指在自己构建的网站内部搜索，搜索的范围仅限于自己的数据库和文件。

目前开源的搜索引擎有很多，架构上基本都类似，这些开源搜索引擎中 Apache Lucene 是最为普及，图 2-60 所示为 Apache Lucene 搜索引擎的架构。

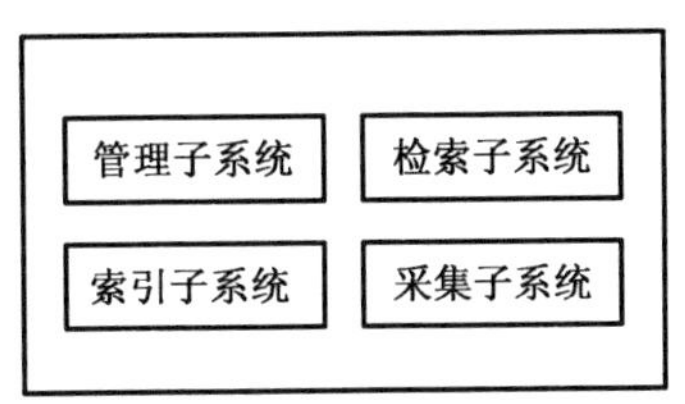

图 2-60 Lucene 搜索引擎的架构

Lucene 是一个基于 Java 的全文信息检索工具包，它不是一个完整的搜索应用程序，而是为应用程序提供索引和搜索功能，Lucene 是 Apache Jakarta 家族中的一个开源项目，也是目前最为流行的基于 Java 开源全文检索工具包，国内外已有很多基于 Lucene 的应用。

管理子系统：包括配置管理、资源管理。配置管理包括搜索的各种参数配置和修改，并根据系统运行情况实时调整这些参数，资源管理可以观察目前搜索引擎的运行状态，包括内存、CPU 的使用状况，管理子系统主要给运营管理人员使用。

采集子系统：负责收集源数据，可以从数据库表字段中采集不同的数据源，针对数据库，一条记录就是一个搜索的基本单元，也可以从文件中采集信息，Apache 的 tika 可以从 pdf、word 等文档中获取信息。

索引子系统：把获得的信息经过分析器分析以后放到倒排索引中建立索引，索引分为内存索引和文件系统索引，这里的文件系统可以是分布式文件系统。

检索子系统：负责对用户的请求做分析，并把分析的结果在索引中查找，然后根据各个文档的权重和打分情况，将得分高的放在前面返回给用户。

图 2-61 所示为一个应用程序从索引中查找数据的示意图。

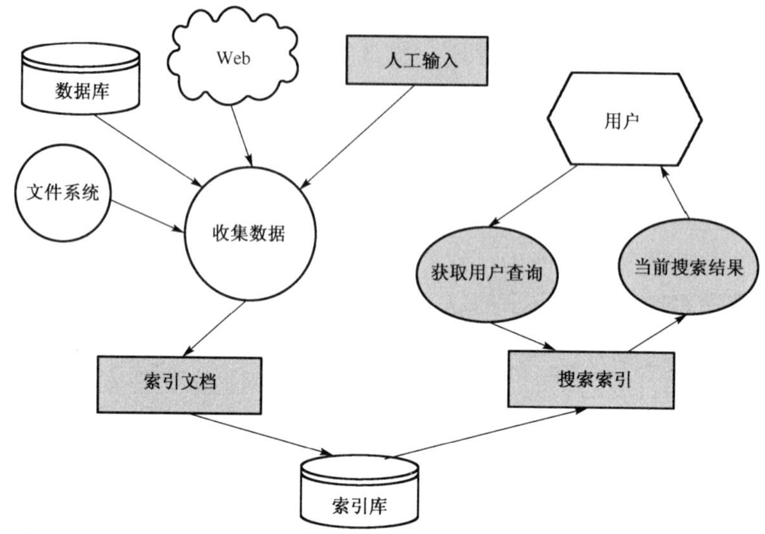

图 2-61 应用程序从索引中查找数据的示意图

倒排索引是搜索引擎的关键。假设是对文本文件做索引，有两个 txt 文件。

（1）txt 的内容为 Tom lives in Guangzhou，I live in Guangzhou too.

（2）txt 的内容为 He once lived in Shanghai.

建立索引假设选择标准的分词器，分词：英文以空格分隔，中文根据基础词典和扩展词典分隔为字和词。建立索引的过程去掉停用词，如冠词 the、a 等无意义的词都叫停用词。

去标点符号、大小写转换等，由标准分析器完成。

（1）txt 的所有关键词为[tom] [live] [guangzhou] [i] [live] [guangzhou]

（2）txt 的所有关键词为[he] [live] [shanghai]

建立倒排索引如表 2-10 所示。

表 2-10 倒排索引表

Term	文章号（出现次数）	出现位置
Guangzhou	1[2]	3,6
he	2[1]	1
I	1[1]	4
live	1[2],2[1]	2,5,2
Shanghai	2[1]	3
tom	1[1]	1

上面三列分别作为词典文件（Term Dictionary）、频率文件（frequencies）、位置文件（positions）保存，其中，词典文件不仅保存每个关键词，还保留了指向频率文件和位置文件的指针，通过指针可以找到该关键字的频率信息和位置信息。

索引文件是一个自己编码的格式，需要用专门的工具来查看索引文件，Luke 就是这样一个很好的工具，可以在网上下载。

分布式是性能、可靠性的要求，也是低成本的要求，架构设计逐步采用普通机器或者刀片机来代替原来的大型服务器，当一台机器做搜索时性能出现瓶颈，就需要分布式的线性可扩展的解决方案。

一个系统要做到线性可以扩充和系统无状态，对于搜索来说，只要把索引文件放在分布式文件系统中，搜索系统就成为一个无状态系统，如图 2-62 所示，可以通过前端的负载分发器来分发。

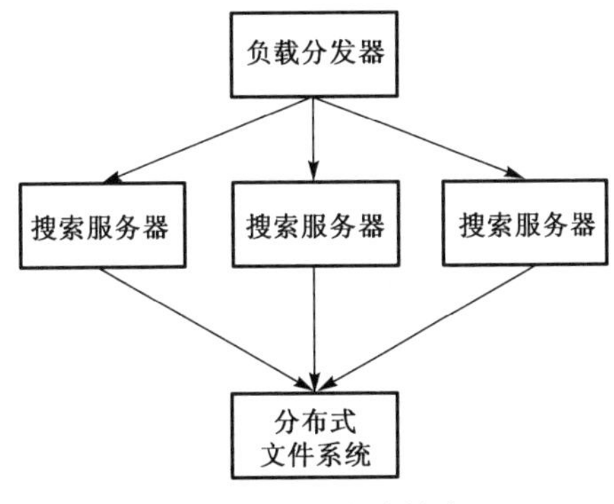

图 2-62　分布式搜索

负载均衡器在业界有很多通用的解决方案，硬件用 F5 或者 radware 的 4、7 层硬件负载均衡。软件上的实现，可以根据自己业务来做分发，比如根据用户的来源或者 IP 地址做分发，分发到不同的机器上，业界也有开源的方案，如 NGINX 就是一个很好的 7 层交换负载均衡的软件低成本方案。

分布式文件系统中也有许多商用的云存储系统，开源的低成本方案有 HDFS 文件系统，这些文件系统可以很好地解决分布式线性扩展的问题，对于搜索服务器来说，采集模块可以采用分布式的计算框架 Hadoop，编写分布式的采集，数据采集以后的索引文件也放到分布式文件系统 HDFS 中，这样各个分布式机器都可以访问到，并且可以线性扩充。

2.4　物联网应用开放环境

物联网开放平台是一种基于多种中间件技术构建，集合物联网接入能力及多种异构的业务能力形成的面向应用开发、调测、部署和运行的公共支撑平台。本节将重点描述物联网应用开发环境的相关技术。

2.4.1 业务开发

业务开发环境是提供给开发者的开发、调测工具。业界通用的集成开发环境有微软公司的 MS Visual Studio 和 IBM 的 Eclipse。此外，针对不同的专业领域，也有一些基于组态软件技术实现的转换工具，支持图形化、脚本式的应用开发。

针对不同的开发者，可以提供不同的开发工具，以解决不同开发人员所具备的技能的问题。初级开发者对编程语言不熟悉，习惯使用对编程技能没有要求的、可视化的拖拽式的开发环境，其可以是在线方式的，也可以是离线方式的。这种通过拖拽组件的方式去编排业务逻辑的方式，灵活性稍差，但即使对编程语言不熟悉的开发者也可以开发出质量较高的业务；对于高级开发者，使用业界通用的集成开发环境可以较好地满足他们开发较为复杂或者专业性要求比较高的物联网应用。如使用 Eclipse 或 Visual Studio，然后引入组件库中各个组件的 SDK，来开发物联网相关的应用。这种编码式开发由于所有的业务代码都需要编码，更加灵活，技能要求也更高，代码式开发通常基于某种开发框架，这样会提高复用性，减少工作量，如图 2-63 所示。

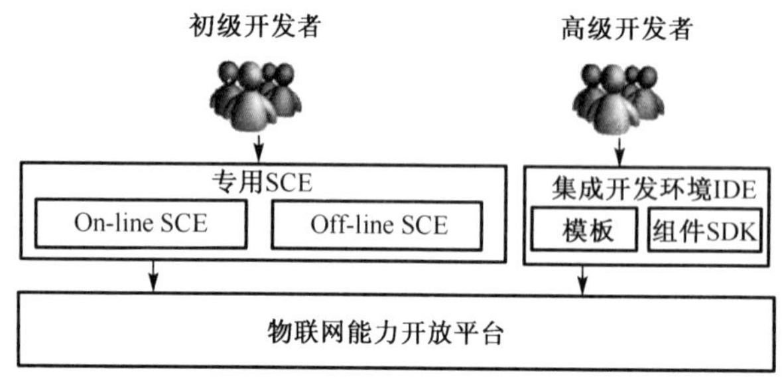

图 2-63　业务开发

对于集成开发环境 IDE，Eclipse 或 MS Visual Studio 只是一个工具的框架，而模板是针对应用类型为方便应用开发人员快速开发应用而提供的插件，这种插件通常以向导的方式存在，也可以以图形化的展现形式存在；组件库是开发者开发应用时所使用的平台自己提供或由第三方提供的能力接口；在 2.2 节阐述过，物联网应用的能力组件可以分为系统支撑能力组件、应用支撑能力组件、管理支撑能力组件和运维工具等。

物联网业务类型主要包括终端类业务和托管类业务。一个完整的物联网应用通常既包括终端类业务，也包括系统类业务。

终端类业务主要是指运行在各种手机终端上的业务。各种手机终端有不同的操作系统，如苹果的 iPhone 是 iOS 操作系统，Google 阵营研发的手机是

Android 操作系统。手机上的应用比较复杂，受制于手机的操作系统、屏幕大小以及手机终端的能力。手机上的应用主要有 Native 应用和 Widget 应用两类。Native 应用是依赖于手机底层操作系统的应用，如 iPhone 应用必须基于底层的 iOS 操作系统，Android 手机必须基于底层的 Android 系统，业界主流的 iOS 和 Android 操作系统都有成熟的开发框架，开发者基于开发框架可以快速开发应用；Widget 应用是手机终端跨平台应用的一种形式，采用 HTML/XML+脚本语言的的编程模式，Widget 必须在 Widget 引擎上解析执行，依赖于各个终端上定制化的 Widget 引擎来屏蔽底层终端的差异。

系统类应用是指运行在服务器端的应用，必须托管在硬件服务器上运行，主要包括 Web/WAP 类有展示界面的应用和其他纯服务端无展示界面的应用。如一个门户网站通常是一个 Web 应用，一个消息处理系统通常是一个纯服务端应用。

下面针对图形化拖拽式开发与集成开发环境两种模式，对应用开发进行简要介绍。

1）利用集成开发工具的代码式开发

集成开发工具的功能至少应包括如下几点。

① 支持创建、打开、保存和关闭工程；

② 支持向导式创建工程、代码文件、资源文件；

③ 支持导入 SDK 组件包；

④ 开发者可以新建代码文件、编写代码、编译和打包；

⑤ 版本管理，支持 SVN 等版本管理功能；

⑥ 代码检查，可以使用代码规范检查工具对代码中隐含的故障进行深入检查；

⑦ 文档生成，自动生成接口说明文档。

业务开发通常需要业务编码、业务编译/打包、业务仿真测试 3 个步骤。

（1）业务编码。

业务编码主要是指在业务开发环境建立代码工程，在开发框架的基础上，通过编码的方式实现某个具体业务。业务编码时预先导入 SDK 库，尽可能通过调用 SDK 的接口来实现业务逻辑。如发短信时调用 SDK 的短信接口。

（2）业务编译/打包。

业务编译指借助于业务开发环境，将编写好的源代码编译成可在执行环境上执行的目标程序，对 Java 语言来说，即将.java 源文件变成 class 类文件。编译完成后将程序打包，如对 Java Web 应用来说，需要将业务打包成符合 J2EE 标准的 war 包或 ear 包。对 Android 终端来说，需要将业务变成 apk 包。

（3）业务仿真测试。

对于物联网业务来说，需要开发许多的模拟器来支持业务仿真测试。主要由 3 种模拟器，分别是物联网能力模拟器、电信能力模拟器和终端模拟器。物联网能力模拟器模拟物联网数据采集和传输服务的各个接口；电信能力模拟主要是模拟电信能力，模拟发送、接收短信或彩信等；物联网能力终端模拟主要是模拟终端运行环境，比如 Android 手机提供 Android 模拟环境。

业务仿真测试主要是将开发好的业务部署在业务测试执行环境，借助于各种模拟器模拟业务的各个功能，验证业务是否可以正常运行。

测试人员仿真测试时，它通过模拟终端编辑终端上报数据，然后提交给加载到业务测试执行环境中的业务；当业务测试执行环境中需要下发消息时，将下行消息提交给模拟终端。模拟终端执行终端侧的业务逻辑，并在模拟终端的屏幕上显示执行结果。

业务仿真测试是需要记录详尽的日志，以分析业务的执行过程是否正确。

以 Java 开发环境开发一个 Web 业务为例，描述下业务开发过程，具体步骤如下。

（1）新建 Web 工程。

需要填写工程名称、选择工作区间和支持的 J2EE 标准等，如图 2-64 所示。

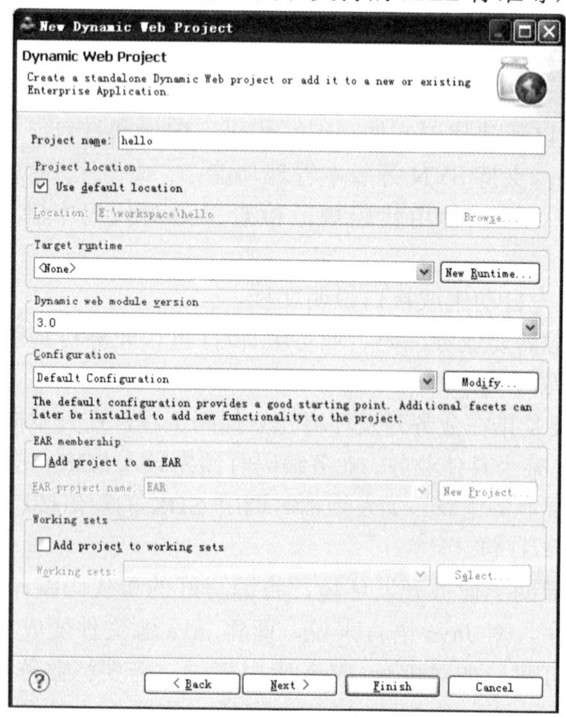

图 2-64　新建 web 工程

新建好的 Web 工程如图 2-65，左边是工程显示区、中间是代码编辑区，下面是调试信息显示区。

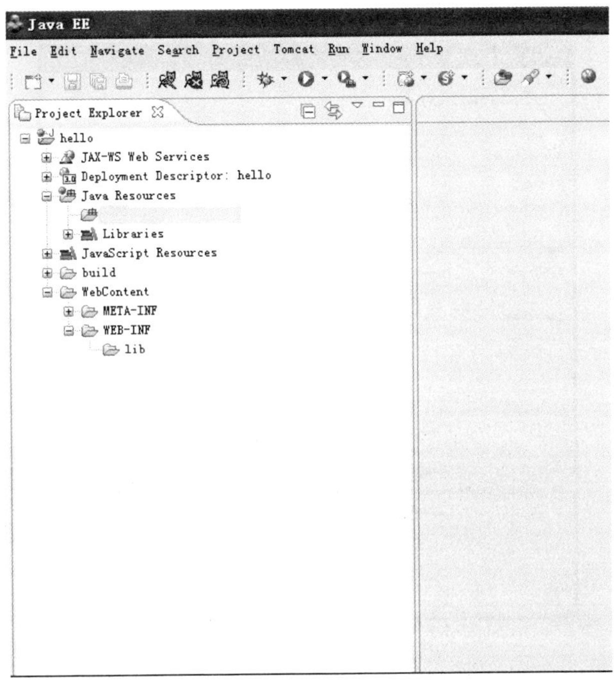

图 2-65　新建好的 Web 工程结构

（2）引入 SDK 类库。

对 Java 代码开发来说，组件库中的各个组件都是 jar 包，在工程属性中引入该业务需要的组件 jar 包，如图 2-66 所示。

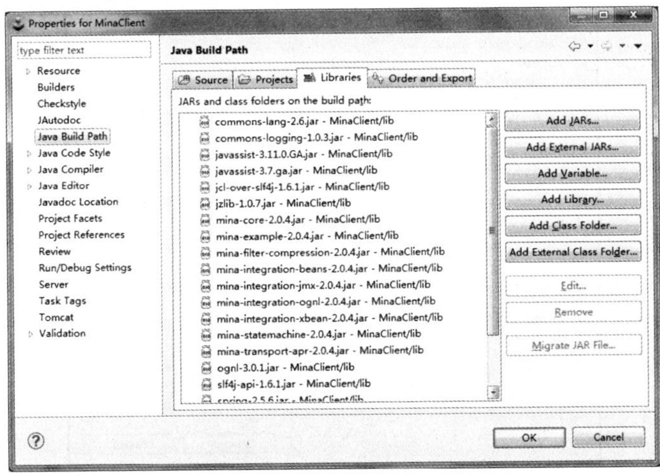

图 2-66　引入 SDK 类库

（3）新建 Java 类。

新建 Java 类向导，需要填写类所在文件夹，包名和类名以及其他辅助信息，如图 2-67 所示。

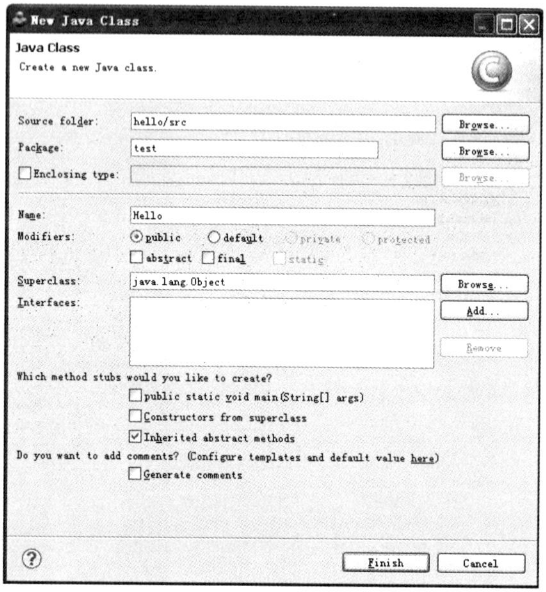

New Java Class
Java Class
Create a new Java class.
Source folder:
hello/src
Browse...
Package:
test
Browse...
Enclosing type:
Browse...
Name:
Hello
Modifiers:
public
default
private
protected
abstract
final
static
Superclass:
java.lang.Object
Browse...
Interfaces:
Add...
Remove
Which method stubs would you like to create?
public static void main(String[] args)
Constructors from superclass
Inherited abstract methods
Do you want to add comments? (Configure templates and default value here)
Generate comments
Finish
Cancel

图 2-67　新建 Java 类

新建 JSP 页面，如图 2-68 所示。

New File
File
Create a new file resource.
Enter or select the parent folder:
hello/WebContent
hello
.settings
build
src
WebContent
File name:
hello.jsp
Advanced >>
Finish
Cancel

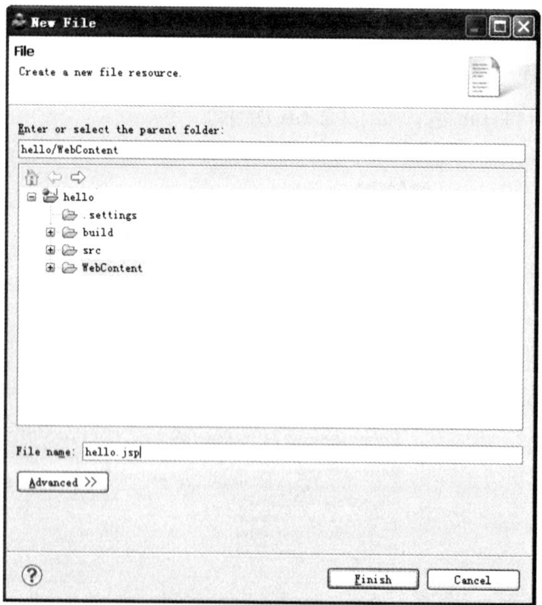

图 2-68　新建 JSP 页面

业务的处理逻辑通过 Java 类来实现，在 Java 类中编写代码，实现业务功能；业务的展现界面在 JSP 中编写。一个复杂的业务需要编写很多的 Java 类和 JSP 页面。

（4）编译。

将编写好的业务源代码.java 文件编译成可在业务执行环境中运行的.class 文件，如图 2-69 所示。

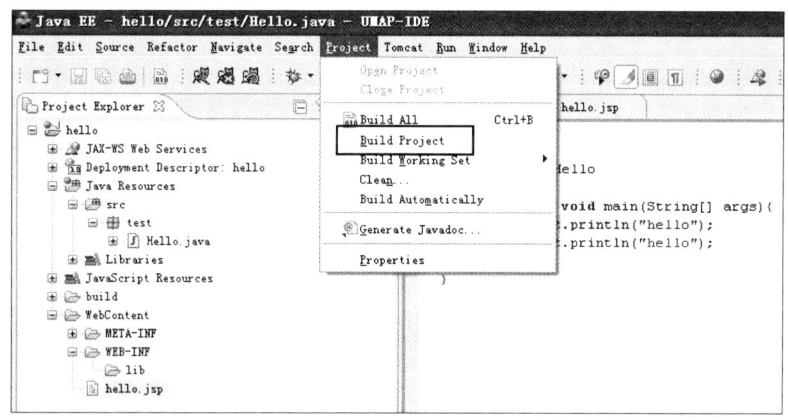

图 2-69　编译

（5）仿真测试。

将业务加载到业务测试环境中测试，如图 2-70 所示。对 Java Web 应用来说，常用的业务测试执行环境为 tomcat。业务仿真测试需要模拟器配合。

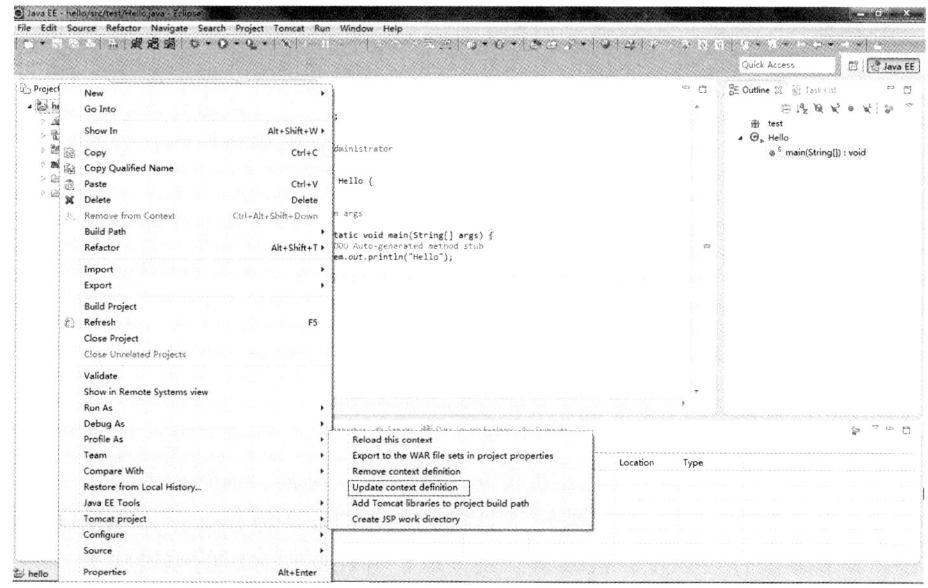

图 2-70　仿真测试

2）基于图形化工具的拖拽式开发

图形化工具的拖拽式开发与业务开发环境支撑，可以是离线的基于 IDE 的可视化开发环境，也可以基于 Web 浏览器的在线开发环境。这种开发方式的最大特点是零编码、可配置，开发者通过图形化拖拽的方式即可完成业务的开发，效率较高，而且由于封装程度非常高，所以业务的稳定性和性能都有一定的保证。图 2-71 是一个典型的业务编排工具。

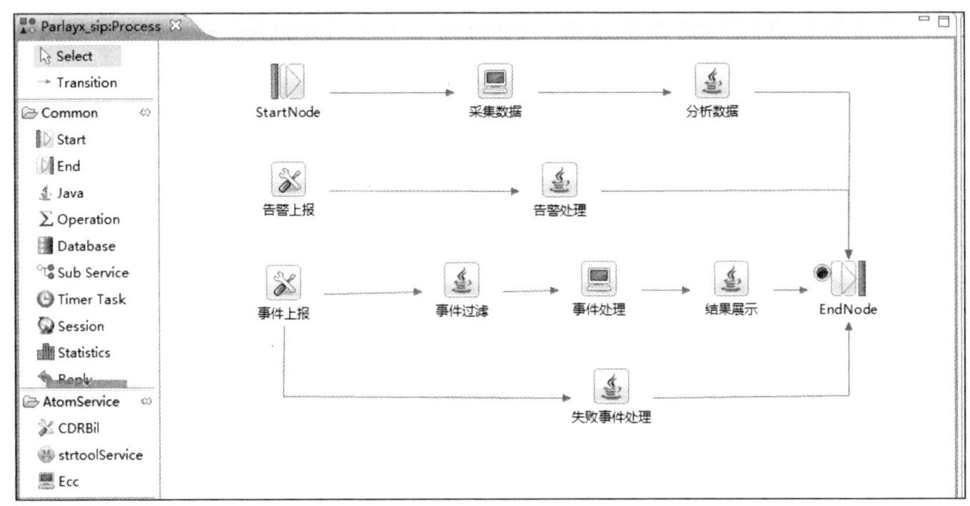

图 2-71 典型的业务编排工具

业务开发环境提供的功能包括如下。

（1）流程编排。提供图形化的操作界面，分别编排运营商侧、用户侧、终端侧，然后用户通过拖拽组件，并在各个组件间连线的方式进行流程编辑。

（2）组件编辑。开发者可以将组件的图标拖拽到编辑窗口中，双击图标，系统展示该组件提供的配置界面，供开发者进行配置。

（3）业务数据定义。定义业务所需数据的结构，即元数据，包括字段、数据类型、字段长度。系统根据元数据的定义自动为业务在数据库中创建数据表。另外，可以定义在执行业务过程中需要的中间数据（简称 CID），在编辑业务流程时，可以从列表中选取这些数据，用来保存临时变量，或作为节点（包括能力组件/素材）的输入参数。

（4）业务片段。业务中可以调用业务片断，业务片断通常是一些通用的子业务。业务逻辑编辑时，如果用到业务片断，可以将其引入到业务中。

（5）业务保存。业务逻辑编辑工具将图形化的业务流程保存为 XML 脚本文件，该脚本文件可以重新被编辑工具读取，并还原保存时的编辑状态。

（6）业务脚本读取。业务逻辑编辑工具将业务流程保存为 XML 脚本文件。开发者手工编辑或修改的 XML 脚本文件也可以读入编辑工具，进行图形化编辑。

（7）异常分支。在业务中，如果出现异常时，需要定义一个异常分支来处理业务异常。

（8）业务模板管理。可以将已经编辑好、通用的业务保存为模板；同时提供对模板的修改、删除、查询等功能。在业务开发环境中，还需要对模板进行分类。业务开发者可以将所需要的模板导入业务流程设计器，然后修改差异化部分，便可完成一个新的、有差异化的业务开发，这很大程度地提高了业务的开发效率。

业务开发通常需要业务逻辑编排、业务生成/打包、业务仿真测试 3 个步骤。

1）业务逻辑编排

开发者根据业务的要求，在业务开发环境中设计运营商侧、用户侧、终端侧的业务。各种功能组件、业务片断是业务设计的基本单元，开发者通过拖拽的方式，将组件拖拽到设计面板，然后根据逻辑要求在各个基本组件间连线，设置业务的入口参数、出口参数、流程变量等信息，便可以完成业务的设计。

2）业务生成/打包

托管类业务直接保存为业务执行环境可解析的 XML 即可。

终端类业务生成相对比较复杂。先将终端类保存为 XML，然后根据不同的终端型号，调用终端厂家提供的编译器，将业务生产引擎生成的终端业务逻辑脚本编译为在终端上执行的二进制代码。

终端执行代码的生成步骤如图 2-72 所示。

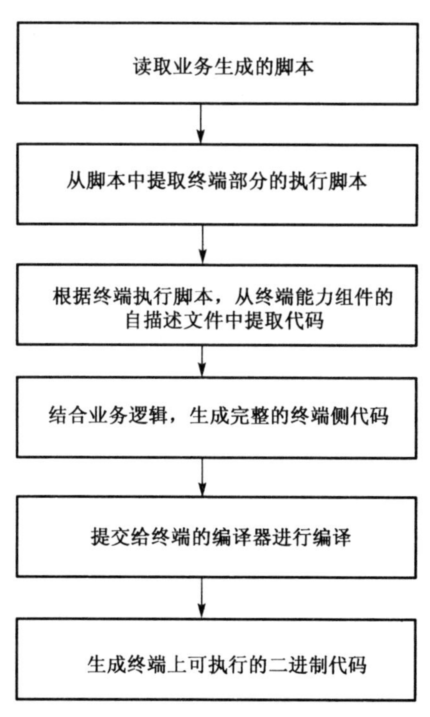

图 2-72　终端执行代码的生成步骤

3）业务仿真测试

业务仿真测试和代码式开发基本一致，也是将开发好的业务部署在业务测试执行环境，借助于各种模拟器模拟业务的各个功能，验证业务是否可以正常运行。对于可视化开发来说，由于业务逻辑是可视化的流程，业务仿真测试可以观察到业务的执行路径以及各个节点的输入输出数据，可以更加方便地测试业务的执行情况。

2.4.2 业务执行

物联网业务涉及一些能力、服务和资源（如环境监测、传感、告警、短信、彩信、定位、呼叫等能力，天气、地图、咨询等服务，数据库、文件等资源），在业务开发环境上对这些能力、服务和资源按照一定逻辑和顺序组合起来，开发生成满足具体功能的业务。以家庭安防的物联网业务为例，该业务用到了磁开关检测能力、语音呼叫能力、数据库资源等，业务逻辑流程图如图 2-73 所示。

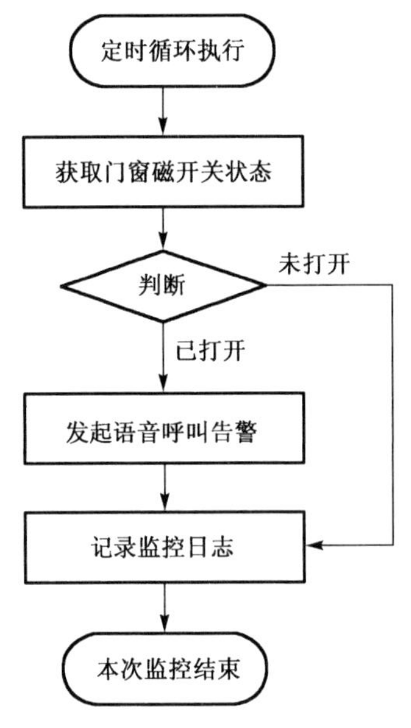

图 2-73 业务逻辑流程图

业务执行引擎的职责是将部署在引擎上的业务按照事先设定好的逻辑进行执行，从而实现预期的功能和结果。将上述家庭安防业务部署在引擎上，业务执行引擎就会定时循环执行该业务，先调用“磁开关检测能力”获取门窗磁开关状态，如果发现门窗已经被打开过，就调用“语音呼叫能力”拨通住户手机并播放告警信息，最后调用“数据库资源”记录监控日志。

根据执行方式的不同，业务可以分为解析执行和编译执行。解析型业务是用某种约定的格式来描述和记录业务处理逻辑，一般是采用 XML 格式来记录，如 BPEL 就是该类型业务，引擎按照业务描述文件记录的逻辑进行解析执行。编译型业务不管开发态是否有描述文件记录业务逻辑，最后一定是被编译成可被执行的代码。

这两种业务形式各有优缺点，解析型业务不需要编译但执行效率相对低一些，特别适合在线开发和零编码的场景。编译型业务需要编译但执行效率相对高一些，而且可以在业务中嵌入高级编程语言的代码，满足复杂应用的开发。理想情况下，业务执行引擎既可以满足解析型业务的部署和执行，又可以满足编译型业务的部署和执行。

解析型业务的逻辑和处理过程被记录在 XML 格式文件里，需要制定一套业务描述规范。编译型业务虽然最终是被编译成可执行的代码，但在开发态为了实现图形化和流程式的开发过程，也需要将业务的逻辑和处理过程以 XML 格式文件记录下来，只是该描述文件是中间过渡文件，执行引擎并不依赖该描述文件来执行业务。综上所述，解析型业务和编译型业务都需要通过业务规范来约束和传承。

完整的业务规范由三部分组成，如图 2-74 所示。

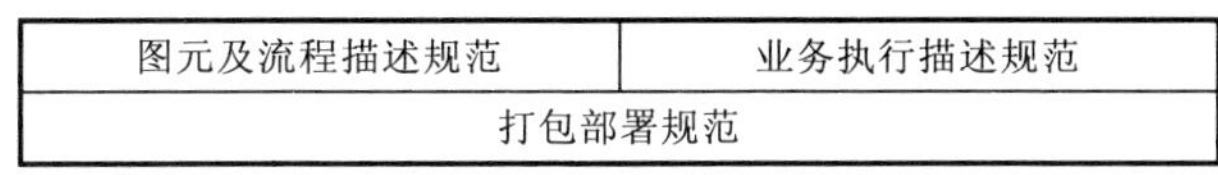

图 2-74　业务规范构成

（1）图元及流程描述规范。用于定义每个图元的含义、图元连接关系、事件定义、坐标位置等，可以借鉴或遵循业务流程建模与符号（Business Process Modeling Notation，BPMN）。

BPMN 目标是要提供一套标记语言，它定义了图元规范和业务流程图规范，能够被大部分用户理解，包括业务分析人员、软件开发人员以及业务管理人员等。BPMN 对活动、网关、事件、连接、数据、泳道、工件等图元有较完整的定义。每个图元都有各自的特性，且与大多数建模工具类似，比如，活动是矩形、条件是菱形。图元是业务流程图的基本组成，简化了模型的开发，且很容易被业务分析人员熟悉和接受。

由于 BPEL 是面向 Web Service 的服务编排语言，而物联网业务要集成的能力和服务是多样的，除了 Web Service 外，还需要能够与 Socket 服务、HTTP 服务、FTP 服务、消息队列、程序代码、文件、数据库及其他资源交互，所以不直接用 BPEL 规范来描述业务流程。

（2）业务执行描述规范。BPMN 更多是业务建模层面上的描述，还需要有业务执行相关的描述，包括的要素有业务执行触发条件、业务会话属性、业务权限属性、业务开放的服务形式、全局或局部流程变量、活动节点要访问的外部资源、代码节点的引用关系等。

（3）打包部署规范。描述业务由哪些组件、程序及文件组成，业务包的目录结构，以及业务配置所需遵循的格式要求。

业务部署好之后，就需要配套的业务执行引擎来负责业务的运行，监控和管理。下面分别对业务执行引擎、监控与跟踪以及运行的稳定性保证进行阐述。

1）业务执行引擎

执行引擎承担业务执行、业务控制的职责，是整个平台最关键的组成之一。执行引擎是实现融合能力的重要支撑，将互联网、有线网络、无线网络、传感网的屏障打通，将各种 IT 能力和 CT 能力聚合起来。

业务执行引擎基本架构如图2-75 所示，由服务开放、主控器、SLA/QoS 控制、规则及策略控制、会话控制、业务实例生命周期管理、业务执行线程池、调度引擎、服务代理容器等模块组成。

（1）服务开放模块。开发好的业务部署到执行引擎上，业务开放模块会将业务以 Web Service 和 Rest 形式的服务对外开放，外部系统可以通过调用该服务接口触发对应的业务。

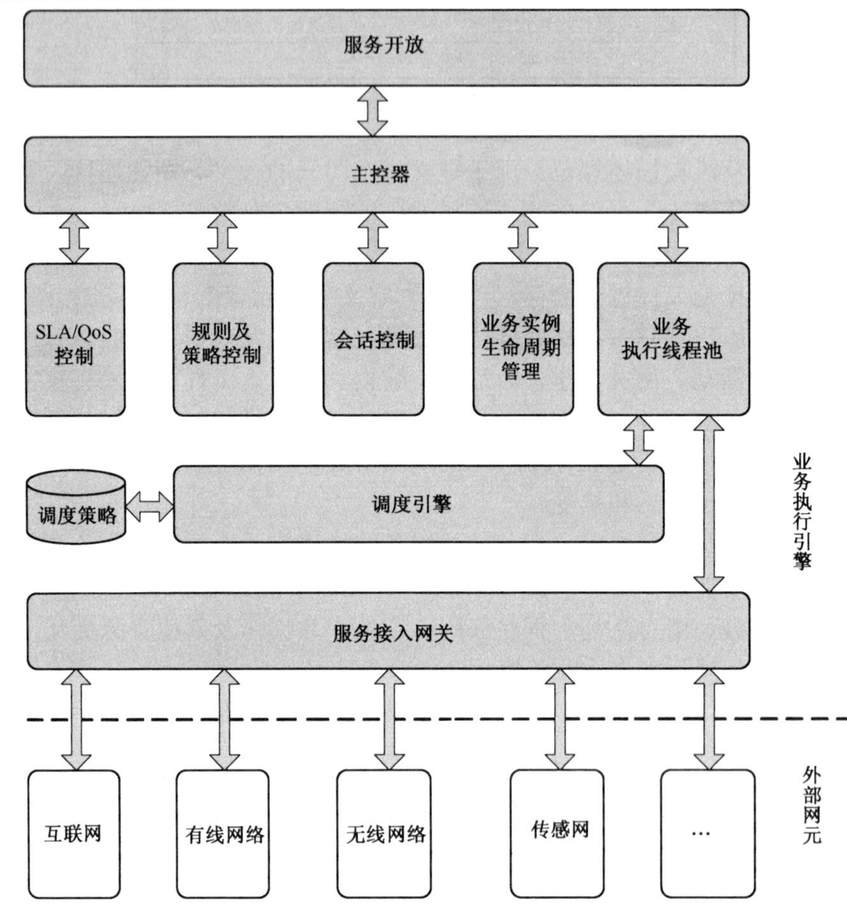

图 2-75　业务执行引擎基本架构

（2）主控器模块。主控器模块协调和控制引擎执行、模块间交互、消息扭转。

（3）SLA/QoS 控制模块。SLA（Service-Level Agreement）/QoS（Quality of Service）控制模块负责控制引擎的安全和质量，是引擎可靠性的保障。

（4）规则及策略控制模块。规则及策略控制模块可以基于规则引擎来实现，完成对规则和策略的处理，提升执行引擎对复杂事件的处理能力。

（5）会话控制模块。一个业务实例经常会包含多次和引擎的交互，以语音呼叫业务为例，一个业务实例会向引擎发送振铃、摘机、挂机等多个事件，每个事件都会触发引擎的执行动作。如何将同一业务实例的多次会话关联起来，就需要通过会话控制模块来完成。会话控制模块通常会分配一块会话存储区，用来存放业务实例数据。每个业务实例会对应一个会话 ID，而且引擎会确保一个业务实例多次会话的会话 ID 号是一致的，这样就可以建立起上下文关系。

（6）业务实例生命周期管理模块。该模块负责业务实例生命周期的管理，业务实例生命周期状态如图 2-76 所示。

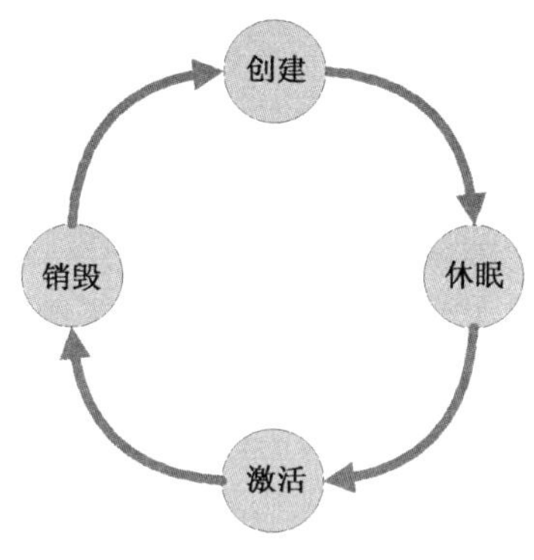

图 2-76　业务实例生命周期状态

① 创建。

业务被触发的途径有多种，有外部系统调用服务接口的形式触发业务、定制触发、调度触发。业务被触发后，引擎就会创建一个业务实例、分配一块会话数据区，并从业务执行线程池中为该业务实例分配一个处理线程。

② 休眠。

并不是所有业务实例都有休眠状态，如果一个业务实例包含多次和引擎的交互，那么，在第一次交互结束后，引擎就会释放对应的处理线程，将业务实例数据钝化，此时业务实例进入休眠状态。

③ 激活。

当休眠的业务接收到新的事件后，引擎会重新激活该业务实例，并重新分配业务处理线程。

④ 销毁。

业务实例执行结束后，释放处理线程，将业务实例会话数据从会话区中移走。

（7）业务执行线程池模块。引擎启动后会初始化业务执行线程池，生成一定数量的业务处理线程。当业务实例被创建或激活后，引擎就会从线程池中为该业务实例分配处理线程。如果是解析型业务，处理线程会按照业务描述文件中定义的逻辑步骤执行。如果是编译型业务，则会加载该业务编译后的执行代码。当业务休眠或销毁后，引擎会将处理线程放回到线程池里。

（8）调度引擎模块。业务有多种触发方式，调度执行就是其中一种。调度引擎的作用就是根据业务调度策略中定义的规则来触发业务，调度规则可以是按天执行、按周执行、按月执行，也可以是按间隔时间循环执行。

（9）服务接入网关。互联网、电信网络、传感网等网络开放的不同协议的服务或能力，如天气、地图、监测、告警、传感、短信、呼叫、定位等，这些是业务的基本素材。服务或能力并不能直接接入到引擎，而需要通过服务接入网关来接入和控制，并由服务接入网关完成安全和 QoS 控制。服务接入网关可以基于企业服务总线来实现。

2）监控与跟踪

监控功能对业务执行引擎非常重要，是执行引擎可运营的基本保障，分为系统监控和业务监控。

（1）系统监控。

系统监控的目的是及时了解系统的整体运行情况，及时发现问题并解决问题。系统监控指标一般有如下几点。

① CPU 占用率监控。

如果 CPU 长时间占用率过高，可能是系统负载过大引起的，这时就需要虚拟化平台创建新的虚拟机实例来分担负载。如果是其他原因引起的，就需要分析系统可能存在隐藏风险。

② 内存使用率监控。

如果内存使用率长时间过高，就有因内存溢出导致死机的风险，这时就需要分析原因并进行优化。

③ 硬盘空间监控。

硬盘可用空间也要保持在合理的范围，否则就有因硬盘空间不足导致异常的风险。

④ 网络请求监控。

监控引擎接收到多少网络请求、多少是合法请求、多少是非法请求。

⑤ 消息和事件的监控。

监控引擎接收到的消息和事件的总量、处理成功数、处理失败数。

⑥ 业务处理线程池的监控。

监控引擎的线程池大小、每个线程在处理什么业务、有多少是空闲线程、获取线程的平均等待时间是多少。

⑦ 服务或能力的状态监控。

监控接入引擎的能力或服务的状态，哪些服务是可用的，哪些服务是异常的。系统监控的指标有很多，以上是常见和基本的监控要求。

（2）业务监控。

业务监控的目的是及时了解业务的运行状态，及时发现业务运行的问题并解决问题。业务监控指标一般有如下几点。

① 业务接收消息或事件的监控。

监控一段时间内某个业务接收到的消息或事件的数量、成果处理数、处理失败数。

② 业务执行监控。

监控业务实例的执行情况，业务执行过程是否有异常、异常位置、异常原因。

③ 业务处理时间监控。

监控业务从开始触发到执行结束的耗时，判断业务的执行性能。

④ 服务或能力调用时间监控。

业务处理过程中会调用外部网元的能力或服务，如调用短信能力、调用天气预报服务等，监控服务或能力的调用和响应时间，及时了解接口性能。

⑤ 会话监控。

监控引擎的激活会话数量、休眠会话数量、会话状态、会话存活时间、会话数据占用内存空间。

同样，业务监控的指标也有很多，以上是常见和基本的监控要求。

（3）业务图形化跟踪。

为了快速定位业务执行过程中出现的问题，图形化跟踪功能非常有必要。前面介绍过，业务类型有解析型和编译型，但开发过程都可以是图形化和流程式的。将引擎的图形化跟踪功能打开后，可以图形化和流程式展现已执行的业务实例，将已执行分支和未执行分支以不同颜色区分，并且可以查看到每个节点的输入、输出、异常等信息，有了该功能就可以快速分析异常发生的位置和原因。图 2-77 所示为中兴通讯融合业务执行引擎的图形化跟踪。

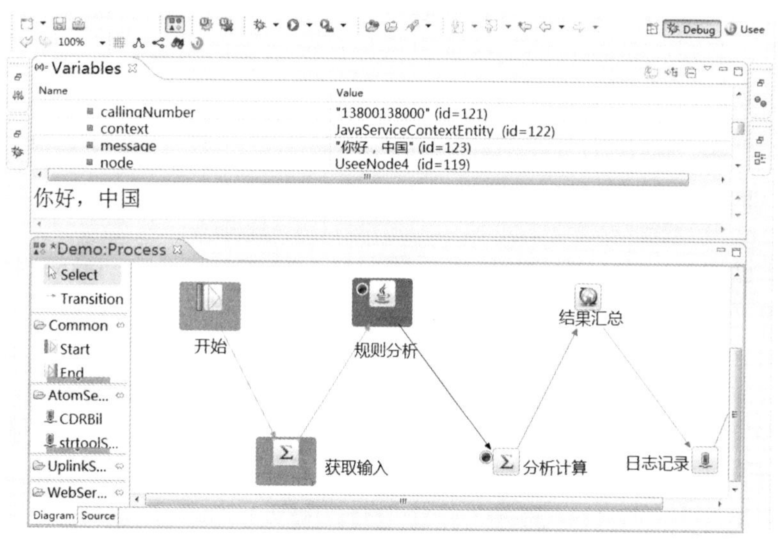

图 2-77　中兴通讯业务执行引擎的图形化跟踪

3）稳定性保证

系统稳定性保证的方法有多种，本节重点介绍进程守护和流量控制这两个方法。

（1）进程守护。

进程守护，顾名思义就是通过一个进程来监控业务执行引擎，该进程称为守护进程，如果发现业务执行引擎出现不可自我恢复的异常或死机时，守护进程自动将业务执行引擎重启。这种方式可以在一定程度上保证引擎的不间断运行，还可以有一些增强做法，如多级监控和守护，其基本原理是一致的。如图 2-78 所示。

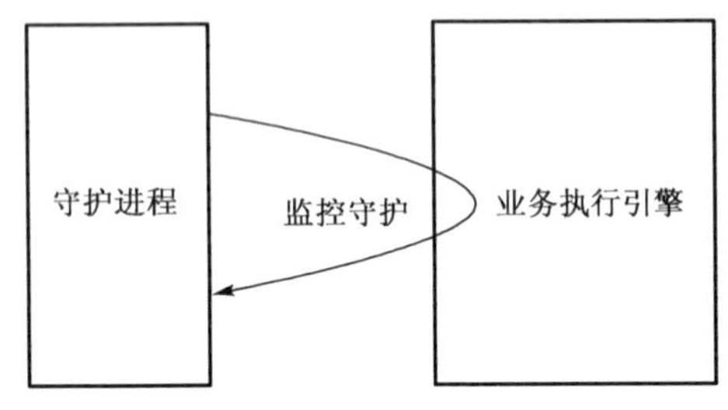

图 2-78　业务执行引擎的监控

（2）流量控制。

我们拨打客服电话有时会听到语音提示“当前客服全忙，请稍等……”，业务执行引擎也是同样的道理，一台服务器或一个集群的处理能力是有极限的。流量控制非常重要，如果负载超过了所能承受的极限，就有可能发生异常或死机。流量控制的目的是统计出系统当前承受的负载，如果负载已经达到事先设定的阈值就不能再接收新的请求，可以把请求放入等待队列或直接拒绝掉。

2.4.3　业务托管

云计算按照层次一般分为三类：将基础设施作为服务的 IaaS、将平台作为服务的 PaaS 和将软件作为服务的 SaaS。物联网应用托管是物联网能力开放技术和云计算相结合而形成的一个针对中小开发团队及个人开发者低成本运营物联网应用的最佳方案之一。这和专业的 IDC 托管有很大的区别。专业的 IDC 托管主要是以提供硬件基础设施和专业的硬件设施维护管理；而物联网应用托管是要实现物联网能力开放平台和硬件计算资源的无缝对接，实现一站式的应用开发、测试、部署和托管运营，极大地加快应用产品化服务的进程。物联网应用托管系统主要包括虚拟机管理器、虚拟机资源池、分布式存储系统和云管理平台等。虚拟机管理器负责管理虚拟机资源；虚拟机资源池是基于物理机采用虚拟化技术（如 XEN、KVM 等）构建的数量众多并可动态扩展的计算单元；分布式存储系统提供存储服务给物联网应用，同时也为虚拟机镜像文件的存储提供服务；云管理平台是物联网应用部署的控制主体，负责为物联网应用申请虚拟化资源，并提供应用管控门户，由管理人员对应用的启动、停止、加载、卸载以及应用实例的动态伸缩进行控制。如图 2-79 所示。

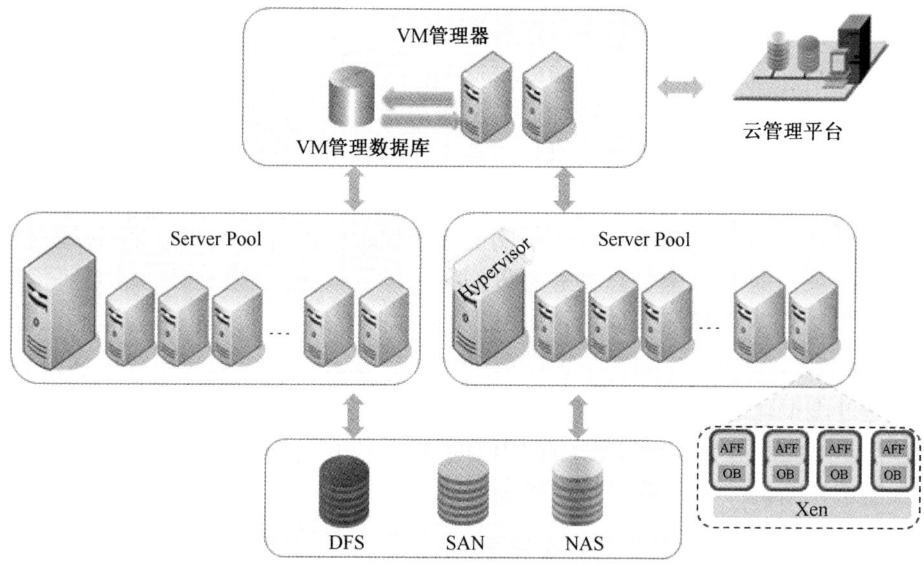

图 2-79　应用托管

物联网应用开发者可以利用物联网应用托管系统所提供的服务，在开发出的业务经过测试之后，按照一定的业务服务水平协议（Service Level Agreement，SLA），直接将业务部署到物联网应用托管系统中。这种应用托管具有如下优势。

1）一站式的应用开发、测试、部署和运营

物联网能力开放平台为物联网应用的开发和测试提供了必要的基础能力和工具。在应用测试完毕之后，开发者可以根据应用运行的实际需要申请应用部署的服务，包括需要部署的应用实例的数量、应用实例的动态调整策略和应用的生命周期等。之后，系统结合应用的类型和所需要的执行环境，自动打包并生成应用的虚拟机模板（即镜像文件），加载到虚拟机中并完成启动。通过这些简单的操作，以最快的速度完成了物联网应用的部署并即刻开始提供服务。当然，如果是通用的业务运行环境，应用托管系统也可以预先准备好应用模板，应用开发者加载应用的开发包到模板之中即可，应用部署的时间将进一步缩短。

2）虚拟化实现资源最优利用

利用虚拟化技术，在一台物理服务器或一套硬件资源上虚拟出多个虚拟机，让不同的物联网应用运行在不同的虚拟机上。如图 2-80 所示。在不降低系统鲁棒性、安全性和可扩展性的同时，可提高硬件的利用率，减少应用对硬件平台的依赖性，从而使得企业能够削减资金和运营成本，同时改善 IT 服务交付，而不用受到有限的操作系统、应用程序和硬件选择范围的制约。

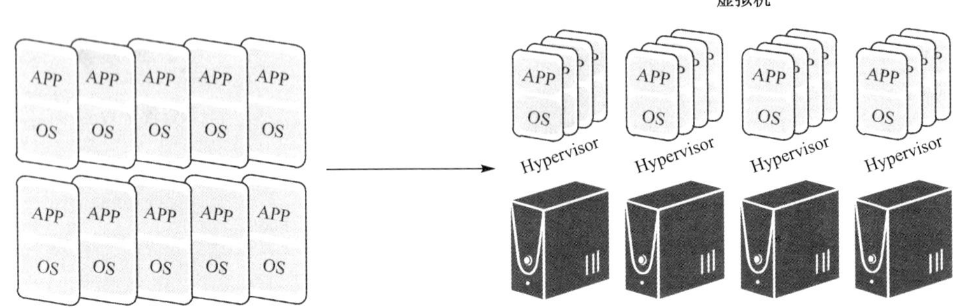

图 2-80 服务器资源整合

通过虚拟化进行服务器整合的优势：大大提高硬件利用率，增加系统的可管理性，简化服务器安装过程，节约时间 50%～70%，减少 10 倍或更多的硬件购买需求，节约一半的购买和维护成本。

3）虚拟化实现动态负载均衡资源

负载均衡是指通过负载均衡器的协调，将计算任务分摊到多个资源中执行，从而整体上更好地利用计算资源，加快响应速度，提高服务质量。

利用虚拟机与硬件无关的特性的虚拟机迁移技术，按需分配资源。利用虚拟机与硬件无关的特性，通过虚拟机迁移来实现动态的负载均衡：当 VM 监测到某个计算节点的负载过高时，可以在不中断业务的情况下，将其迁移到其他负载较轻的节点，或者在节点内通过重新分配计算资源，使得执行紧迫计算任务的虚拟机得到更多的计算资源，从而保证关键任务的响应能力。同时，针对多实例的物联网应用，在应用负荷比较低的情况下，可以自动关闭一定数量的物联网应用，实现削峰填谷、节能减排，如图 2-81 所示。

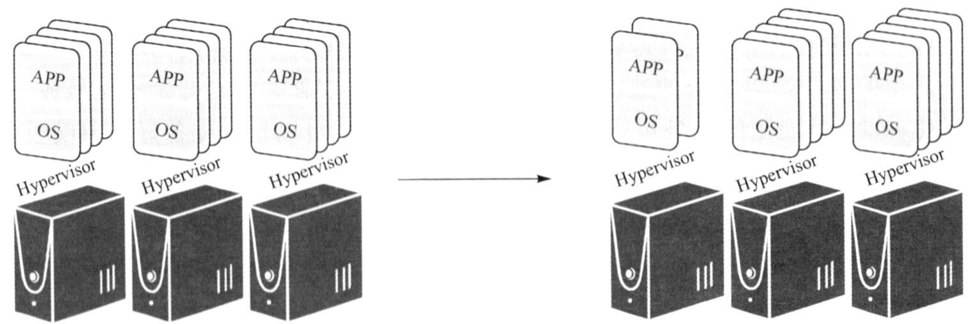

图 2-81 动态负载均衡机制

4）系统自愈功能提升可靠性

实现经济高效、独立于硬件和操作系统的物联网应用高可用性。系统服务器硬件故障时，可自动重启虚拟机。消除在不同硬件上恢复操作系统和应用程序安装所带来的困难，其中，任何物理服务器均可作为虚拟服务器的恢复目标，以减少硬件成本和维护成本。如图 2-82 所示。

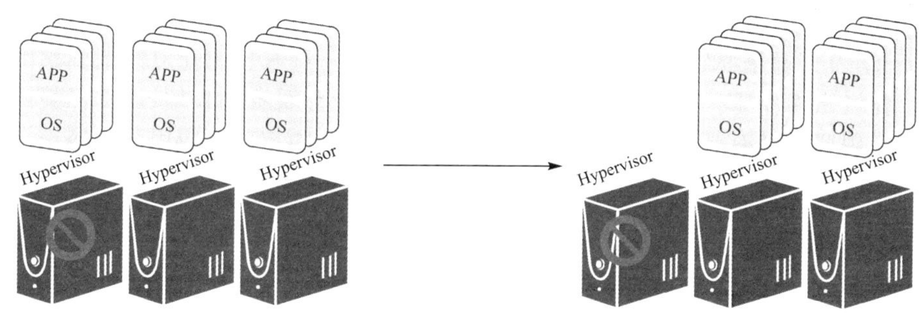

图 2-82　系统自愈机制

2.4.4　物联网应用商店

基于物联网应用开放平台，可以极大缩短应用开发时间、降低应用开发难度、提升应用开发效率，解决了应用交付的问题。应用交付之后，就面临应用商品化交易并被推广使用的问题，这实际上是应用交易的问题。应用商店正是解决这一问题的最佳方法之一。

本节将简要介绍一下应用商店与物联网的结合问题。

1. 应用商店

2008 年 7 月，苹果软件应用商店正式上线并取得了空前的成功，给整个手机终端行业带来了一种新的赢利模式，即 App Store 模式。在这种模式中，苹果公司提供了一个开放的平台，允许遵循其约定的手机程序开发者为其手机终端提供应用程序，并就销售应用程序的利润与开发者进行分成。

App Store 模式在很大程度上满足了用户对手机应用的多样化和个性化需求，成为丰富手机终端应用内容的一种主流解决方法。随后，微软、Google、诺基亚、三星等众多知名的软件公司、终端制造商以及电信运营商都推出了各自的手机应用程序商店，形成了一个由软件开发者、终端厂商、用户和运营商等参与的新产业链。随着 3G 互联网时代的来临和拥有更强处理能力的智能手机的逐步普及，手机应用商店必将得到进一步的发展。

手机应用商店里的内容涵盖了手机软件、手机游戏、手机图片、手机主题、手机铃声、手机视频等几类。

目前热门的手机应用商店主要有以下几家。

1）苹果软件应用商店

App Store 是苹果公司基于 iPhone 的软件应用商店，向 iPhone 用户提供第三方的应用软件服务，这是苹果开创的一个让网络与手机相融合的新型经营模式。2012 年 6 月，苹果发布了应用商店的数量和下载的数据，目前苹果应用商店有超过 65 万种应用软件，美国前 100 的流行应用软件每天有 350 万免费应用下载量，在过去 4 年中，共产生 300 亿次下载，为 iOS 开发者创收超过 50 亿美元，苹果应用商店拥有超过 15 万的 iOS 应用开发者。近两年苹果应用商店应用上架数量如图 2-83 所示。

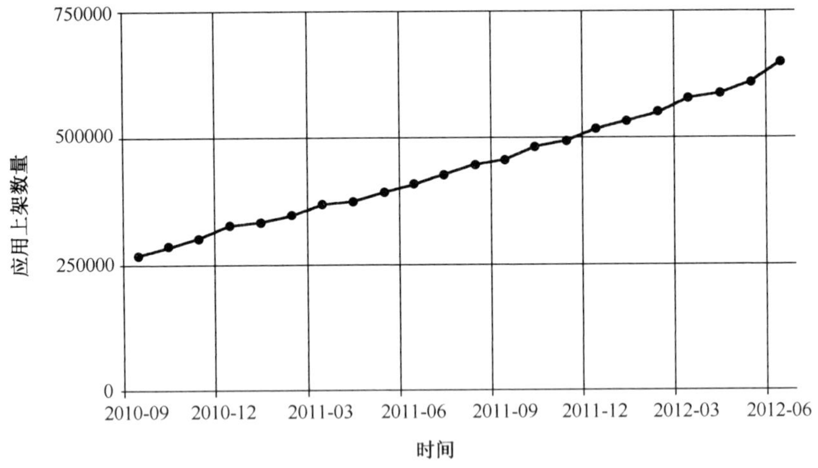

图 2-83　近两年来苹果应用商店应用上架数量

2）Google 软件应用商店（Android Market）

Google 针对苹果的“App Store”开发了自己的 Android 手机应用软件下载店“Android Market”，它允许研发人员将应用程序在其上发布，也允许 Android 用户随意将自己喜欢的程序下载到自己的设备上。

根据 AndroLib 网站的数据，Android Market 应用商店中免费和付费应用的数量已经达到 2 万款。在当前的 2 万款应用中，有 38%是付费应用，另 62%为免费应用。

Android Market 中的应用数量仍远少于苹果 App Store，后者中的应用达到 10 万款。在移动互联网的使用量方面，iPhone 和 Android 已超过面世较早的智能手机平台。此外，iPhone 和 Android 还创造了新的手机广告经济。

3）中国移动软件应用商店（Mobile Market）

2009 年 8 月 17 日，被称为中国移动增值业务“二次创业”的移动应用商店 Mobile Market 正式上线，鼓励开发者开发游戏、软件、主题等多种手机应用商品。

Mobile Market 是中国移动在 3G 时代搭建的增值业务平台，由中国移动数据部负责运营，并由广东移动和卓望科技负责共同建设。Mobile Market 平台的运作流程，是用户通过客户端接入运营商的网络商店下载应用，开发者通过开发者社区进行应用托管，运营商通过货架管理和用户个性化信息进行分类和销售。Mobile Market 是由中国移动投资建设，通过与国内外数百名知名尖端手机软件内容提供商合作，面向超过 5 亿的移动用户，致力于打造手机终端软件市场百亿级产业链，满足智能手机用户不断提高的安全、创新等需求，聚集并辅导手机终端软件开发商及个人独立开发者发掘终端软件市场需求，进行快速开发并完成安全签名认证，最终发布产品并实现赢利的手机应用软件下载平台。

在应用商品价格方面，开发者开发的应用商品可在中国移动制定的定价范围内自主定价，中国移动进行商品价格确认。在发展初期，Mobile Market 销售的应用支持按次计费，资费区间为 0～15 元/次。后续，将支持包月、按道具收费等多种计费方式。

4）中国联通软件应用商店（WoStore）

中国联通应用软件平台于 2010 年 8 月 19 日在上海正式发布，并按照联通集团在 3G 上的品牌策略，命名为“WoStore”。2010 年 10 月下旬，中国联通的应用程序商店 WoStore 开始公测，并已经于 2010 年 11 月正式上线。

沃商店主要包括游戏、工具、娱乐、主题、生活、阅读等 6 大类应用。支持的操作平台比较齐全，诸如联想乐 Phone、诺基亚 5800XM 等 S60 V5、V3 机型，以及三星、索尼爱立信、HTC、多普达、酷派、摩托罗拉、天语、华为、中兴等多个品牌，涵盖 Symbian、Windows Phone 和 Android 等。

在支付方式上，沃商店采用了中国联通的专用实时在线通信账户——沃账户，用户可以使用联通一卡充、银行卡等方式给自己的沃账户实时充值。

5）中国电信软件应用商店（天翼空间）

2009 年 12 月 1 日，中国电信四川分公司天翼空间应用商城正式商用。天翼空间产品是中国电信基于应用商店的业务模式，给开发者提供低门槛的应用开发和销售渠道，给用户提供丰富和便宜的应用获取渠道，给运营商提供了一种发展新用户、保持用户忠诚度、提高每用户平均收入值和充分利用中国电信已有资源并融合互联网新商业模式的产品。

天翼空间产品基于免费应用和收费应用结合，综合广告模式和应用销售模式，分别以应用的引入和孵化、开发和生成、供应和销售、分发和运行等阶段为主题为用户提供一站式服务，增强用户体验，促进应用内容的产生和消费，给用户带来诸多方便。

天翼空间以合作开放的心态，引入和团结众多个人开发者、第三方软件及应用开发商和提供商，开发者或应用提供商通过天翼空间发布应用版本之后，用户就可以直接在应用商店上购买应用。天翼空间同时提供开发者社区和应用开发平台，给开发者和用户提供了方便的沟通交流通道，并提供售后服务和用户参与应用体验和内测的场所，有效地加速应用的开发与销售的整个过程。

天翼空间是聚合各类开发者及其优秀应用，具有端到端的服务质量保障，丰富客户体验，满足多类型终端客户实时应用下载需求的场所。天翼空间业务以中国电信统一的用户服务界面，定制的客户端应用管理和开发环境，向手机用户提供全过程的业务服务。天翼空间在手机终端和互联网的渠道上建立面向消费用户的统一的产品销售门店，向用户提供数字产品展示、产品体验、产品订购、产品使用反馈的一体化服务。对于用户订购的应用或内容产品，天翼空间建立通畅的数字产品递送服务，通过无线宽带网络，交付到客户端，通过客户端定制的应用管理和运行环境，保证用户体验。

中国电信天翼空间产品通过建立一种新的业务模式，提供开放的无线数据业务产业链，为手机用户提供体验良好、产品类型丰富的手机终端应用和数字内容服务，并促进无线数据业务和市场的发展。

2. *移动物联网*

随着智能手机网络功能的普及以及物联网技术的高速发展，手机作为一个全新的媒体形式引起了广泛关注。在物联网的物体识别、环境感知与无线通信等核心技术方面，手机无疑是物联网时代的基础计算平台之一，手机与物联网的融合将助推网络营销的高速发展，由此，移动物联网商业模式应运而生。智能手机和电子商务的结合，是“移动物联网”的一项重要功能，移动物联网应用正伴随着电子商务的潮流而大规模兴起。

2011 年 5 月 21 日，中国首届移动物联网商务大会暨年度商务创新模式奖颁奖典礼在中国广州琶洲保利国际博览中心隆重举行。以手机与物联网应用为主题的大移动互联网时代的商务机遇是本次大会的主旋律。

在美国、欧盟等发达国家和地区，物流管理、交通监控、农业生产等领域已经开展了基于移动物联网的应用。例如，RedLaser 就是一款颇具影响的手机应用，人们用它通过手机摄像头扫描商店中货品的条码，并进行实时比价。苹果与沃尔玛这两大行业巨头也运用摄像头与内置的 RFID 读卡器，这种读卡器可以将手机与物联网中的物体标签完美整合在一起。

在国内，移动物联网产业已经逐步进入实用阶段。中国电信首推物联网手机技术“翼机通”，这一应用不仅为用户提供传统的手机通信服务，还可通过手机实现门禁、考勤、食堂消费、信息发布等多种服务。例如，闪购公司推出基于一种有自主知识产权的“闪购码”的消费生活体验平台——闪购，可通过杂志、报纸、DM 单等纸质媒体赋上的闪购码，用手机扫码下单，就可实现商品随时随地买卖，构成独特的移动物联网商务产业链。

艾媒咨询（iiMedia Research）研究数据显示，2010 年中国移动物联网商务市场规模为 79 亿元，预计在 2013 年移动物联网商务市场规模将突破 1000 亿元，达到 1068 亿元，同比增长 66.9%，移动物联网商务市场规模在 2015 年将达到 3882 亿元。艾媒分析表示，从移动物联网的市场发展趋势可以看出，其市场规模成级数增长，增长势头良好，移动物联网商务的前景一片光明，很有市场发展潜力。物联网与电子商务、移动互联网和商业模式结合，即物联网与电商行业的变革与创新，共同造就了移动物联网商务成为机遇遍地的金矿。

移动物联网技术，对于智能手机本身来讲，是要利用其本身的资源，主要包括以下两点。

1）手机硬件芯片

图 2-84 是移动物联网相关技术，包含手机本身的数据通信与语音通信、手机红外、蓝牙、无线射频识别技术芯片等功能。

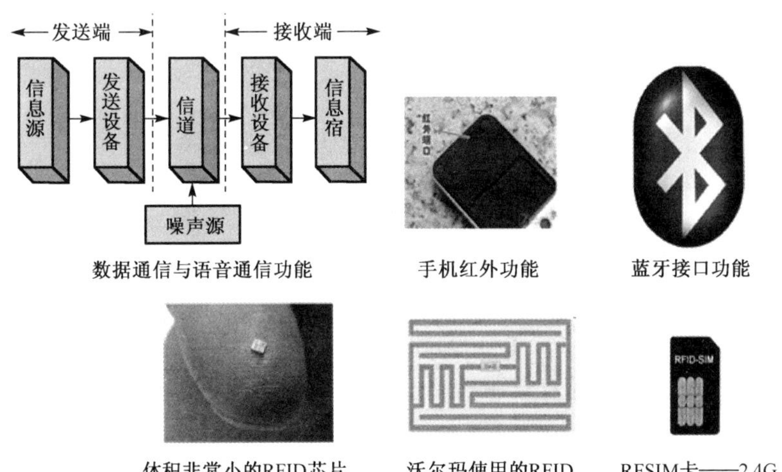

图 2-84 移动物联网相关技术

在蓝牙大范围使用之前，作为手机的一种无线传输方式主要是通过红外技术实现，两部手机（或者手机与其他设备）的红外线接口要对准，然后距离在 10cm 之内，越近越好，不用数据线，进行无线数据传输。

手机有蓝牙的话，可以和其他蓝牙手机传输文件，可以和带蓝牙的计算机传输文件和同步数据，也可以使用蓝牙耳机，总之，可以和其他蓝牙设备连接，交换数据，并且有效距离为 10～100 m。

无线射频识别技术（Radio Frequency Identification，RFID），或称射频识

别技术，是从 20 世纪 90 年代兴起的一项非接触式自动识别技术。它是利用射频方式进行非接触双向通信，以达到自动识别目标对象并获取相关数据的目的，具有精度高、适应环境能力强、抗干扰强、操作快捷等许多优点。RFID 技术的典型应用包括：运动计时、门禁控制/电子门票、道路自动收费、物流和供应管理、生产制造和装配、航空行李处理、邮件/快运包裹处理、文档追踪/图书馆管理、动物身份标识。

RFID-SIM 卡主要用于手机支付、电子门票、企业、校园、社区一卡通等，它既具有普通 SIM 卡一样的移动通信功能，又能够通过附与其上的天线与读卡器进行近距离无线通信，从而能够扩展至非典型领域，尤其是手机现场支付和身份认证功能。

2）手机二维码

二维码和传统的一维码（如商品上的条形码）不同，在横纵两个方向都存储信息，因此信息容量大大提高。

二维码和手机摄像头的配合可以产生多种多样的应用，可以在自己的名片印上二维码，别人只需用安装二维码识别软件的摄像手机轻松一拍，名片上的各种资料就可以直接输入手机，如图 2-85 所示。超市的商品也可以印上二维码，这就可以在手机上获得关于该商品的大量详细信息。

用户通过手机扫描二维码或输入二维码下面的号码即可实现手机快速上网，随时下载图文、音乐、视频，获取优惠券，参与抽奖，了解企业产品信息等功能。同时，还可以方便地用手机识别和存储名片、自动输入短信，获取公共服务（如天气预报），实现电子地图查询定位、手机阅读等多种功能。

作为一种新型的数据业务，二维码能将多种无线通信手段进行集成（SMS/MMS/WAP/CRBT），通过二维码的信息导航与信息承载，二维码将成为中国运营商打造新媒体的重要平台。

图 2-85　基于二维码的名片

移动应用和物联网的结合需要手机硬件支持，主要集中在传感器层面，感知层所需要的关键技术包括检测技术、短距离有线和无线通信技术等。通过传感器、数码相机等设备采集外部物理世界的数据，然后通过 RFID、条码、NFC、蓝牙、红外线等短距离传输技术传递数据。

中国智能手机的逐步普及，依托智能手机而产生的移动物联网商务空间将大有可为。可在手机上安装来自应用商店的应用是智能手机最大的特点，手机本身可包含 GPS、重力感应器、高精度摄像头及 RFID 等传统互联网不具备的功能，利于其中任何一种技术，实现物与物之间的连接，均可完成移动物联网商务市场行为。

总之，移动物联网既是一种创新技术，更是一种创新应用，未来发展前景广阔。但是，与所有的 ICT 创新一样，前途光明，道路曲折。亟须通过市场、网络、标准和政策创新，扩大市场规模，完善产业基础、加强技术研发、优化业务应用，进而推进移动物联网产业健康和谐可持续发展。

3. 物联网应用商店

从上面的分析可以看出，在应用商店快速发展的背景下，伴随着移动物联网的大规模应用，物联网应用商店必将获得进一步快速发展。那么如何将物联网与应用商店技术结合起来，推动移动互联网、物联网的统一发展呢？

物联网应用商店可以从以下两个方面来运营。

1）物联网应用作为产品在物联网应用商店中销售

物联网应用是泛在的、海量的应用，物联网应用商店的建设可以为物联网应用提供一个应用展示、选择和使用的门户，成为物联网的应用交易平台。任何第三方或个人都将研发的物联网应用提交至物联网应用商店中来销售。

在这种情况下，物联网应用商店面对的服务对象是消费者。应用提供者和运营商两者之间进行利益分成。

2）物联网应用能力作为产品在物联网应用商店中销售

基于物联网能力开放平台所开放的业务能力可以快速实现物联网应用的开发。物联网能力开放平台所提供的能力，既可以由物联网服务提供商所提供，也可以由第三方开发人员或服务提供商所实现。能力的重用和二次编排可以大大降低应用开发的复杂度，提高应用开发效率。在此情况下，物联网的能力对应用开发人员而言，本身也可以成为产品服务。例如，短信发送、数据采集、视频监控、终端管理、定位、二维码、支付等都可以作为能力产品来提供给应用开发者。物联网应用开发者也可以通过能力抽象与封装将常用的业务功能变成能力产品。

在这种情况下，物联网应用商店的服务对象就是物联网应用开发者，能力提供者、应用开发者和运营商三者之间进行利益分成。

第 3 章 物联网能力开放平台标准化

3.1 物联网标准组织全景

物联网涉及终端、网络及应用多个层次，按标准组织类型主要有如下三大类。

（1）传统 IT 标准组织或产业联盟：国际标准化组织（International Organization for Standardization，ISO）、RFID 等；

（2）传统电信或互联网领域的标准组织：国际电信联盟（International Telecommunication Union，ITU-T）、欧洲电信标准协会（European Telecommunications Sdandards Institute，ETSI）、中国通信标准化协会（China Communications Standards Association，CCSA）等；

（3）新兴标准组织：oneM2M、ZigBee 等。

图 3-1 所示为物联网相关标准组织的全景图。

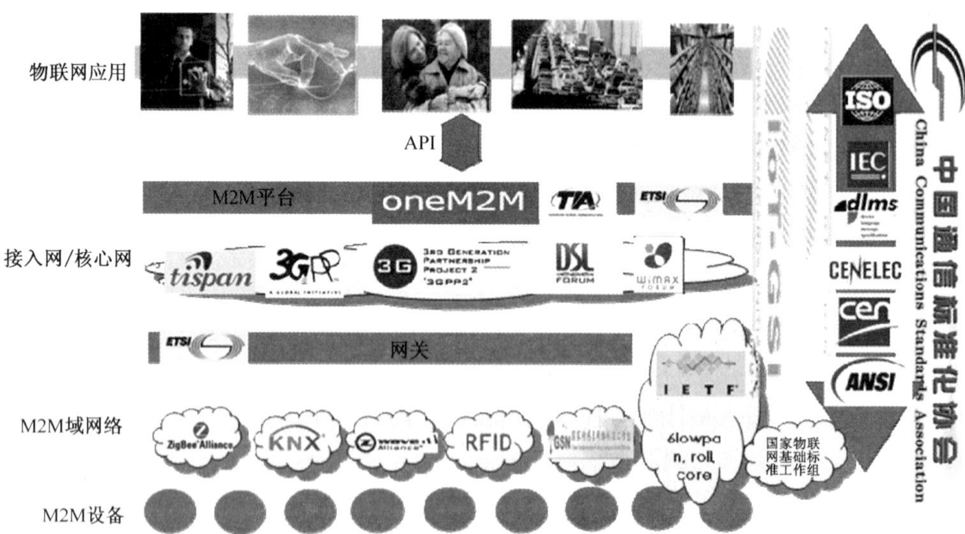

图 3-1 物联网标准组织全景图

物联网标准体系是一个渐进发展的过程，从成熟应用方案提炼形成行业标准，以行业标准带动关键技术标准，逐步形成标准体系。

3.1.1　自上而下的设计

物联网不是全新的技术创新，而是整合了感知、网络、平台及应用等已有的相关技术，这些技术存在事实的标准；物联网也不是一个全新的产业，而是通过物联网技术去提升相关产业，这些产业已存在事实的行业标准。因此，从物联网层次的标准化过程看，需要自上而下的设计。

从标准范围看，如图 3-2 所示，行业应用标准>感知层标准>网络层标准>共性标准。行业应用标准纷繁芜杂，感知层标准终端众多，相对来讲，网络层标准相对单一，而共性标准是对网络层标准、感知层标准、行业应用标准进行总体限制和约束。

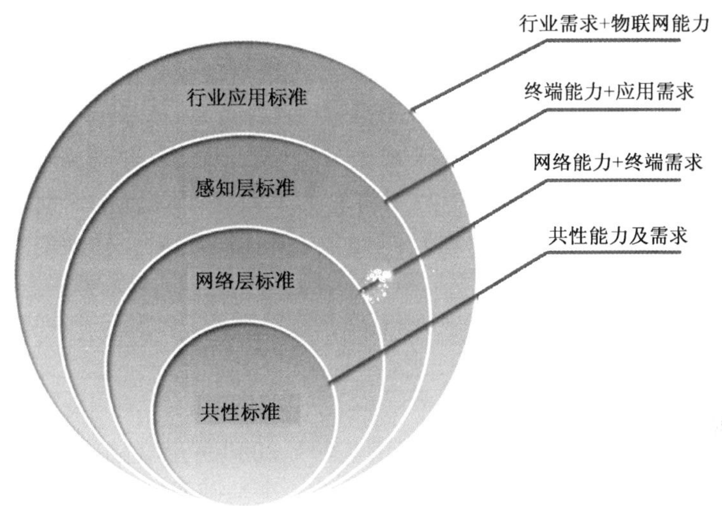

图 3-2　标准范围对比图

3.1.2　自下而上的设计

物联网具体的标准化过程，需要自下而上的设计，如图 3-3 所示。首先，需要了解最终用户的需求，应用场景清晰，业务提供者、业务使用者、业务运营者，各个角色定位分明；其次，基于用户需求，提取终端、网络、平台等的功能需求，各个层次的功能需求明确；最后，基于明确的功能需求设计架构，架构既要满足各个层次的功能需求，又要满足应用场景。标准化过程是一个迭代过程，逐步完善。

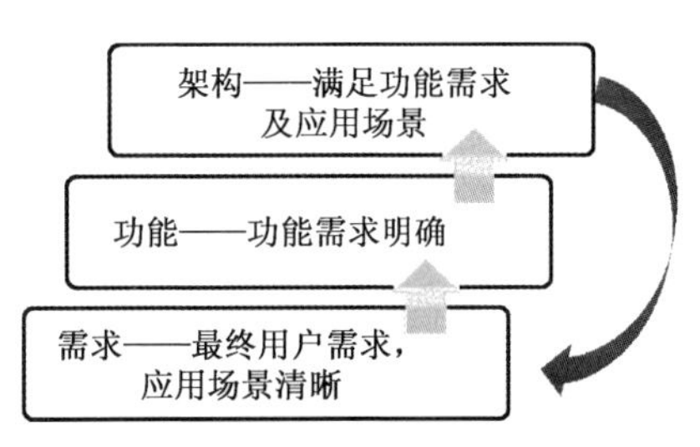

图 3-3　标准化过程

3.2 物联网能力开放标准

3.2.1 ITU-T IoT GSI

ITU-T IoT GSI（Internet of Things Global Standards Initiative）成立于 2011 年 5 月，目前已发布物联网标准 Y.2060、Y.2061。

Y.2060 是全球第一个物联网总体性标准，对于全球物联网标准化具有重要的里程碑意义。该标准在 2011 年 5 月由我国工业和信息化部（工信部）电信研究院发起立项，中国联通、中国电信、南京邮电大学、中兴通讯、工业和信息化部电信科学技术研究院、大唐软件等国内相关单位，以及欧盟各国、韩国、日本、美国、加拿大、俄罗斯、澳大利亚、肯尼亚、印度尼西亚等国家的企业、研究机构和标准组织广泛参与，共同协商制定完成。Y.2060 涵盖了物联网的概念、术语、技术视图、特征、需求、参考模型、商业模式等基本内容。该标准形成的这些共识将有力促进在全球范围内对物联网的统一认识，对于指导和促进全球物联网技术、产业、应用、标准的发展都具有重大意义。

下面对 Y.2060 标准进行简要介绍。

1. 物联网定义

物联网的定义限定了物联网的范围。在 Y.2060 标准文稿中，开始就给出了明确的物联网定义，该定义强调了物联网是一个基础架构（infrastructure），通过物理（physical）和虚拟（virtual）的物体来提供服务：

“A global infrastructure for the information society, enabling advanced services by interconnecting (physical and virtual) things based on, existing and evolving, interoperable information and communication technologies.”（一种用于信息社会的全球基础架构，通过现存或演进的互操作的信息和通信技术互联物理的或虚拟的物体提供高级业务。）

其他物联网的定义，可对比学习。欧盟 IERC 物联网定义的要点如图 3-4 所示，它比 Y.2060 的定义更具体。

在百度百科中物联网的定义：通过射频识别（RFID）、红外感应器、全球定位系统、激光扫描器等信息传感设备，按约定的协议，把任何物品与互联网相连接，进行信息交换和通信，以实现智能化识别、定位、跟踪、监控和管理的一种网络概念。

图 3-4　欧盟 IERC 物联网定义的要点

2. 物联网基本特征及高层需求

1）物联网基本特征

（1）Interconnectivity（互连接性）。

（2）Things-related services（物相关性）。

（3）Heterogeneity（异构性）。

（4）Dynamic changes（动态性）。

（5）Enormous scale（海量性）。

2）物联网高层需求

（1）Identification-based connectivity（基于 ID 的连接性）。

（2）Interoperability（互操作性）。

（3）Autonomic networking（自治网络）。

（4）Autonomic services provisioning（业务自配置）。

（5）Location-based capabilities（基于位置能力）。

（6）Security（安全）。

（7）Privacy protection（隐私保护）。

（8）High quality and highly secure human body related services（高质量和高安全人体相关业务）。

（9）Plug and play（即插即用）。

（10）Manageability（可管理）。

3. 物联网参考模型

物联网的层次，常按 3 层划分：感知层、网络层、应用层。但随着物联网的发展，物联网将从垂直端到端应用到水平共性式发展，那时物联网共性平台将出现。因此，Y.2060 专门有业务支持及应用支持层，Y.2060 具体的层次划分如下，如图 3-5 所示。

（1）Application layer（应用层）。

（2）Service support and application support layer（业务支撑和应用支撑层）。

（3）Network layer（网络层）。

（4）Device layer（设备层）。

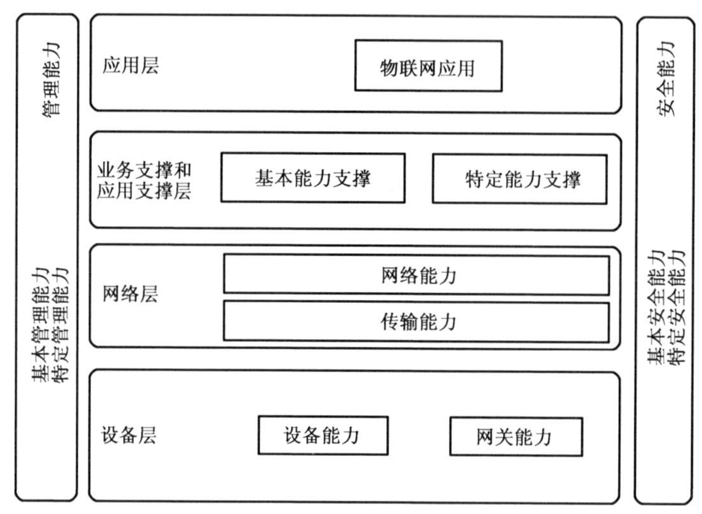

图 3-5　Y.2060 的物联网层次划分

4. 物联网商业模式

在 Y.2060 中，商业模式角色分为终端设备、网络、平台、应用及最终用户等几个方面，如图 3-6 所示，其中，应用提供者即服务提供者，为最终用户提供服务。平台提供者在商业模式中往往由应用提供者或网络提供者担当。

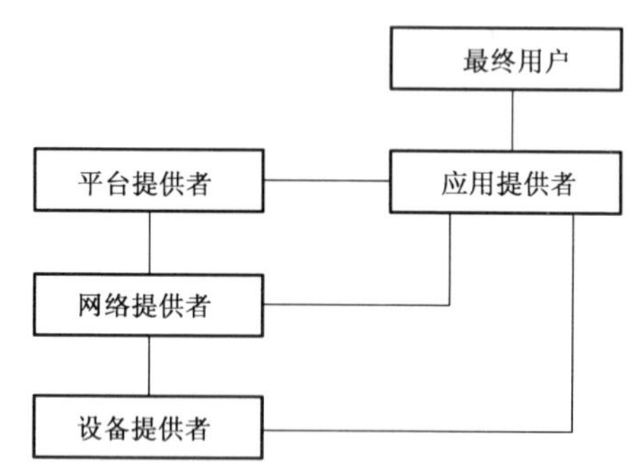

图 3-6　Y.2060 定义的物联网商业模式角色

1）自建网络及平台模式

（1）建设模式。服务提供商建设包括业务平台、终端识读器、识读终端标识等设施，同时拥有自己的通信网络。

（2）应用特点。私密性要求较高，行业性特点明显，其识读器和识读编码都有极强的个性化，跨行业的拓展性难。典型应用如电力行业的电力远程监控、交通的路况监控等。

（3）建设费用。服务提供商承担物联网基础设施的全部费用，投资压力大，需要有充足的资金链保证。

该模式如图 3-7 所示。

图 3-6　Y.2060 定义的自建网络及平台模式

2）租用网络自建平台模式

（1）建设模式。服务提供商建设包括业务平台、终端识读器、识读终端标识等设施，同时租赁网络提供商的通信网络。

（2）应用特点。垂直行业应用，比较强的行业特点，其识读器和识读编码都具有个性化，跨行业性比较差。典型应用如水利行业的水文监控、环保行业的污染源监控、化工行业的产品监控等。

（3）建设费用。服务提供商承担物联网平台及终端的全部费用。

该模式如图 3-8 所示。

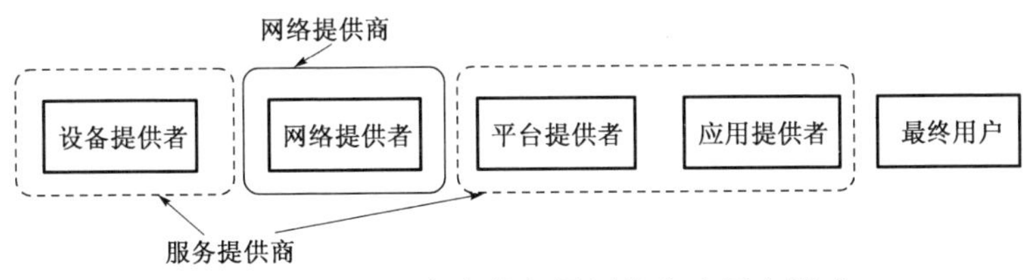

图 3-7　Y.2060 定义的租用网络自建平台模式

3）租用网络及平台模式

（1）建设模式。服务提供商不需要建设平台，由网络及平台运营商提供公共平台及网络，服务提供商只需要承担物联网终端的费用，并支付相关通信费用。

（2）应用特点。终端由服务提供商拥有，适用于公共服务行业，典型应用如 GPS 车辆定位、视频监控等。

（3）建设费用。服务提供商的建设成本能够降低较多。

该模式如图 3-9 所示。

4）服务提供模式

（1）建设模式。服务提供商只负责运营，由基础设施商搭建公共平台、物联网识读器和物联网识读标识，然后租赁给服务提供商进行运营，服务提供商通过提供服务的收入来支付物联网平台运营费用。

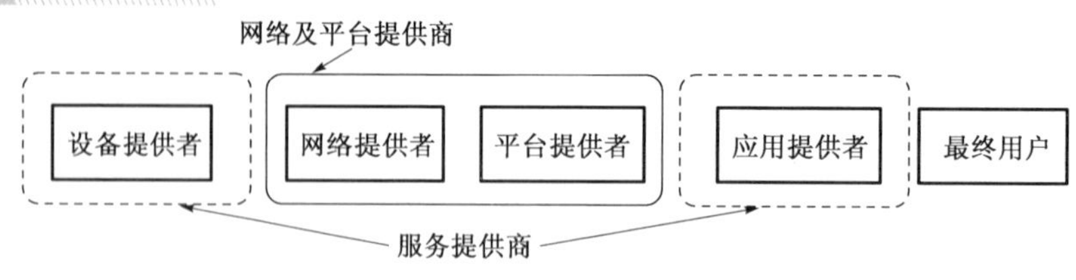

图 3-8　Y.2060 定义的租用网络及平台模式

（2）应用特点。适用于公共服务行业，典型应用如出租车、公交车的移动 LED（电视），楼宇、营业厅的移动广告机等。

（3）建设费用。服务提供商无建设成本。

该模式如图 3-10 所示。

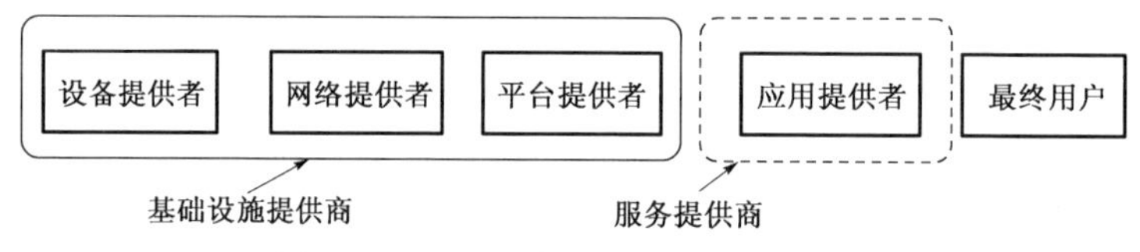

图 3-9　Y.2060 定义的服务提供模式

5）租用网络及公共平台模式

建设模式，服务提供商不需要建设平台，由平台运营商搭建公共平台，服务提供商只需要承担物联网识读器和物联网识读标识的费用，并支付通信和平台费用。这种模式是“模式 3）”的进一步细化和发展，当出现共性平台时，将出现这种模式。

该模式如图 3-11 所示。

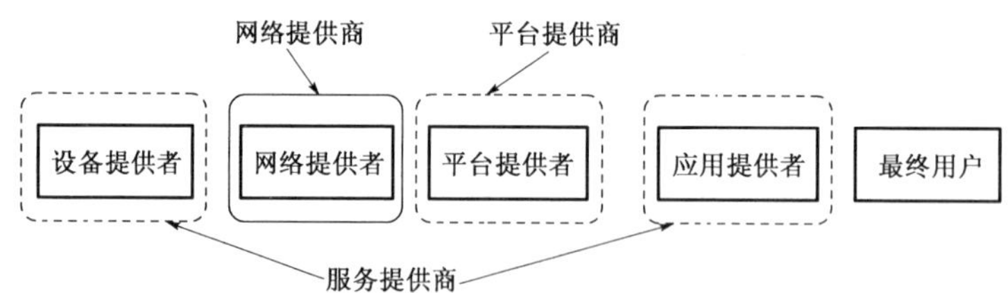

图 3-10　Y.2060 定义的租用网络及公共平台模式

3.2.2　ETSI M2M

1. 组织介绍

欧洲电信标准协会（ETSI）是欧洲地区性标准化组织，创建于 1988 年。其宗旨是促进欧洲电信基础设施的融合，确保欧洲各电信网间互通，确保未来电信业务的统一，实现终端设备的相互兼容，实现电信产品的竞争和自由流通，为开放和建立新的泛欧电信网络和业务提供技术基础，并为世界电信标准的制订作出贡献。

ETSI 是国际上较早系统展开 M2M 相关研究的标准化组织。随着以人为中心的市场越来越趋于饱和，以及越来越多的利益相关者的推动，ETSI 认识到机器与机器的互联业务正在蓬勃发展。在 2008 年 11 月的 ETSI Board 69 次会议上通过了成立 M2M 技术委员会（M2M Technical Committee）的决议，并于 2009 年初成立了一个专项小组（TC M2M）来统筹研究。

ETSI M2M 总体目标是创造 M2M 通信的开放标准，以促进建立一个集成各种设备和服务的未来网络。旨在制定一个水平化的、不针对特定 M2M 应用的端到端解决方案的标准，并使现有的、增长迅速的基于垂直应用的 M2M 业务可以转向可互操作的 M2M 服务和网络业务。

ETSI M2M 技术委员会的工作是基于现有标准系统和元素，通过增强现有标准或者制定附加标准来弥补现有标准的不足。ETSI M2M 的职责包括：

（1）收集和制定 M2M 业务及运营需求；

（2）建立一个端到端的 M2M 高层；

（3）体系架构研究；

（4）找出现有标准不能满足需求的地方并制定相应的具体标准；

（5）将现有的组件或子系统映射到 M2M 体系结构中；

（6）M2M 解决方案间的互操作性（包括制定测试标准）；

（7）硬件接口标准化方面的考虑；

（8）与 ETSI 内下一代网络（Next Generation Network，NGN）的研究及 3GPP 已有的研究进行协同工作。

2. 组织及研究项目

ETSI M2M 将标准研究分为 3 个阶段：需求、M2M 功能架构、协议设计。

ETSI TC M2M 下有 5 个工作组，分别进行用例和需求、架构和网络互连、协议和接口、安全、管理的标准研究，如图 3-12 所示。

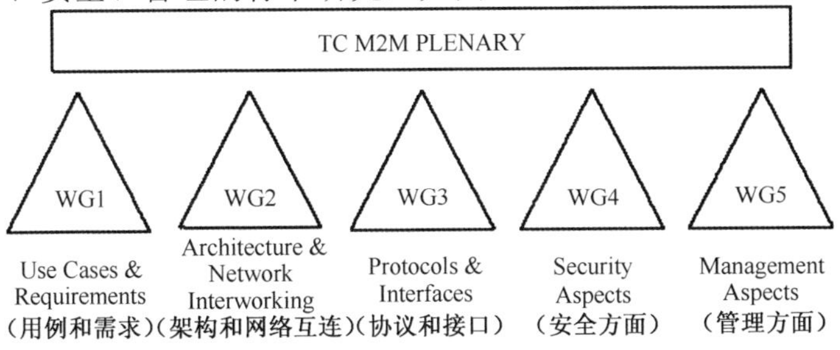

图 3-11　ETSI TC M2M 工作组织

目前，ETSI TC M2M 有 19 个标准研究项目（包括已完成和在研的项目），如图 3-13 所示，已发布 M2M 业务需求、M2M 功能架构、mIa、dIa 和 mId 接口 3 项标准以及多篇技术研究报告。

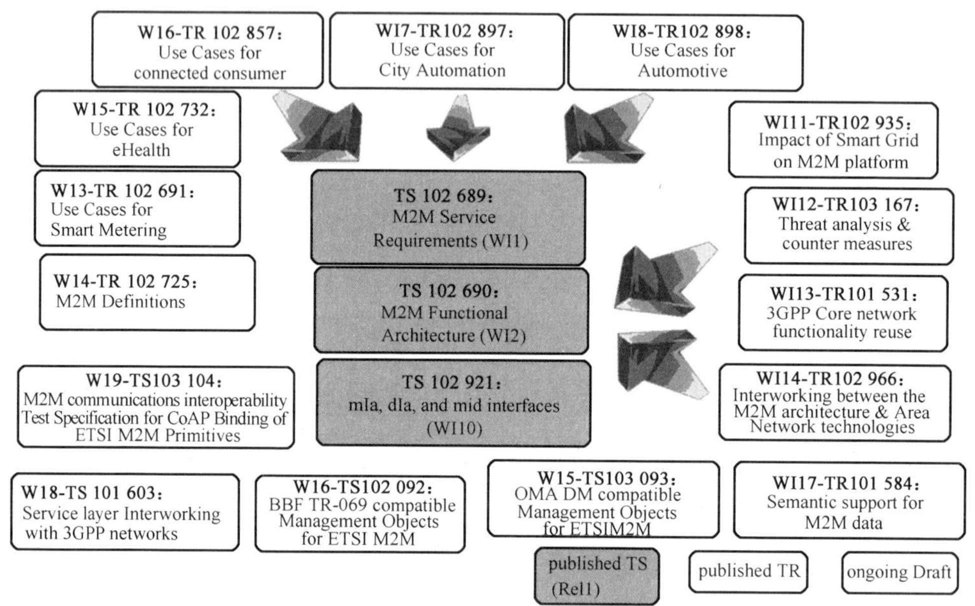

图 3-12　ETSI TC M2M 研究项目

3. 业务需求

在标准研究的第一阶段，ETSI M2M 针对 M2M 业务能进行有效的端到端传递，全面地分析了 M2M 的用例，并根据分析总结出 M2M 业务的各种需求。ETSI M2M 分析的用例主要包括智能测量、电子医疗、跟踪和追踪（紧急事件呼叫、车队管理、窃贼跟踪）、监控（对象保护）、交易管理（PoS 终端支付）、设备控制、家庭自动化、智能交通、智能电网等多个领域，并且 ETSI M2M 针对重要的用例建立了专门的研究项目进行深入的标准研究。

ETSI M2M 从 5 个方面总结得出 M2M 业务需求。

（1）基本需求。对 M2M 通信建立的必要的通信特征，包括：信息传输机制、设备及通信的完整性、异构网络的异构技术、订阅与通知、存储转发、M2M 的可信应用、电信能力开放等。

（2）管理。详细说明了与管理模式相关的需求，包括：配置管理（预配置及自动配置、M2M 域网络自恢复、时间同步等）、故障管理（故障监控、诊断、恢复、连接测试等）、账单管理（在线/离线支付、支付安全、支付记录）等。

（3）M2M 业务的功能需求。支持 M2M 业务的功能需求，包括：数据收集与上报、远程控制、组机制、异构的 M2M 域网络、多种类终端支持、数据的存储与共享、多终端管理、多应用的信息收集与传送、多 M2M 业务提供等。

（4）安全。针对 M2M 业务的安全需求，包括：M2M 设备及业务层能力鉴权、数据完整性、隐私、系统保护、可信环境、多 M2M 业务提供及用户安全等需求。

（5）命名、编号和寻址。针对 M2M 提供命名、标识及寻址的相关机制。

4. 功能架构

1）M2M 高层系统架构

M2M 高层系统架构是基于现有的网络域并针对 M2M 特征延伸而成，由设备与网关域和网络域（包含应用域）两部分组成，如图 3-14 所示。

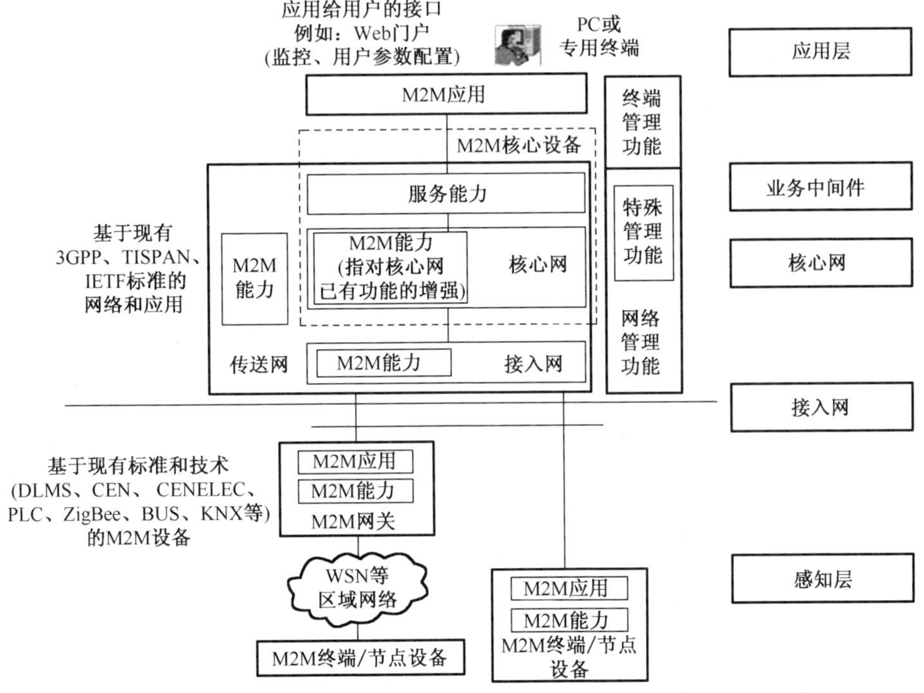

图 3-13　ETSI M2M 高层系统架构

设备与网关域的组成要素如下。

（1）M2M 设备。使用 M2M 业务能力实现 M2M 应用。与网络域连接主要通过两种方式来完成，一种是直接通过接入网连接，另一种是网关作为代理连接。

（2）M2M 域网络。提供 M2M 设备与 M2M 网关的连接，包括：IEEE 802.15.1、ZigBee、蓝牙、IETF ROLL、ISA100.11a 等个域网络技术，及 PLC、M-BUS、Wireless M-BUS、KNX 等局域网络技术。

（3）M2M 网关。充当 M2M 设备与网络域之间的代理，使用 M2M 业务能力实现 M2M 应用，并可为与其连接的其他设备提供服务。

网络域的组成要素如下。

（1）接入网络，M2M 设备和网关域与核心网络通信的网络，包括：xDSL、HFC、GERAN、UTRAN、W-LAN 和 WiMAX 等。

（2）核心网络，提供基本的 IP 连接和其他可能的连接方式、业务和网络的控制功能、与其他网络的互连接及漫游，不同的核心网络提供不同的特征集，核心网络包括：3GPP CNs、ETSI TISPAN CN 和 3GPP2 CN 等。

（3）M2M 业务能力集，提供 M2M 功能给不同的应用，通过接口开放功能，并隐藏网络特性不同而简化/优化应用的开发和部署；同时，可使用核心网络的功能。

（4）M2M 应用，运行业务逻辑，并通过开放的接口使用 M2M 业务能力。

（5）网络管理功能集，由接入和核心网络的管理功能组成，包括网络设置、监控及故障管理等。

（6）M2M 管理功能集，由网络域中管理 M2M 业务能力的功能组成，并且管理 M2M 设备和网关是 M2M 业务能力中一个具体能力。

按照物联网基本层次划分，M2M 高层系统架构的设备与网关域对应物联网中的感知层，网络域对应物联网中的接入网、核心网、业务中间件和应用层多个部分。

2）M2M 业务能力的功能框架

针对 M2M 业务需求，ETSI M2M 提出 M2M 业务能力的功能框架，如图 3-15 所示，规定了 M2M 业务能力。

M2M 业务能力（SCs）层提供各种功能并通过接口开放出来，并且能通过网络的开放接口（如 3GPP、3GPP2、ETSI TISPAN 等已有的接口）使用一个或多个核心网的功能集。

M2M 业务能力（不强制要求由 M2M 业务能力层提供，并且不同的系统可选择性拥有部分能力）包括：应用启动、基本通信、可达性、寻址及存储、通信选择、远程实体管理、安全、记录和数据保存、事务管理、第三方支付、互操作代理、电信能力开放。

M2M 设备和网关、M2M 网络域可同时具有 M2M 业务能力层和 M2M 应用，部分与 M2M 网关连接的非 M2M 设备（不具有 M2M 业务能力层）可通过接口使用网关的 M2M 的业务能力。

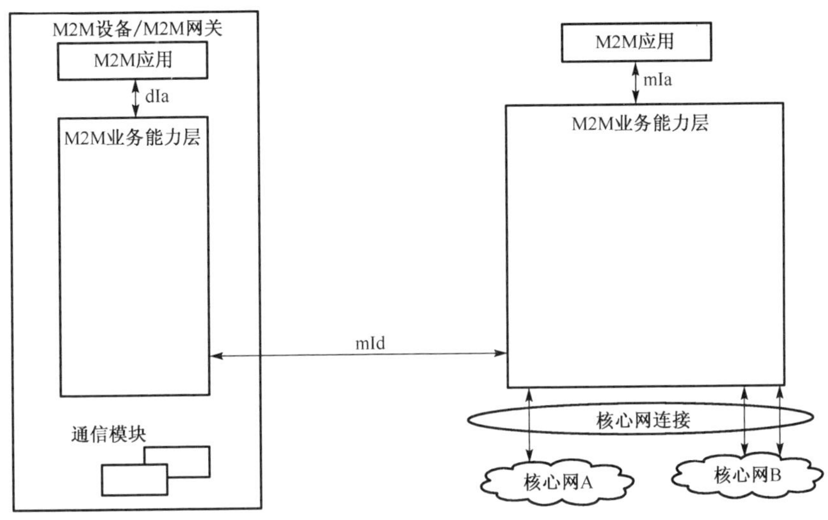

图 3-14　ETSI M2M 业务能力的功能框架

3）M2M 参考点

相同域的 M2M 业务能力层和 M2M 应用之间、不同域的 M2M 业务能力层之间通过相应的参考点实现通信与能力开放，ETSI M2M 架构中划分了 3 类参考点，如图 3-16 所示。

（1）mIa（NA⟷ NSCL），网络域的网络应用（Network Application，NA）使用 M2M 业务能力（Network Service Capability Layer，NSCL）。其功能包括：

① 网络域中的应用注册到业务能力层；

② 根据授权来请求读/写业务能力层中的信息；

③ 请求设备管理（软件升级、配置管理）；

④ 请求组的创建、删除和列表。

（2）dIa（DA⟷ DSCL 或 DA⟷ GSCL），M2M 设备的设备应用（Device Application，DA）使用同一设备的 M2M 业务能力（Device Service Capability Layer，DSCL）或者 M2M 网关中的 M2M 业务能力（Gevice Service Capability Layer，GSCL），或者，使 M2M 网关中的应用使用同一网关中的 M2M 业务能力集。其功能包括：

① 设备/网关应用（Gateway Application，GA）注册到网关设备业务能力层；

② 设备应用注册到设备业务能力层；

③ 根据授权来请求读/写业务能力层中的信息；

④ 事件的订阅和通知；

⑤ 请求组的创建、删除和列表。

（3）mId（DSCL⟷ DSCL 或 GSCL⟷ NSCL），M2M 设备或 M2M 网关

中的业务能力集与网络域中的 M2M 业务能力集通信，反之亦然。其功能包括：

① 设备/网关业务能力层注册到网络业务能力层；

② 根据授权来请求读/写业务能力层中的信息；

③ 请求设备管理（软件升级、配置管理）；

④ 事件的订阅和通知；

⑤ 请求组的创建、删除和列表。

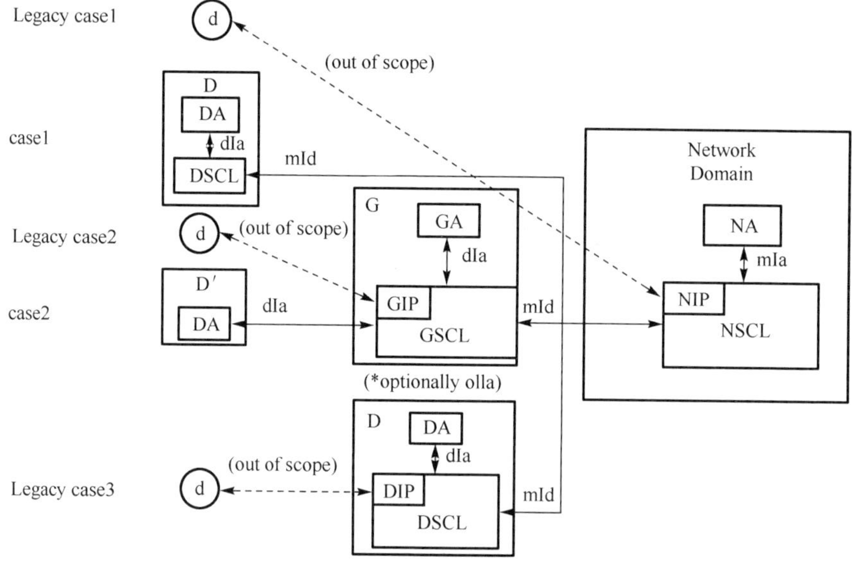

图 3-15　ETSI M2M 不同场景的参考点映射

在图 3-16 中，DIP（Device Interworking Proxy）是 DSCL 提供的一种能力，提供非 ETSI 标准终端设备与 DSCL 交互，和提供一个或多个 M2M 本地网络与 DSCL 的交互的代理能力，并可通过 DSCL 中的 dIa 与标准化终端设备上的应用通信。GIP（Gateway Interworking Proxy）是 GSCL 提供的一种能力，提供非 ETSI 标准终端设备与 GSCL 交互，和提供一个或多个 M2M 本地网络与 GSCL 的交互的代理能力，并可通过 GSCL 中的 dIa 与网关上的应用通信。NIP（Network Interworking Proxy）是 NSCL 提供的一种能力，提供非 ETSI 标准终端设备与 NSCL 交互的代理能力。

非 ETSI 标准终端设备与 DSCL、GSCL 和 NSCL 通信的标准工作不在 ETSI M2M 标准工作之中。

3.2.3　oneM2M

1. 组织介绍

2012 年 7 月，7 家全球领先的信息和通信技术标准制定组织启动了一个新的全球化组织 oneM2M，以确保实现最高效地部署 M2M 通信系统，这些标准组织包括中国通信标准化协会（CCSA）、日本的无线工业及贸联合会（Association of Radio Industries and Businesses，ARIB）和电信技术委员会（Telecommunications Technology Committee，TTC）、美国的电信工业解决方案联盟（Automatic Terminal Information System，ATIS）和通信工业协会（Telecommunications Industry Association，TIA）、欧洲电信标准化协会（ETSI）以及韩国的电信技术协会（Telecommunications Technology Association，TTA）。oneM2M 成员致力于制定确保 M2M 设备能够在全球范围内实现互通的技术规范和相关报告。

oneM2M 的最初目标是把握 M2M 业务层的通用关键需求，使其易于嵌入到不同的硬件和软件中，并且依托于连接到全球 M2M 应用服务器上的无数设备。借助独有的端到端服务视角，oneM2M 还使用跨越多重 M2M 应用的常见案例和架构原则制定全球一致的 M2M 端到端规范。

oneM2M 的最终目标是推动多个行业实现降低运营和资本消耗、缩短上市时间、创造畅销的规模经济、简化应用的开发、扩大并加速全球商业机会，以及避免标准化的重叠等。

2. 研究范围

初期 oneM2M 将开发一套技术规范及报告，包括：

（1）Use cases and requirements for a common set of Service Layer capabilities（表现业务层通用能力集的用例及需求）；

（2）Service Layer aspects with high level and detailed service architecture, in light of an access independent view of end-to-end services（基于端到端的业务访问独立的视角，业务层方面高层及详细业务架构）；

（3）Protocols/APIs/standard objects based on this architecture (open interfaces & protocols)（基于本架构的开放接口及协议）；

（4）Security and privacy aspects (authentication, encryption, integrity verification)（安全及隐私方面，包括认证、加密、完整性验证）；

（5）Reachability and discovery of applications（应用的可达性及业务发现）；

（6）Interoperability, including test and conformance specifications（互操作性，包括测试和兼容规范）；

（7）Collection of data for charging records (to be used for billing and statistical purposes)（计费记录数据收集用于账单和统计目的）；

（8）Identification and naming of devices and applications（设备和应用的标识及命名）；

（9）Information models and data management (including store and subscribe/notify functionality)（信息模型及数据管理，包括存储及订阅/通知功能）；

（10）Management aspects (including remote management of entities)（管理方面，包括实体远程管理）；

（11）Common use cases, terminal/module aspects, including Service Layer interfaces/APIs between（通用用例、终端/模块方面，包括业务层接口及 API）：

① Application and Service Layers（应用与业务层接口）；

② Service Layer and communication functions（业务层与通信功能接口）。

3.2.4 IETF CoRE

1. 组织介绍

由于 IEEE 802.15.4 物理层对报文长度的限制以及低功耗网络设备的处理性能较弱等问题，IETF（Internet Engineering Task Force）制定了 6LoWPAN 协议用于 IEEE 802.15.4 与 IPv6 的适配，以及对 IPv6 报文的压缩，基本解决了网络层的问题。显然，仅靠网络层的优化和压缩还不够，应用层也需要做类似处理；另一方面，对待物联网海量接入的异构设备，如何通过一种统一的、高效的方式来发现、访问和控制，是必须要解决的问题。IETF CoRE（Constrained RESTful Environment）工作组因此而诞生。

2. 研究范围

以超文本传输协议（Hyper Text Transport Protocol，HTTP）为参照，研究适合于受限环境下的满足表述性状态转移（Representational State Transfer，REST）风格要求的轻量级应用协议（Constrained Application Protocol，CoAP），并充分考虑受限环境的网络特点，如休眠、时延、网络带宽等因素。

虽然目前 CoAP 协议处于草案，但已得到各大运营商、设备商、科研机构、其他标准组织的极大重视，ETSI M2M 的架构明确要求将会采用 HTTP 和 CoAP 作为承载协议，6LoWPAN+CoAP 的组合很可能成为将来物联网应用的主流。

第 4 章　物联网能力开放平台运营

4.1　物联网平台运营中参与的角色

物联网能力开放平台通过将物联网终端抽象成资源并统一对外开放实现了终端与应用的解耦合。正因为这种解耦合，使得原本终端由应用多对一的方式变为了终端利用率更高的资源——应用多对多的方式；将原来应用/系统开发商扮演整个从终端采购、终端部署、应用开发到应用推广等角色的单一的产业链变为由资源提供方、电信运营商、平台运营商、应用开发商、应用集成开发商和系统集成商等组成的角色分工的产业链；通过将原本封闭的垂直应用抽象成资源并共享促进跨行业应用和集成应用的发展。

物联网能力开放平台运营中参与的角色主要包括资源提供方、电信运营商、平台运营商、行业应用开发商、中小应用开发者、应用集成开发商、系统集成商和用户。

4.1.1　资源提供方

资源提供方为物联网开放平台提供所需的终端资源，位于平台的上游。资源提供方主要关注点包括提高终端收益、降低维护费用和保证隐私等。物联网能力开放平台运营模式为资源提供方带来以下机遇：开放平台通过将终端资源开放出来供多个应用共享提高资源利用率从而为资源提供方带来更多的收益，开放平台还能提供终端状态检测和故障告警服务从而减少终端维护费用。此模式下也为资源提供方带来了新的挑战，资源的隐私保护和如何保证资源被恰当地使用都是资源提供方和平台运营商共同需要面对的挑战。

4.1.2　电信运营商

电信运营商负责无线接入以及核心网络的运营，位于平台的上游。电信运营商主要关注其在整个价值链中的地位，它不甘心只做提供网络通道的管道商，而想通过挖掘管道价值提供附加服务，实现智能管道从而获得更多附加值。物联网能力开放平台运营模式为电信运营商带来以下机遇：通过开放平台优化利益分配、促进整个物联网产业的发展将给电信运营商带来丰厚的数据流量收益；电信运营商可以将其已有的电信能力（如短信、彩信、LBS 等）作为平台基本能力开放出来从而促进相关电信业务的发展。此模式下也带来了新的挑战，由于能力的开放使得用户可以自由地在不同电信运营商之间选择业务从而加剧电信运营商之间的竞争。

4.1.3 平台运营商

物联网能力开放平台对下实现各种资源和能力的接入，对上采用统一的接口方式对应用开放各种资源。作为平台的运营商，在整个价值链中处于“承下启上”的重要位置。平台运营商主要关注平台的价值挖掘。物联网能力开放平台运营模式为平台运营商带来以下机遇：平台通过对各种资源的整合与共享可以极大地提高资源使用率，使得平台运营商可以从中获得收益；平台可以通过App Store的方式提供应用发布与交易平台，平台运营商可以从应用交易中获得收益；平台可以收集到用户爱好、应用评价等信息，平台运营商可以通过为用户和应用开发商提供增值服务获得收益。此模式给平台运营商带来巨大的挑战，首先是要能提供足够多的资源并解决各种资源的异构问题，其次要能吸引应用开发商使用此平台资源进行应用开发，再次还需要吸引用户使用平台提供的应用并在应用推广上给予支持。

4.1.4 行业应用开发商

行业应用开发商是专注于某一行业领域并提供行业应用的开发商。由于物联网应用中跨行业应用和集成应用方兴未艾，所以行业应用开发商是当前物联网应用开发的主力和平台服务的主要对象，位于平台下游。行业应用开发商主要关注降低终端部署/运营费用、提高网络服务质量和应用推广等。物联网能力开放平台运营模式为行业应用开发商带来以下机遇：可以通过平台购买资源的使用权从而降低终端部署和维护费用，对于已经部署的终端可以将其抽象成资源并通过平台开放出来从而获得资源收益，可以通过平台优势获得更优质的网络服务，利用平台的应用推广能力推销自己的应用。此模式给行业应用开发商带来的最主要的挑战是将原本终端应用的封闭模式采用开放的思想进行重构。

4.1.5 中小应用开发者

中小应用开发者是指物联网应用开发中的小团体或个人开发者，从手机应用开发中可以发现中小应用开发者是最具创新活力和最能满足用户个性化需求的开发群体，中小应用开发者位于平台下游。在目前垂直应用为主的产业模式下，由于领域资源封闭、技术壁垒和较高的进入门槛，几乎没有培育中小应用开发者的土壤。物联网能力开放平台运营模式为中小应用开发者提供了前所未有的机遇：平台将各种资源开放出来为中小应用开发者进入行业提供了基础；平台对外采用统一的接口极大地减轻了应用开发者的工作量并降低了行业的技术门槛；平台提供了从在线协作开发工具到在线测试工具的一系列辅助工具，可以简化应用开发流程缩短开发周期；平台通过 App Store 的方式为中小应用开发者提供了应用发布和交易的平台；平台整合的开发者社区等技术支持方式特别有利于中小应用开发者进行技术积累；平台提供应用托管方式进行应用部署，不再需要应用开发者单独购买服务器，极大地降低了中小应用开发者前期的投入和面临的风险。此模式带来的主要挑战是中小应用开发者将与其他大型应用开发商在同一平台上竞争，但相比目前封闭的行业应用形式，此模式带来的机遇远远大于挑战。

4.1.6　应用集成开发商

应用集成开发商是在已有的应用基础上进行二次开发或集成开发的应用开发商，位于平台下游。在现有垂直化的封闭开发模式下，由于应用相对封闭导致应用的集成开发，特别是跨行业的集成开发非常困难。应用集成开发商主要关注开放的应用数量和应用集成开发难度。物联网能力开放平台运营模式为应用集成开发商带来以下机遇：能力开放平台为应用开发者提供了各种行业能力素材库，并且鼓励各应用开发者将所开发的应用封装后发布到素材库；平台为应用集成开发提供了 Mashup 开发工具，利用此工具可以方便地进行应用的集成开发。此模式带来的主要挑战是开发者需要熟悉应用素材和 Mashup 开发工具。

4.1.7　系统集成商

系统集成商是指提供大型应用系统从设备、工程实施、应用集成和维护等一整套系统的集成商，系统集成商位于平台下游。系统集成商主要关注系统成本，包括系统硬件成本、软件集成成本和维护成本等。物联网能力开放平台运营模式为系统集成商带来以下机遇：系统集成商可以通过从平台购买所需资源的方式减少硬件成本；平台开放的模式和统一的接口极大地减轻了系统集成难度；系统集成商可以通过将资源开放给第三方来获得资源收益。此模式下带来的挑战主要是如何提高系统集成商将其业务与平台融合的意愿。

4.1.8　用户

用户是应用的最终使用者和服务对象，位于价值链终端。用户主要关注应用是否能满足需求，特别是满足个性化需求；是否能方便地找到需要的应用；应用的价格是否合理。物联网能力开放平台运营模式为用户带来以下好处：平台提供的海量应用为用户提供了丰富的可选项，用户可以找到最适合并且价格合理的应用；平台提供的应用搜索和推荐功能将帮助用户发现所需要的应用；有一定开发基础并且具有强烈个性化需求的用户可以使用平台提供的 Mashup 工具整合出独一无二的应用。此模式下带来的挑战主要是用户在面对大量可选应用时可能会出现选择困惑。

4.1.9 角色的作用力

前面对物联网能力开放平台运营中涉及的各种角色进行了介绍，这些参与角色在遵照平台运营模式的同时也会给平台以及整个运营模式产生影响，这种影响称为角色施加的作用力。这一节将对这些角色在平台运营中的作用力进行分析，首先通过表 4-1 对上述角色进行对比。

表 4-1 角色对比

	角色定位	关注点	机遇	挑战
资源提供方	为物联网开放平台提供所需的终端资源	提高终端收益降低维护费用、安全和隐私	更多的终端收益 减少维护费用	资源共享模式下的数据安全和隐私保护
电信运营商	无线接入网和核心网运营	价值链中的地位	数据流量收益 促进相关业务发展	加剧电信运营商之间的竞争
平台运营商	平台运营	平台价值挖掘	资源收益 交易收益 增值服务收益	提供足够多的资源、吸引应用开发商加入、吸引用户
行业应用开发者	提供行业应用的开发商	终端部署/运营费用 网络服务质量 应用推广	购买资源 获得资源收益 更优质的网络服务 平台应用推广	采用开放的模式开发应用、原有应用的重构
中小应用开发商	应用开发中的小团体或个人开发者	领域资源开放 技术壁垒 进入门槛	开放的资源 统一的接口 应用发布和交易的平台 应用托管方式	面临激烈的竞争
应用集成开发商	二次开发或集成开发	开放的应用数量 集成开发难度	丰富的素材库 Mashup 开发方式	熟悉素材库和 Mashup 开发工具
系统集成商	提供整套系统的集成商	系统硬件成本 软件集成成本 维护成本	减少硬件成本 减轻系统集成难度 资源收益	业务与平台的融合
用户	最终使用者和服务对象	满足个性化需求 方便的应用搜索 合理的价格	海量的应用 应用搜索/推荐功能	应用选择困惑

表 4-1 中列出了各角色的定位、关注点、面临的机遇和挑战。表中的关注点是角色作用力的着力点，角色希望通过作用力将机遇转变为优势并且将挑战

弱化。通过对上表中各角色定位、关注点、面临的机遇和挑战的分析就能了解其所施加的作用力。依据作用力施加的效果进行划分，主要包括两类作用力：一类是促进能力开放作用力，效果是使得各参与角色更愿意并更多地开放资源和能力；另一类是促进平台完善，效果是促使物联网能力开放平台，完善自身功能提高服务质量。图 4-1 所示为作用力效果的示意图。

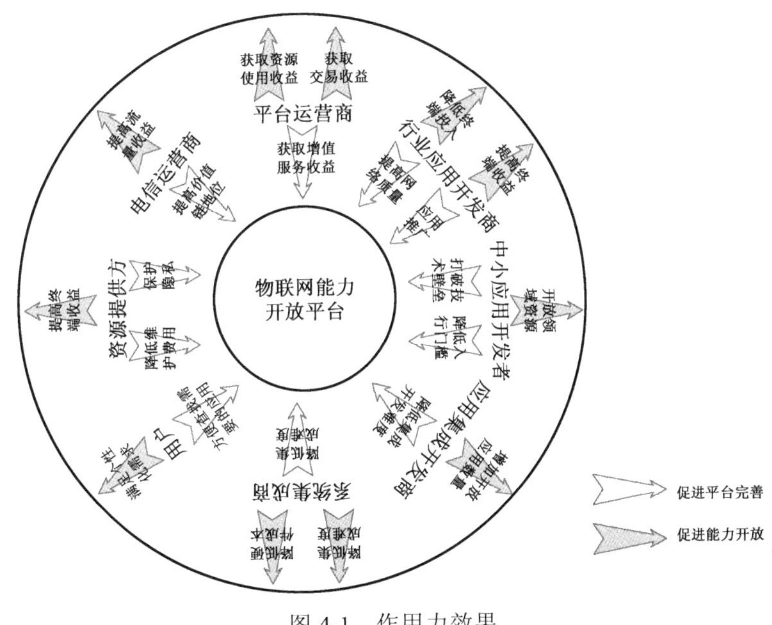

图 4-1　作用力效果

了解角色的作用力有助于理解和分析物联网平台运营模式，特别有助于分析不同行业中平台运营模式的区别。例如，在行业应用开发商主导的行业中，降低终端投入和提高终端收益的作用力将促使行业应用开发商愿意将其资源开放出来，而提高网络质量和应用推广的作用力将促使物联网平台运营商更多地完善底层的网络服务质量和应用的推广能力。作用力对于物联网平台运营模式的影响将在 4.3 节中进行重点分析，但作用力分析与运营模式分析结合的方式将在整章中体现。

4.2　物联网平台运营价值链分析

当前主要的物联网产业的价值链都是针对某一行业的垂直化的价值链，并且都是以行业应用开发/集成商为核心的封闭的价值链。我们将在后面分析这种价值链存在的 3 个主要的缺点，并指出采用开放模式的必要性。本节最后会对增加了物联网平台运营商的改进的价值链进行分析。

4.2.1 当前物联网产业价值链

物联网产业现在还处于发展的初期，当前的产业是以某一行业的封闭应用为主。以当前发展较好的交通监控和车载传感系统应用为例：前者一般由应用集成商负责交通监测设备的铺设和后台服务系统的搭建，运营则由交管部门负责，交通监测数据只在交管部门系统内部使用；后者车载传感系统一般由车辆生产企业预先安装，服务也由厂家相关的服务部门提供。上述的应用都具有垂直和封闭的特点，其价值链也比较简单，如图 4-2 所示。

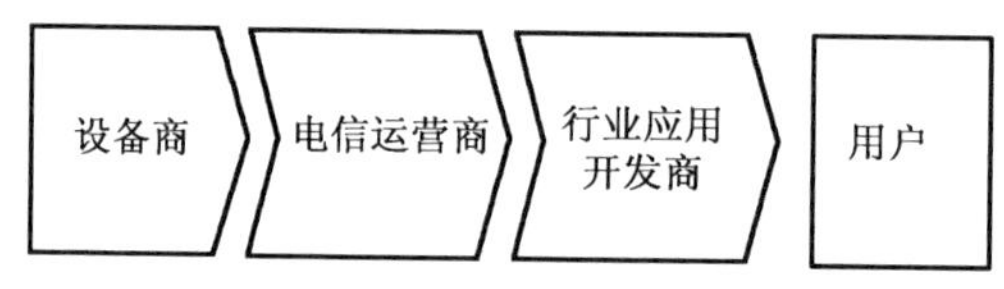

图 4-2　当前产业价值链

设备商：在价值链中提供应用所需的终端设备生产，获得终端销售收益。

电信运营商：在价值链中提供无线和有线网络接入功能，获得网络服务收益。

行业应用开发商：在价值链中负责应用的开发和运营，获取应用服务收益。

用户：只能从极少的应用提供商中选择固定的服务，为使用的服务付费。

在当前产业价值链形式下存在 3 个主要的缺点。

（1）极低的资源使用率。

由于当前价值链中每个行业应用开发商都是独立地开发应用，开发商之间没有利益分配导致终端的重复布设、资源使用率低和应用实施的硬件成本过高。

（2）无法满足需求。

由于物联网需求具有典型的长尾效应，即相当大部分为零碎的需求，而这些需求大型应用开发商无法顾及。由于当前价值链中没有中小应用开发者的参与，导致这些长尾需求不能得到满足。

（3）低下的开发效率。

当前价值链中缺乏应用集成开发商的参与，垂直式应用开发方式导致低下的应用开发效率。

4.2.2 改进后的价值链

针对当前价值链存在的种种不足，引入物联网能力开放平台。通过平台实现利益的再分配来吸引中小应用开发者的加入，并通过开放的统一资源访问接口促进跨行业应用集成和系统集成。引入物联网能力开放平台后的产业价值链如图 4-3 所示。

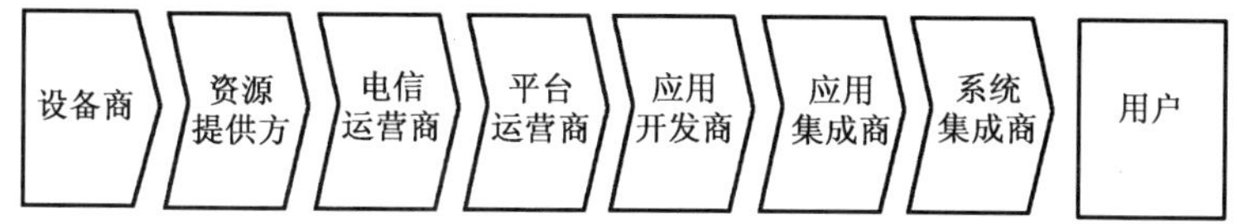

图 4-3　改进后的产业价值链

设备商：在产业链中提供应用所需的终端设备生产，获得终端销售收益。

资源提供方：在价值链中将所拥有的资源通过平台开放出来供其他应用使用，从平台获得资源使用收益。

电信运营商：在价值链中提供无线和有线网络接入功能，获得网络服务收益。

平台运营商：在价值链中提供资源接入和开放的平台，为平台使用方（包括资源提供方、应用开发商和用户等）提供增值服务获得收益。

应用开发商：在价值链中提供应用开发和相应的服务，应用开发商包括行业应用开发商和中小开发者，应用开发商获得应用服务收益的同时为使用的资源付费。

应用集成商：在价值链中应用集成商从应用开发商处购买应用和服务并集成为新的应用和服务，应用集成商在价值链中一方面扮演生产者，另一方面扮演消费者，应用集成商通过提供新的应用和服务获得收益。

系统集成商：一般负责大型的跨行业的系统集成，并且有自己的客户，在价值链中主要扮演消费者角色，从应用开发商处购买需要的应用和服务并集成到需要的系统中。

用户：可以从海量的应用中选择所需的应用，还能通过定制化服务满足个性化的需求，用户为使用的服务付费。

改进后的价值链将带来以下 3 点好处。

（1）更高的资源使用率。

通过将资源开放出来能带来更高的资源使用率和更低的硬件成本，如图 4-4 所示。

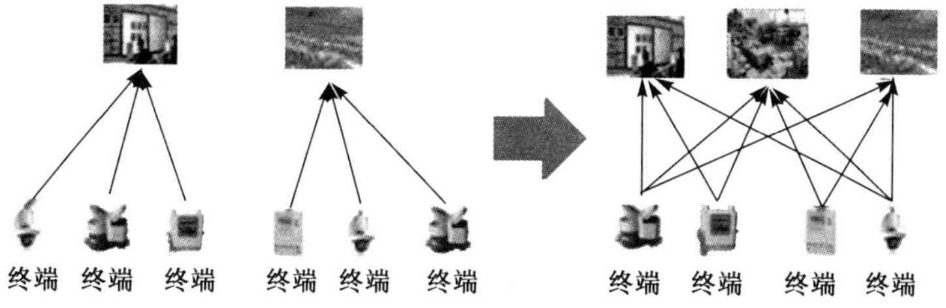

图 4-4　改进后的价值链有更高的资源使用率

（2）满足长尾需求，激发创新活力。

通过吸引中小应用开发者、应用集成开发商和系统集成商等的加入，满足长尾需求并激发创新活力，如图 4-5 所示。

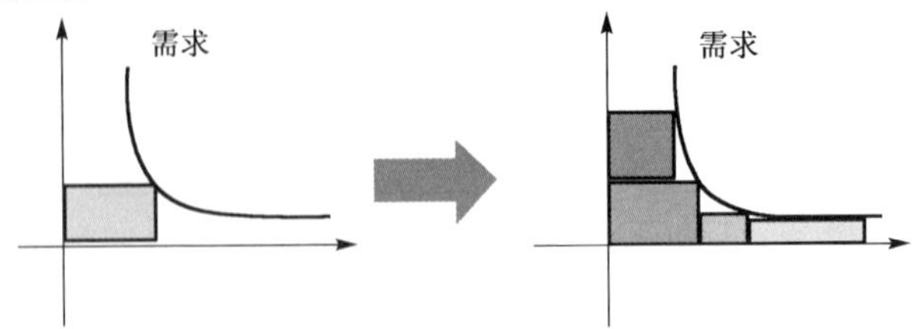

图 4-5　改进后的价值链满足长尾需求

（3）促进跨行业和集成应用发展。

通过为资源提供方分配利益促进资源开放和接口统一化，进一步促进垂直式应用开发方式向集成式应用开发方式转变，最终促进跨行业和集成应用发展，如图 4-6 所示。

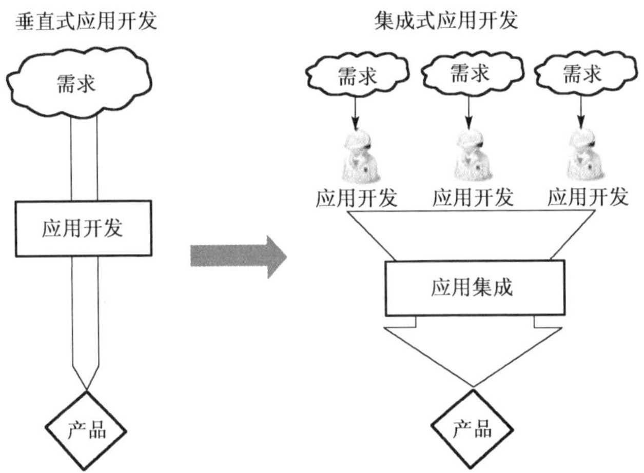

图 4-6　改进后的产业价值链促进跨行业和集成应用发展

4.3　物联网平台运营模式

前面两节分析了物联网能力开放平台参与角色和价值链。由于现在还没有非常成功的平台出现并且商业模式也有待验证，所以上述分析也是从一个比较宏观的角度来阐述加入能力开放平台后会带来些什么样的变化。同时我们也看到，目前有一些具有开放能力的物联网平台产生，这些平台的特点应该怎么去划分和看待？采用的方法是从 4.1.9 节分析的角色作用力入手，结合作用力探讨在不同角色作用力下物联网能力开放平台的运营模式，具体包括角色作用力下的平台架构特点、赢利方式和典型案例。

4.3.1　电信运营商主导的运营模式

在现阶段电信运营商是最积极参与物联网能力开放平台建设和推广的角色。一方面它们不想只作为提供网络的管道商，另一方面它们具有成为开放平台的能力。电信运营商掌握了接入网络这种基本资源平台并且具有可供开放的电信能力，同时还具有与其他角色之间良好的合作关系。

1）作用力分析

从表 4-1 和图 4-1 可以发现，电信运营商重点关注在价值链中的地位，所以电信运营商主导时一般都采用自己作为平台运营商的方式。电信运营商为了提高网络流量和相关业务收益，在平台架构上提供了丰富的网络支撑能力，如 SIM 卡能力、网络监测能力等。

2）赢利方式

电信运营商主要通过网络流量和附加服务获利，如提供可靠网络接入、网络定位服务等。同时，平台也提供端到端服务，电信运营商将应用所需的基本能力开放出来，应用开发商和集成商通过与电信运营商合作获得收益。

3）典型案例

Orange Business Services（简称 Orange）为增长率领先的欧洲 M2M 电信服务市场的供应商，其勇夺 Frost & Sullivan 颁发的欧洲 2010 年度 M2M 电信服务市场占有率最高大奖，而市场研究公司 Berg Insight 发布的 *The Global Wireless M2M Market-3rd Edition* 研究报告已确认 Orange 的领先地位。

Orange M2M 平台中，Orange 为 M2M 应用提供商和系统集成商提供服务。在 Orange 的平台中包括了终端状态服务和信息系统，向上通过开放 API 对外提供服务，向下通过其移动网络连接 M2M 设备。Orange 平台架构如图 4-7 所示。

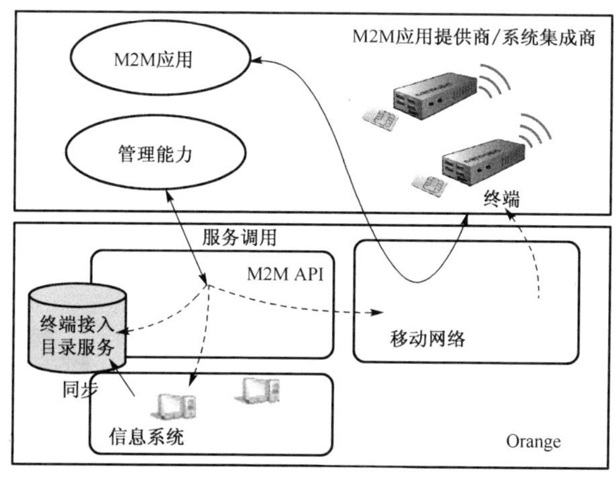

图 4-7　Orange 平台架构

Orange 的物联网开放平台优势在于提供了 SIM 管理服务、网络状态检测和错误定位服务。

4.3.2 行业应用开发商主导的运营模式

在一些行业门槛高的应用中，如资源封闭或行业专业性强等，一般会出现行业应用开发商主导的运营模式。这类平台的特点是在能力开放平台之上，行业应用开放商一般都有自己的行业专有平台。

1）作用力分析

从表 4-1 和图 4-1 可以发现，当行业应用开发商作为主导时重点关注网络服务质量，这使得平台运营商需要提供更好的网络质量来满足要求。一方面，由于行业应用开发商更热衷于拥有自己的行业平台，所以平台运营商为了提供更多服务就必须去连接行业平台。另一方面，基于降低成本和推广应用的考虑，行业应用开发商又愿意将部分能力开放出来。

2）赢利方式

平台运营商通过提供优质的网络服务并通过与行业应用平台对接，来向平台用户提供增值服务获得收益。行业应用开发商通过平台的推广获得更多的用户从而获得丰富回报。

3）典型案例

智慧医疗就是典型的行业应用开发商主导的应用。一方面，作为行业应用的提供者医院具有独特的资源优势和很高的行业壁垒，并且医院已经建设了一套完整的医疗平台。另一方面，医院为了推动医疗智能化和医疗向社区和家庭延伸的目的又需要借助一个公共能力平台。在中国电信提供的智能医疗应用中，中国电信建设的监控服务平台主要面向社区和家庭，一方面公共平台提供所需的网络将医院的应用延伸到社区和家庭，另一方面公共平台通过与医院 HIS 系统连接，可以为社区和家庭用户提供保健、健康监护等增值服务，如图 4-8 所示。

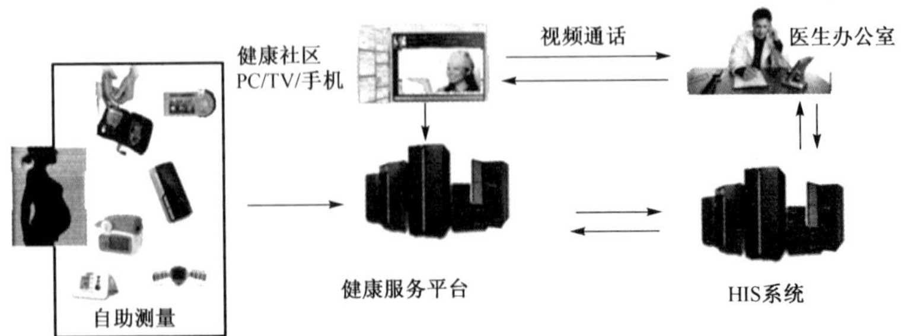

图 4-8 中国电信智能医疗平台

4.3.3　平台运营商主导的运营模式

目前还没有纯粹由平台运营商主导的运营模式出现，但却存在由平台运营商与电信运营商联合运营的模式。在这种运营模式中电信运营商发挥其网络优势和用户数量优势，平台运营商发挥其物联网平台的能力，一方面向用户提供端到端解决方案，另一方面通过提供开放接口，吸引应用开发商参与进来。这种平台的特点是能提供较丰富的开放资源并且对应用开发者有更多的支持。

1）作用力分析

从表 4-1 和图 4-1 可以看出平台运营商关注的是对平台价值的挖掘，为了获取资源收益和交易收益，平台运营商将努力促进资源的开放。在平台运营商的作用下将对中小开发者提供更多的支持。

2）赢利方式

平台运营商通过向应用开发商提供增值服务获得收益。

3）典型案例

Jasper Wireless 是一家提供物联网平台和应用的虚拟运营商，其向包括 AT&T、西班牙电信、DoCoMo 等著名的运营商提供 M2M 平台。Jasper 在与运营商合作的同时，对用户提供端到端应用并对应用开发商提供 SIM 卡管理、网络管理等，这些服务和能力都是基于 Jasper M2M 平台。

第 5 章　物联网典型应用实践

5.1　交通物联网

从 1995 年交通部（中华人民共和国交通运输部）首次组团参加第 2 届世界智能交通大会算起，我国智能交通已有 17 年的发展历史了，然而从现状看，智能交通的发展并未达到我们想象的理想程度。

（1）车祸死亡人数世界第一。2011 年，汽车保有量为 1.04 亿辆的中国，有 6.2 万人死于车祸，而汽车保有量为 7000 万辆的日本，车祸死亡人数只有 4611 人。

（2）交通严重拥堵。北京、上海、广州、深圳等经济和交通发达的城市，交通拥堵严重，尽管相关城市出台了摇号等措施，但实际效果仅仅是推迟了汽车保有量高峰到来的时间。

除了上述两个最严重的问题外，还存在其他诸多问题。造成这些问题的原因除了交通资源不足、交通规划失误、公共交通落后、私家车拥有及使用成本过低外，另一个主要原因是智能交通系统（Intelligent Transportation System，ITS）不够发达。图 5-1 所示为对当前城市交通面临的问题及其主要“软件”原因的总结。

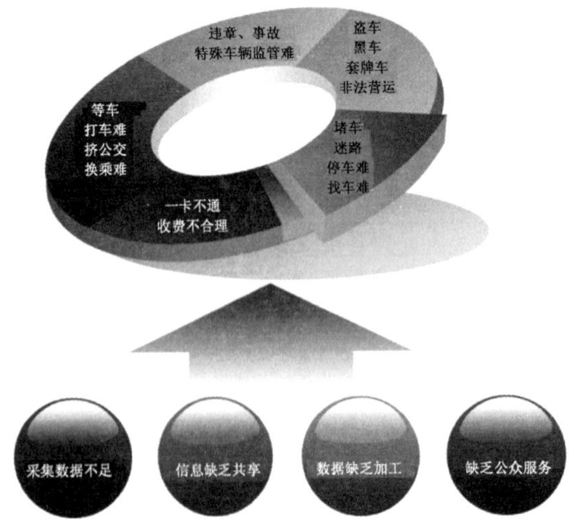

图 5-1　交通问题及其“软件”原因

图 5-1 中，造成当前交通问题的“软件”原因是采集数据不足、缺乏信息共享、数据加工和公众服务。其中，最根本的原因是采集数据不足和缺乏信息共享，其导致信息不足，没有足够的信息就无法进行数据的深度加工，从而无法提供更多、更加人性化的公众交通信息服务。

数据采集不足主要体现在采集设备经常上传错误的数据或数据时有时无，导致数据分析时必须采用复杂的算法对数据的有效性进行判断，对错误的数据进行修正，对缺失的数据进行弥补。更困难的情况是大量次干道、支路只有零星数据甚至根本没有数据，导致数据分析时必须采用复杂的算法对这些情况进行估算。由于交通流复杂多变，上述算法和数学模型并不能做到百分之百的有效，在一些特殊情况下甚至会出现很大的偏差。经过 17 年发展的智能交通并没有达到公众眼中的智能效果，如果继续按原有思路发展是否能取得良好的效果需要打一个大大的问号。针对这种状况，有识之士提出了新一代智能交通系统发展思路——汽车移动物联网。简单地说，汽车移动物联网就是把物联网技术引入智能交通领域，改变传统的以路侧采集为主的思路，建立以汽车为中心的采集体系，建立全面动态感知的汽车移动物联网。在汽车移动物联网中，数据采集的不足将得到极大改善，数据分析时直接使用采集设备上传的准确数据，而不是用复杂的算法和数学模型进行估算。

信息无法共享主要是管理层面的问题，但智能交通系统必须面对这个现状，从技术架构上提供便于实现信息共享的手段。交通相关的部门包括规划委员会、住房和城乡建设委员会、公安局公安交通管理局、交通委员会、交通委员会运输管理局等，这些部门为了完成其管辖范围内的违章执法、管理等任务，均建立了自己的智能交通系统；交通相关的企业，如公交公司、出租车公司、地铁公司等也都建立了自己的智能交通系统。这些单位出于对自身的利益考虑，系统间互不开放，大大小小的智能交通系统形成一个个信息孤岛。信息孤岛带来诸多问题，但值得庆幸的是，管理部门已经逐渐认识到交通信息共享在建设服务政府、责任政府、法治政府，促进政府职能转变，减少各个交通相关部门的重复投资等方面的好处，开始积极探索和推进智能交通信息共享平台建设。目前，上海和深圳已初步建成了智能交通信息开放机制和共享平台。政府转变思路，建立智能交通信息共享平台，实现交通信息的开放和共享是一个必然的趋势。

本节主要介绍物联网能力开放平台运用在交通领域，解决智能交通目前缺乏公众服务、信息共享和数据加工等问题。另外，本节还会介绍被誉为目前世界上最成功的智能交通系统——日本 VICS 系统，以及中兴通讯 uBOSS-STS 系统是如何成功解决上述问题的。

5.1.1 基于能力开放平台的交通物联网技术框架概述

物联网能力开放平台设计的基本目标是能够为所有物联网业务应用提供尽可能通用的解决方案，这一点在智能交通应用中得到良好的体现。图 5-2 所示为基于能力开放平台的交通物联网技术框架，整个框架由 5 个层次组成：交通物联网感知采集层、交通物联网网络层、交通物联网云平台层、交通物联网应用层、交通物联网出行信息访问层。

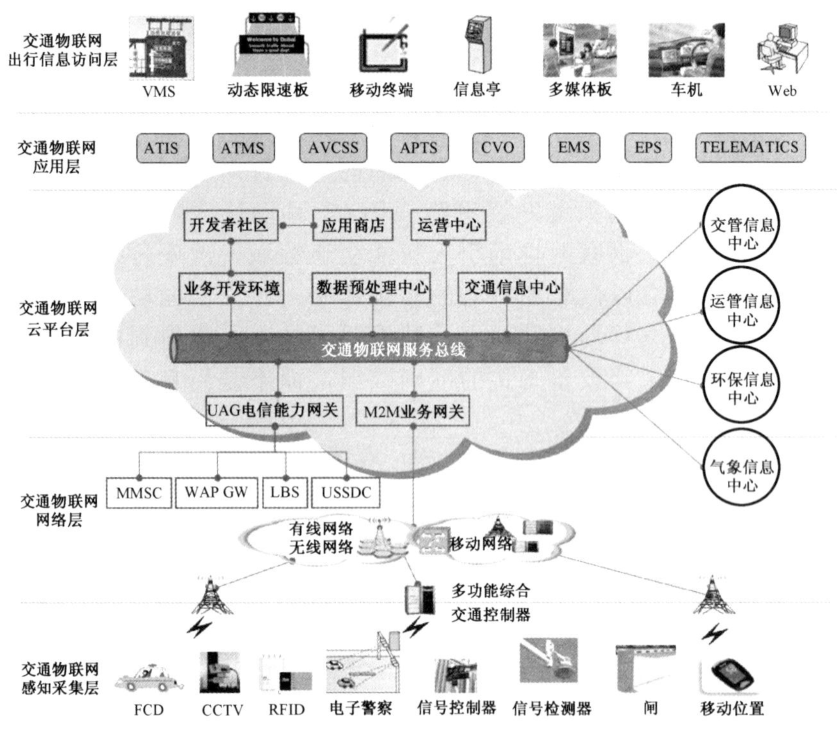

图 5-2 基于能力开放平台的交通物联网技术框架

5.1.2 交通物联网感知采集层

物物相连是物联网的本质特征，也是交通物联网和传统智能交通相比最大的优势所在。交通物联网通过各种交通数据采集手段，广泛采集交通流数据，然后通过合适的网络通道，把数据传输给交通物联网云平台或本地交通控制器等设备进行处理。系统也可以根据需要，把指令下发到交通物联网感知采集层，然后驱动信号控制器、整车控制器（Vehicle Management System，VMS）等执行设备完成需要的交通任务。

物联网能力开放平台能够从外场、车载、行人三个方面对感知采集设备进行支持，如图 5-3 所示。

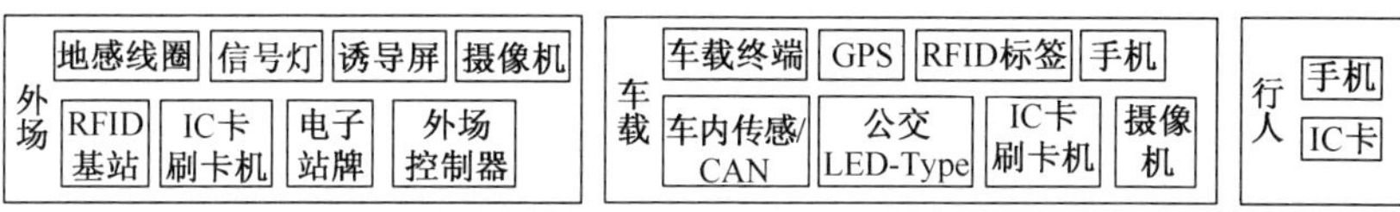

图 5-3　感知采集层设备

5.1.3　交通物联网网络层

传统智能交通系统通常需要针对某子系统建设专有网络，无法利用已有公共通信网络，造成建设和维护成本高，不利于产业化发展。交通物联网根据不同感知设备的特点和所处的环境，选择合适的公共网络传输方式建立和交通物联网云平台之间的数据交换通道，具体包括各种公共通信网络，如有线网络、无线网络、移动网络、广播网络等，如图 5-4 所示。

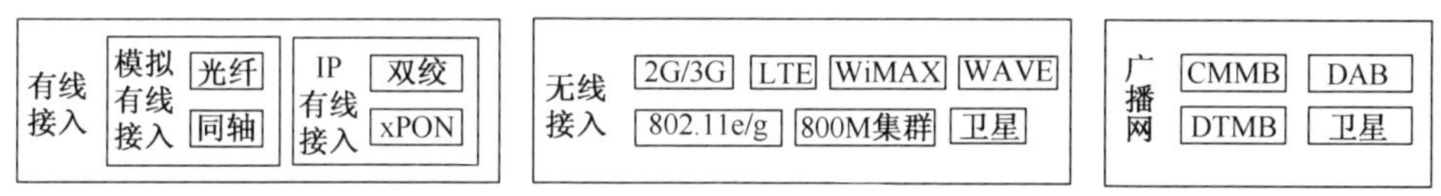

图 5-4　交通物联网网络层

5.1.4　交通物联网云平台层

传统智能交通在总体架构方面采用传统计算存储模式，一个子系统独占一台服务器的情况普遍存在，无法做到计算和存储资源的共享和按需使用。交通物联网采用云计算技术和 SOA 架构，有如下特点。

（1）在基础设施方面，提供虚拟化和分布式并行计算环境，实现硬件资源的按需使用。

（2）在信息开放和共享方面，采用服务总线中间件，实现各子系统低耦合集成和简便的信息交换方式。

（3）在应用开发测试方面，采用面向服务的业务开发环境，实现业务开发的快速和简单部署。

（4）在支撑服务创新方面，采用开发者社区和应用商店的方式，实现智能交通服务的多样化和繁荣发展。

1. M2M 服务总线

信息缺乏共享是智能交通系统当前面临的一个重要问题，M2M 服务总线针对该问题从技术架构上提供了一种便于实现信息共享和系统融合的手段。

传统智能交通系统融合的主要问题是系统之间高耦合，开发维护十分困难。传统智能交通系统之间的连接关系如图 5-5 所示，参与集成的任一系统必须和其他相关系统建立直接的连接关系，两系统之间使用专有的通信协议、消息格式、消息过程进行交互。以图 5-5 为例，任一系统都需要针对其他四个系统分别开发四种协议处理模块，共享集成的复杂度随着参与集成的系统数量呈线性增长，而当前智能交通系统的特点是参与单位多、系统多，在这种情况下传统集成方法难以支撑全面的信息开放与融合。

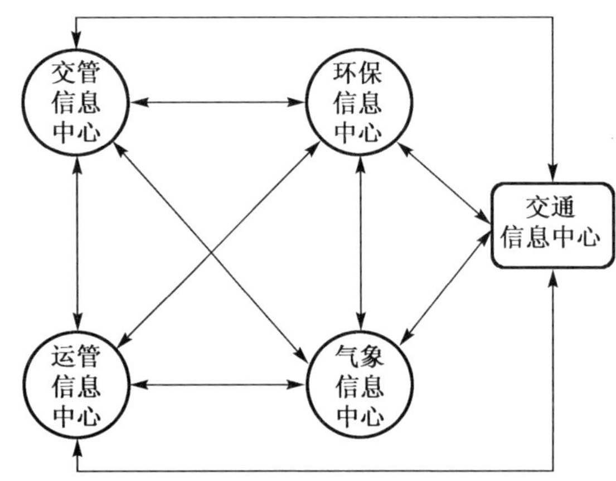

图 5-5 传统智能交通系统之间高耦合集成

企业服务总线（ESB）是近几年出现的专门用来帮助多个系统之间更方便地开放融合的技术。ESB 是一种面向服务的体系结构（SOA）技术，ESB 将中间件、SOA、Web Services 和 XML 等技术融合到统一的分布式架构中，搭建易于部署、可管理的整合基础设施。ESB 既可集成新的应用服务，也可通过分解、包装遗留系统，使其提供服务接口，从而集成已有的应用。对于智能交通系统之间开放融合而言，ESB 最具吸引力的特性包括：

（1）能够在服务之间对消息进行匹配和路由；

（2）能够在请求方与服务提供方之间转换协议；

（3）能够在请求方与服务提供方之间转换消息格式；

（4）能够分配和提取不同来源的业务事件。

也就是说，ESB 封装了通信协议的复杂性，因为这部分工作有共同的特点，没有必要让每个参与集成的系统都各自开发一套。如图 5-6 所示，各智能交通系统只和 ESB 相连，不直接互联。各智能交通系统使用其原有的 SOAP、XML、HTTP、私有协议等方式连接到 ESB，协议转换等工作集中在 ESB 提供的开发环境上进行。ESB 开发环境不是为专业程序员设计的，而是为普通业务人员设计的，在 ESB 上做协议适配开发非常简单，操作员在可视化开发环境中通过拖动服务块和连接线实现协议适配，如图 5-7 所示。

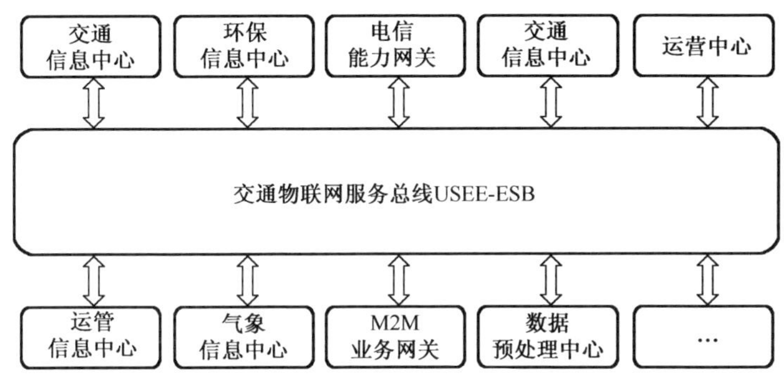

图 5-6　利用 ESB 实现各智能交通系统之间的低耦合集成

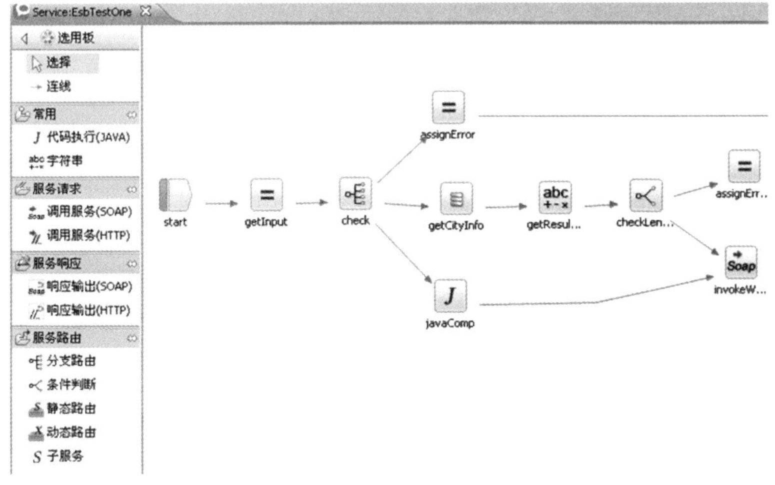

图 5-7　USEE-ESB 可视化开发环境

2. M2M 业务网关

M2M 业务网关实现交通物联网业务和感知采集设备之间的连接与适配。对于电信运营商主导的智能交通应用，业务网关在南向通过 WMMP-T、MDMP 等协议和智能交通传感器进行通信；在北向通过 WMMP-A、MAAP 等协议和交通物联网业务交互。在交通领域，绝大多数应用都不是电信运营商主导的，对于这些应用，业务网关提供一个代理网关，通过代理网关的 SDK 和接口规则实现交通传感器和业务的连接。

3. 数据预处理中心

M2M 业务网关将原始交通数据收集上来后，通过 ESB 传给数据预处理中心。数据预处理中心的主要工作是对各种不同来源的数据进行数据融合，希望达到如下目的。

（1）提高数据质量，提高可靠性、准确性和一致性。

（2）弥补感知采集技术中的缺陷，减轻各个传感器故障的影响。

（3）由于传感器和技术的限制，有些信息无法直接由传感器测出，但通过数据融合可以做到。

（4）有效减少数据量，减轻后续处理和存储负担，提高效率。

图 5-8 所示为交通预测预报应用场景中数据融合的例子。该场景中原始交通数据主要来自如下 3 类系统。

（1）流量监测系统：通过浮动车、RFID 电子车牌、视频监控等采集到的流量、速度、占有率。

（2）信号控制系统：通过地感线圈、微波监测器等采集到的流量、速度、占有率。

（3）旅行时间监测系统：通过基于视频的车牌识别、RFID 电子车牌等采集到的旅行时间、OD（Orign Destination）数据。

数据预处理中心首先对不同来源的数据做时间和空间的对准，然后剔除重复数据、修正异常数据、补充缺失数据、数据平滑处理。

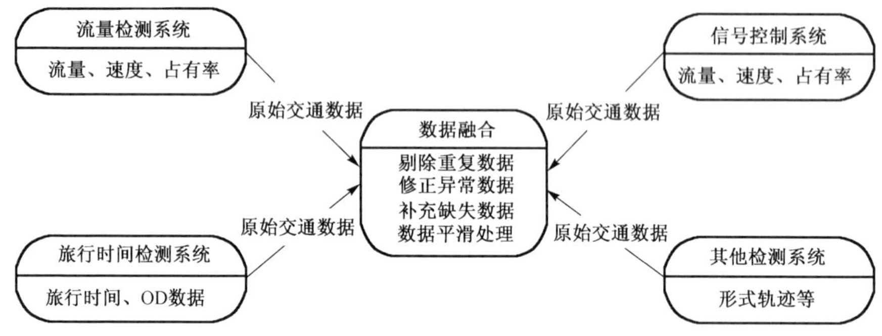

图 5-8 交通数据融合示例

由于交通领域中同类型的感知采集设备预处理工作有很大一部分是相同的，所以数据预处理中心内置大量预处理算法，用 SOA 服务的方式暴露给开发者。例如，浮动车 GPS 数据的预处理流程如图 5-9 所示，其中的总体处理流程、丢失数据处理算法、静态漂移数据处理算法、动态漂移数据处理算法、地图匹配算法等已经成为预处理中心的内置标准服务，可供开发者直接使用。

4. 交通信息中心

交通信息中心的物理实体是物联网能力开放平台信息中心。交通信息中心主要完成以下两方面的工作。

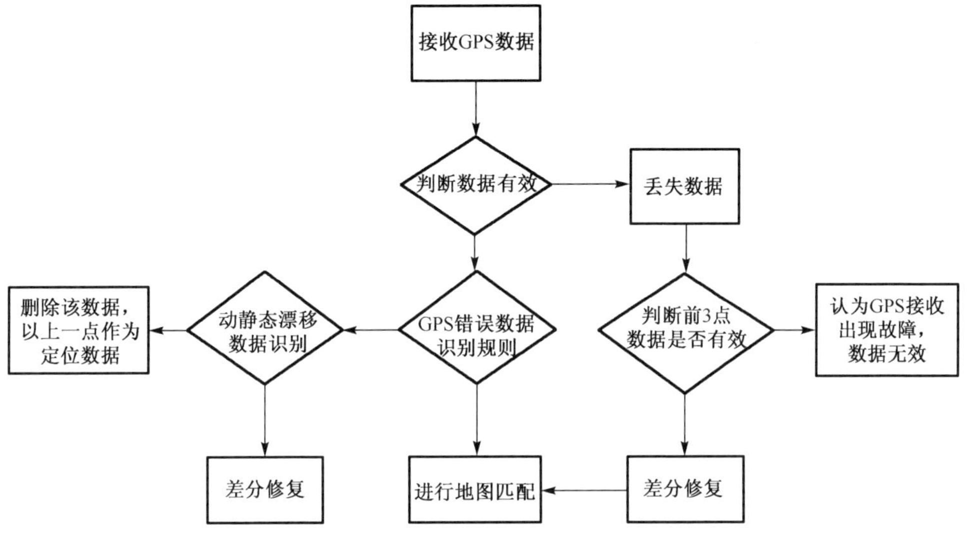

图 5-9　浮动车 GPS 数据的预处理流程

（1）存储：对内部（来自数据预处理中心的数据）和外部（来自交管信息中心、气象信息中心等外部系统的数据）数据进行集中管理和存储。

（2）分析：对数据进行面向主题的、一般性的和挖掘性的分析，获得交通行为特征信息，它包括交通信息整合、分析和度量，也包括交通专题的分析与管理，如交通拥堵评估与管理，还包括交通绩效管理与决策支持。

在存储方面，物联网能力开放平台可根据具体应用场景的需要，既支持传统关系型数据库，也支持内存数据库、分布式数据库、NoSQL 数据库等新型数据库。图 5-10 所示为新型数据库及其对应需求类型。

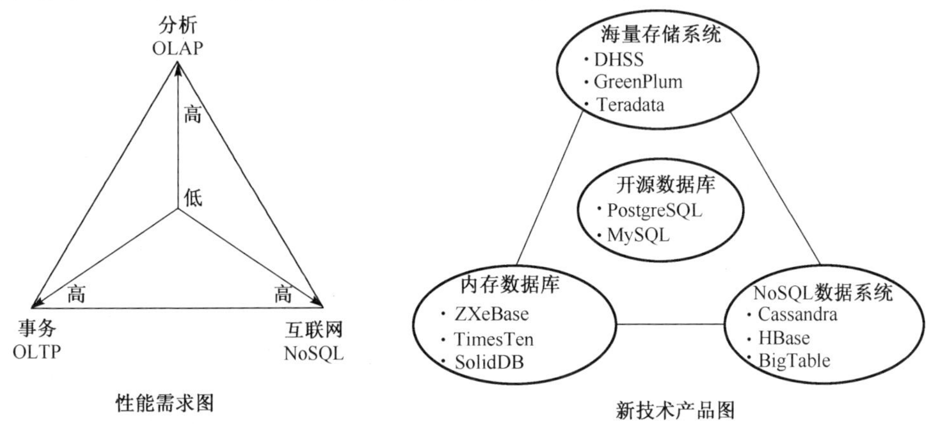

图 5-10　新型数据库及其对应需求类型

在分析方面，物联网信息中心不仅内置了多种通用的数据挖掘算法，还提供了大量智能交通特有的挖掘分析算法，如基于非参数回归的短时交通预测模型、交通分配模型、驾驶员群体行为模型、多目标粒子群优化算法、模糊控制算法等。这些算法以服务的形式对外开放，开发者可以根据具体问题的需要选择合适的服务，完成具体应用的开发。

5. 运营中心

“缺乏公众服务”是传统智能交通面临的四大问题之一，未来智能交通必然会向以人为本和以公众交通信息服务为主的方向发展。未来的智能交通是一个可运营的商业产品，它通过向公众提供优质的服务获得合理的收益。图 5-11 所示为智能交通运营中心的功能框图。

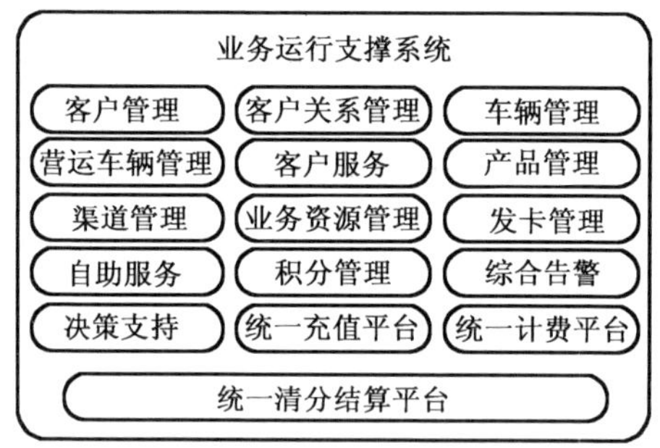

图 5-11　智能交通运营中心

6. 业务开发环境、开发者社区、应用商店

如果仅仅依靠政府交通管理部门的力量，那么远远无法实现智能交通公众应用的繁荣，未来的智能交通应用应该由两方面的力量来推动：交管部门提供公益性的免费基本交通信息服务；商业企业、独立创意者提供个性化的、更高层次的收费交通信息服务。其典型的商业模式如图 5-12 所示。

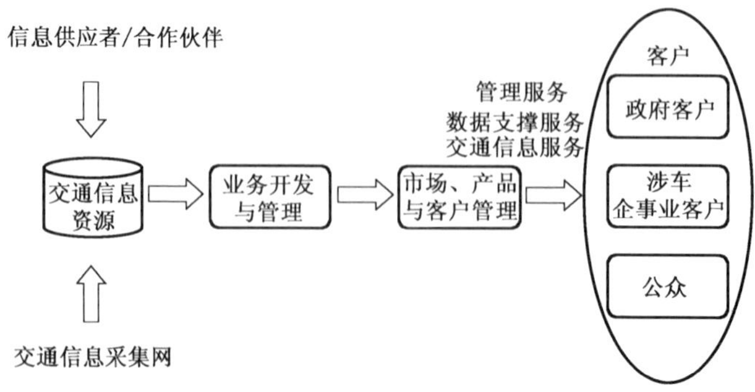

图 5-12　未来智能交通系统的商业模式

物联网能力开放平台借鉴了移动互联网 Livinglab 创新模式的成功经验，提出了协同参与的业务创新模式，构建一种用户和开发者共同参与创新生命周期全过程的创新生态环境，提高价值链不同角色之间的协同性，降低业务创新和推广的门槛。

物联网能力开放平台的 Livinglab 创新模式在技术形态上体现为业务开发环境、开发者社区和应用商店，如图 5-13 所示。

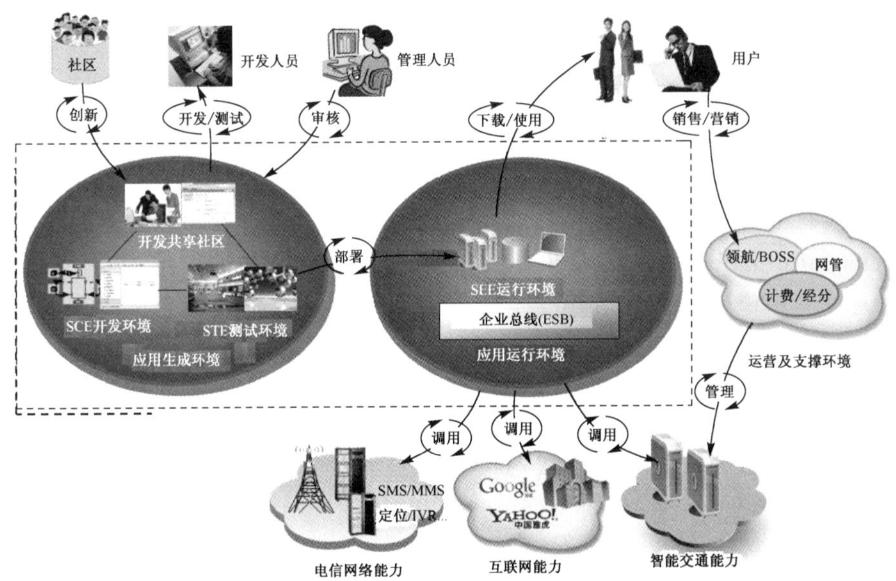

图 5-13　物联网能力开放平台支撑智能交通创新应用

7. UAG 电信能力网关

交通物联网应用中会遇到大量需要使用电信服务的场景，如发送短信、彩信、传真、使用数据通道等，这些功能具备通用性，只有对相关通信协议规范非常熟悉的专业人员才能开发出来。物联网能力开放平台把这部分功能封装在电信能力网关中，通过服务的方式对外开放，以便简化交通物联网应用开发的复杂度，使开发者把精力集中在业务本身，快速响应用户需求。

5.1.5　交通物联网应用层

交管信息系统和交通运输行业企业信息系统均存在两部分的信息。一部分是和外界完全无关的数据，如涉及商业机密、内部运营管理的数据，这部分数据不需要对外开放；另一部分是外界希望能够共享的数据，这些数据开放后，能够为实现社会化交通信息增值服务的开发创造基础条件。所以，交通信息的开放和融合并不意味着用一个大的智能交通平台取代各单位的智能交通系统，而是在各系统相对独立运行的同时，通过公用信息平台相互开放和共享信息。

物联网能力开放平台中包括 ATMS、AVCSS、APTS、CVO、EMS、EPS 等 6 类具有一定独立性的智能交通应用。

1. ATMS

先进的交通管理系统（Advanced Traffic Management System，ATMS）是智能交通系统的基本核心，利用感知侦测、通信及远程遥控等技术，将交通监控系统感测所得的交通状态信息、文字、图像、视频等数据，通过各种通信网络传输到后端的县级或省级交通控制中心，在交通控制中心再收集其他次级交通控制中心或其他省级交通控制中心的信息，分析决定相关的交通控制方案，以作为执行交通管理的整体依据，并通过先进的出行者信息系统（Advanced Traveler Information System，ATIS）将相关信息显示或传输给出行者与其他必要交通管理单位，以达到运输安全管理效能的目标。ATMS 主要的服务工作就是做好 ITS 所有子系统之间的协调整合与实时控制功能。通过 ATMS，智能交通系统可以进行车流量管制、道路卡口及进出匝道管制及放行、交通事故通报发布及处理管理，更可以提供交通监控进行道路调拨或提供数据以规划疏导措施及替代道路。这些 ATMS 服务信息来自于智能交通 ITS 系统内的计算机号志控制、匝道仪控、事件侦测、动态交通分析预测、车辆流量速度、行进间距、车辆种类及 ETC 自动收费处统计和影像式车辆侦测器及自动车辆辨识等子系统传回的影像、信息、数据分析计算所得的结果。它可以向交通管理权责单位提供如交通控制、交通管理、号志控制、事件管理、天候/路况侦测与数据收集、车辆信息、疏导路线及废气排放监测与危险路段路况监控回报等服务。图 5-14 所示为道路流量状态警示电子看板应用。

图 5-14　道路流量状态警示电子看板应用

2. AVCSS

先进的车辆控制与安全系统（Advanced Vehicle Control and Safety System，AVCSS）是一种结合感知探测器、计算机通信与电子电机控制技术应用的子系统项目，可以在车辆及道路设施上进行设备架设，来协助出行者在驾驶时能提高行车安全，同时也可自动调节道路车容量数，避免车道过于拥塞，减少不必要的擦撞事故发生。AVCSS 主要利用传感器弥补出行者视觉感官不足的地方，减少因判断疏忽及驾驶行为不当所造成的危险。这些服务包括防撞警示系统、自动停刹车、车与车间纵向与横向过于接近告警和车辆各种状态自我侦测等。车牌辨识与旅行时间看板如图 5-15 所示。

图 5-15 车牌辨识与旅行时间看板

3. APTS

先进的公共交通系统（Advanced Public Transportation System，APTS）是结合了 ATMS、ATIS 与 AVCSS 的技术及无线感测技术于一身的应用，APTS 大幅改善了公交车或地铁及高铁等公共交通运输服务的质量，既方便了乘客也提升了公共交通业的运营效率。

APTS 用到的子系统包括公交车辆动态监视、公交车辆卫星定位及无线电通信、公交车辆自动付费、路线导引、公交车排班、公交车计算机调度、公交车内信息及媒体显示播放系统等，这些系统的融合协调使得公共运输系统变得更加智能。APTS 可以为出行者提供车站车班到/离站运输信息、公共运输营运管理、公共运输安全监控、公共车上媒体播放及 3G 个人化大公共运输信息等应用。公交车站台候车信息看板如图 5-16 所示。

图 5-16 公交车站台候车信息看板

4. CVO

商用车运营（Commercial Vehicle Operation，CVO）也是利用前几项智能交通管理与控制分类中的 ATMS、ATIS 等技术应用于商业运输车辆，通过使用 RFID 等有线及无线传感系统，提升商业运输效率及安全性，降低人力成本。CVO 应用范围包含大型货柜或货卡车，也包括如救护车及商务用小巴。CVO 的应用子系统包括车辆视频监视、GIS 车辆定位、ETC 自动收费和 AVI 车辆辨识、双向无线电、计算机调度、RFID 货物辨识。通过这些子系统服务应用来实现如车辆安全检查、行车记录数字化、卫星定位追踪系统、货运危险物品监控、紧急救援派遣及货运物流追踪、港埠通关及仓储管理系统等。

5. EMS

应急管理系统（Emergency Management System，EMS）利用 ATIS、ATMS 和有关的救援机构和设施，通过对道路交通事故进行事前预防与应急准备、事发监测与预警、事中应急处置与救援、事后恢复与重建，完成对整个事故过程的管理。道路交通事故是难以避免的事件，但可以通过 ITS 智能交通控制系统减少及降低其发现的次数，但对于事故会在何时发生及何地发生是无法掌握的，只能借助智能交通系统内的紧急事故路线规划及引导，再加上远程事故的事件侦测机制来辅助，希望借助事故侦测后的双向定位系统及无线电通信，快速找出事故点，同时应用 CVO 的服务尽快派遣紧急救护车辆来降低事故死亡率，减少交通事故造成的损失。有关于 EMS 应用技术有 GIS 车辆定位系统、ET 道路紧急通报电话、事件侦测、紧急路线引导、无线电双向通信等。通过这些服务应用可以达成如用出行者道路救援系统、紧急事故通告、公共求救系统和救护车辆调度管理及紧急救援车辆派遣管理等智能交通应用项目的目的。交通应急管理如图 5-17 所示。

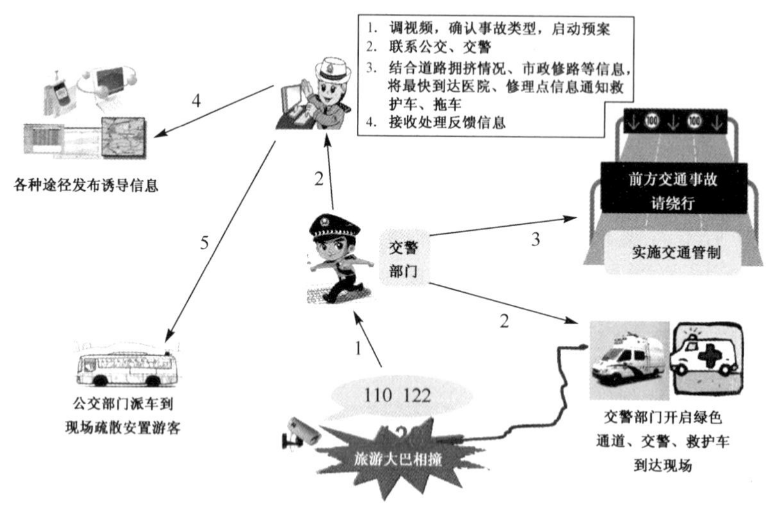

图 5-17　交通应急管理

6. EPS

电子收费系统（Electronic Payment System，EPS）或称 ETC，是目前比较成熟的智能交通服务，在高速公路、快速道路、公交车、远程巴士、地铁、动车、高铁及渡轮这些需要收费通行或使用的交通工具上应用。EPS 是一种应用了多重无线感测与辨识技术的成果，通过使用 EPS 可以节省行车或卡口通行的时间，又可以节约交通工具的轮胎磨损及石油能源消耗，达到环保的要求。通过这项服务应用，可以达成如高速公路电子收费系统、公交地铁一卡通收费系统、停车场管理系统等智能交通应用项目。

5.1.6　交通物联网出行信息访问层

传统智能交通主要面向交通管理者提供服务，在公众信息服务方面做得非常不足，这直接导致了公众感觉不到智能交通的存在。交通物联网的思想是把交通管理服务和公众信息服务结合起来，使智能交通系统逐渐转变为向交通使用者服务为主，因此交通物联网专门把公众信息服务单独划分出来，在架构上设置一个出行信息访问层，专门负责对外提供公众信息服务，使公众信息服务独立发展。交通出行信息访问层通过多种方式满足公众的交通信息服务需求，充分体现交通的智能化和人性化。

交通物联网出行信息访问层采用现代电子通信信息及网络传输技术，为出行者提供必要的声音、文字、图像视觉信息，使其能在交通工具内、家中或办公室、各类车站场所，快速且方便地取得所需的交通信息，作为出行需求选择交通工具与行驶路线，以顺利到达目的地。

图 5-18 所示的巴士信息系统（Bus Information System，BIS）是一个典型的交通物联网出行信息访问系统。

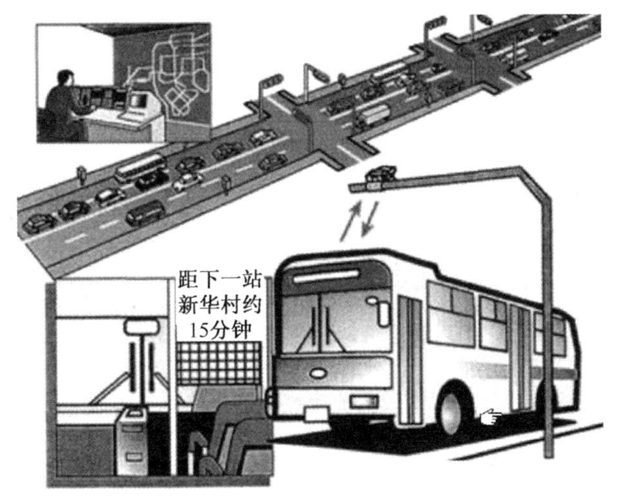

图 5-18　巴士信息系统

简单地说，BIS 系统主要由如下 3 部分组成。

（1）GPS 定位系统：车载系统采集 GPS 信息周期性地发送给巴士中心。

（2）巴士信息中心：巴士中心根据巴士的位置，结合交通拥堵预测预报系统，计算出巴士到达后续站点需要的时间。

（3）巴士信息终端：BIS 向乘客提供信息的途径主要有站台信息终端、车载信息终端、乘客自有终端（智能手机、平板、PC 等）。

站台信息终端如图 5-19 所示，主要有独立的信息亭、集成到站台上的多媒体信息板两种形式。站台信息终端上显示丰富的巴士信息，如图 5-20 所示。

（1）各路车到达本站需要的时间：显示所有途经本站的线路到达的时间信息，包括即将到达、正在前一站、到达本站还需要多少分钟等，如图 5-20 中②虚框所示。

（2）某线路的详细信息：包括该线路上，距本站最近的几辆巴士的位置、到达本站需要多长时间，到达后续站需要多长时间，如图 5-20 中③虚框所示。

（3）相关地区的天气信息：显示时间、相关区域的天气预报，如图 5-20 中④虚框所示。

（4）视频广告信息：显示城市宣传视频、广告视频、广播等，如图 5-20 中⑤虚框所示。

图 5-19 BIS 站台信息系统

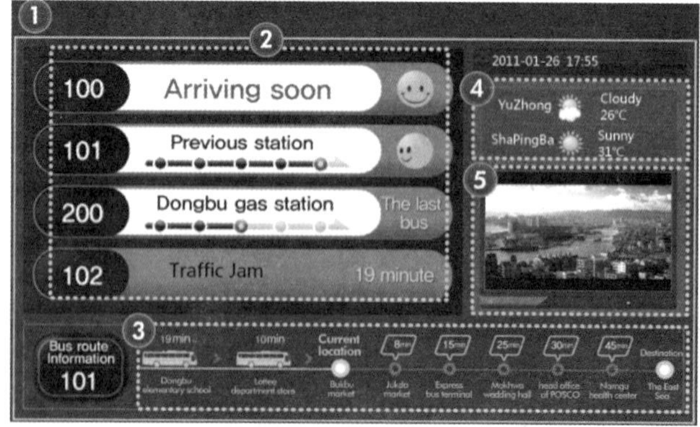

图 5-20 BIS 站台巴士信息显示界面

车载信息显示界面如图 5-21 所示，主要包括车外 LED 信息屏和车内 LED 信息屏。车外 LED 信息屏的优点是醒目，能够使乘客更容易地看清巴士的线路、出发地和目的地。车内 LED 滚动信息屏是传统语言报站的良好补充，它使乘客不再为听不清报站而烦恼，只要在车内看一眼信息屏，就知道下一站到哪里。

图 5-21　BIS 车载信息显示界面

类似 BIS 那样提供全方位出行信息的交通物联网系统还包括 VMS 动态诱导屏、动态限速信息板、车载终端、智能终端、互联网等，这些系统相互配合，提供全方位的出行前信息服务、出行中信息服务、目的地信息服务，充分体现交通的人性化。

5.1.7　交通物联网实践：VICS 系统

物联网能力开放平台应用于智能交通，将有效缓解目前我国智能交通面临的四个核心问题——采集数据不足、缺乏信息共享、缺乏数据加工和缺乏公众服务，为我们勾画出未来交通物联网的美好愿景。在当前已经实现的智能交通系统中，日本的车辆信息与通信系统（Vehicle Information and Communication System，VICS）是一个广受赞誉的系统，也是最贴近交通物联网的系统，可以看做交通物联网的一个雏形。

从时间上看，日本的智能交通建设由一个五年计划组成，具有很强的“宏观调控”特色，如图 5-22 所示，随着五年计划的推进，智能交通系统的内容逐渐丰富；从参与范围上看，日本的智能交通建设涉及官、产、学、研各个层次，带动了汽车、电子、软件、硬件等不同产业的发展。

1995 年由 5 大省厅参与，成立了日本的智能交通推进战略本部。除了官方大力推进外，民间学术组织、大学、企业组成了智能交通标准化推进体系，412 家单位参与到智能交通战略中，形成了社会各个不同层次参与的整体推进组织。如图 5-23 所示，日本智能交通计划形成 9 个开发领域、21 个服务项目、56 个个别用户服务专题、172 个次级服务子专题。

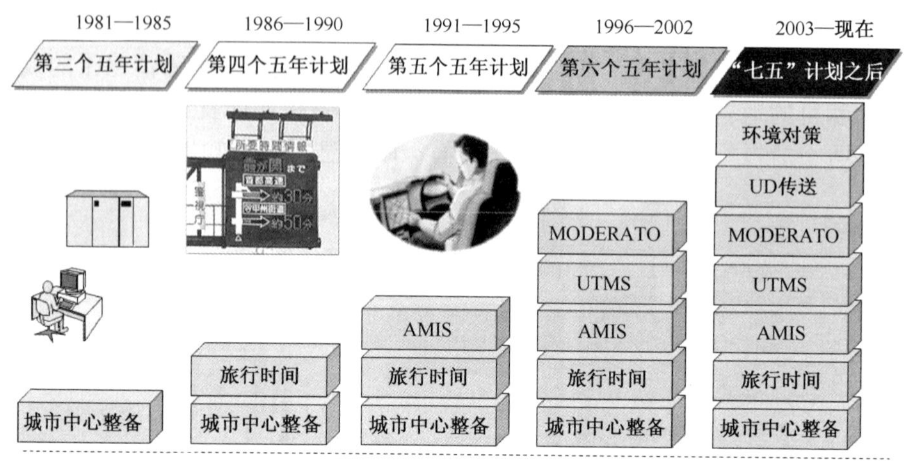

图 5-22 日本智能交通发展的五年规划

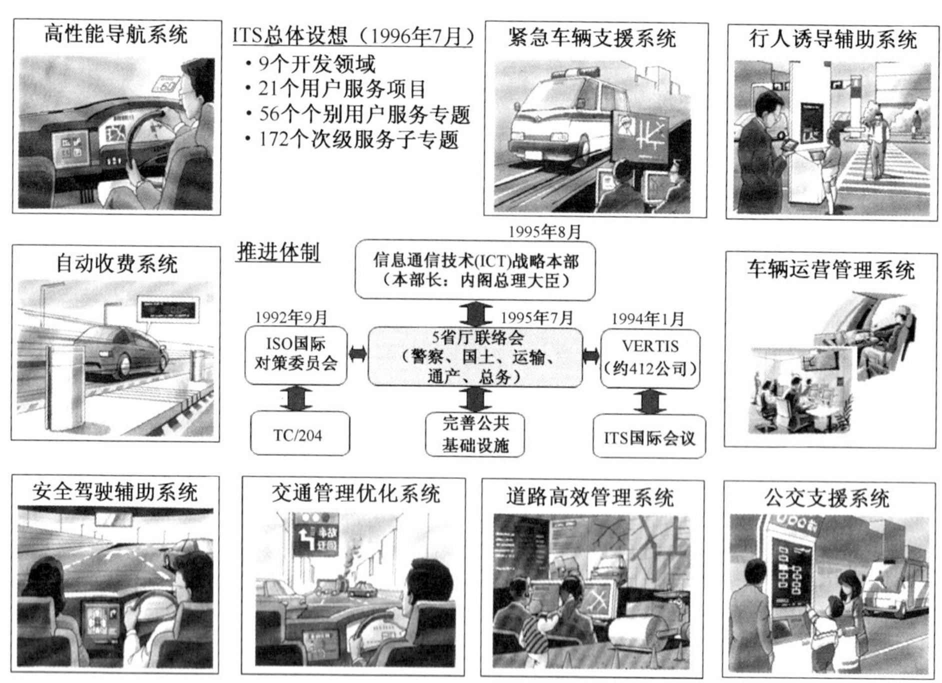

图 5-23 日本智能交通总体设想

在此背景下，1996 年日本规划了最成功的一个智能交通系统 VICS。VICS 的一个显著特点是全国交通信息统一管理：全国的智能交通信息全都统一由 VICS 系统收集，然后再分发给各个地方、省厅、以及一般的民众。各个县都有自己的交通指挥中心，负责收集信息并把信息上传到国家 VICS 中心，国家

VICS 中心根据需要向公众发布全国性的交通信息，同时把全国交通信息下发到各个县，县级指挥中心再向公众发布县级交通信息。

VICS 已经具备了一些交通物联网的特征，其技术架构基本符合图 5-2 所示的交通物联网分层架构。

1. 感知采集层

VICS 通过接收各都道府县的警察、高速公路集团等交通管理者和部门收集的信息进行信息收集。在感知采集方面日本和我国存在明显差异，我国使用最多的是地感线圈，而日本使用的设备种类比较多，如超声波感知器、微波感知器、各种类型的摄像头等，如图 5-24 所示。在功能上，除了能提供流量数据外，还能提供旅行时间、出行时间的预测等。

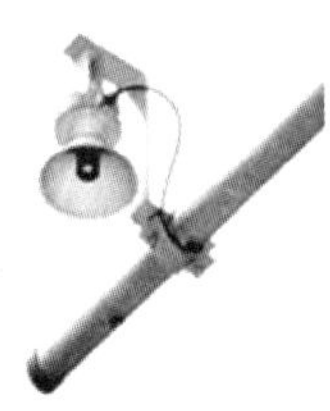
超声波检测器

图像抓拍系统

交通流监视摄像机

所需时间计算摄像机

图 5-24　VICS 系统的感知采集设备

2. 网络层

在网络层，VICS 使用多种通信方式，但在信息发布的通信手段方面，VICS 具有自己的特色。VICS 除了采用比较常用的广播通信外，还广泛使用了光信标和微波信标两种通信方式，根据不同应用场景的特点选择不同的通信方式。在高速公路、快速路上设置微波通信装置，用以提供前方 200km 范围的交通信息；在一般道路上设置光波（红外光）通信装置，用以提供附近 30km 范围内的交通信息。VICS 的信息发布通信模式如图 5-25 所示。

3. 平台层

信息分析和处理是 VICS 系统最重要的组成部分。VICS 把全国交通信息系统地加以分析、处理后，再利用媒介传送给信息使用者。在 VICS 中心，每隔 5s 更新一次各条道路的信息。交通管理者通过用 VICS 链收集的交通信息对道路进行合理的管理，比如通过主要交叉口通断、道路新建和重建、道路管制、交通信号的设置等来改变交通拥堵状况，并将有利的道路信息提供给交通使用者，交通使用者通过终端设备（车载导航设备或手持设备等）的数字地图获得直观的信息。

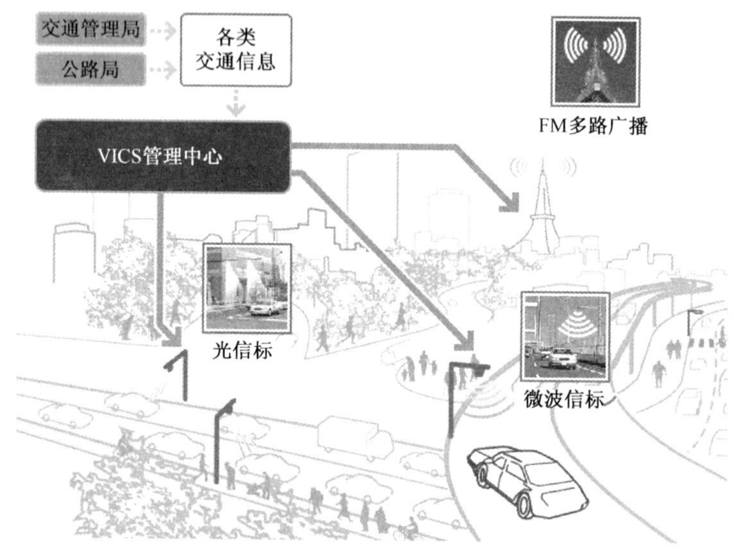

图 5-25 VICS 的信息发布通信模式

4. 出行信息访问层

VICS 广受赞誉的根本原因是其提供了丰富有效的出行信息访问服务。在信息种类上 VICS 提供文本、交通简图、地图 3 个层次的信息，如图 5-26 所示。在服务内容上 VICS 提供路况的拥堵情况、前往目的地所需的时间、道路信息及路线、交通事故事件信息、停车场信息 5 种信息服务。

如图 5-27 所示，VICS 在地图上通过三种颜色表示不同的交通拥堵情况。

如图 5-28 所示，VICS 在交通简图上显示到达某地需要多长时间，对用户而言，这种时间信息比模糊的颜色更准确，能够有效地帮助出行者作出线路决策。

如图 5-29 所示，VICS 在地图上显示交通事故、障碍物和道路故障、前方有故障车、道路维护、管制封路等交通事故事件的图形信息和详细的描述信息。

如图 5-30 所示，VICS 在地图上显示停车场位置、停车车位情况等信息。

如图 5-31 所示，当车辆行驶到事故多发点或前方出现事故、拥堵等状况时，VICS 通过图形对用户进行警示，文字提示“此地拥堵，注意追尾”，同时发出“哔、哔、哔”的声音，对用户进行全方位警示。

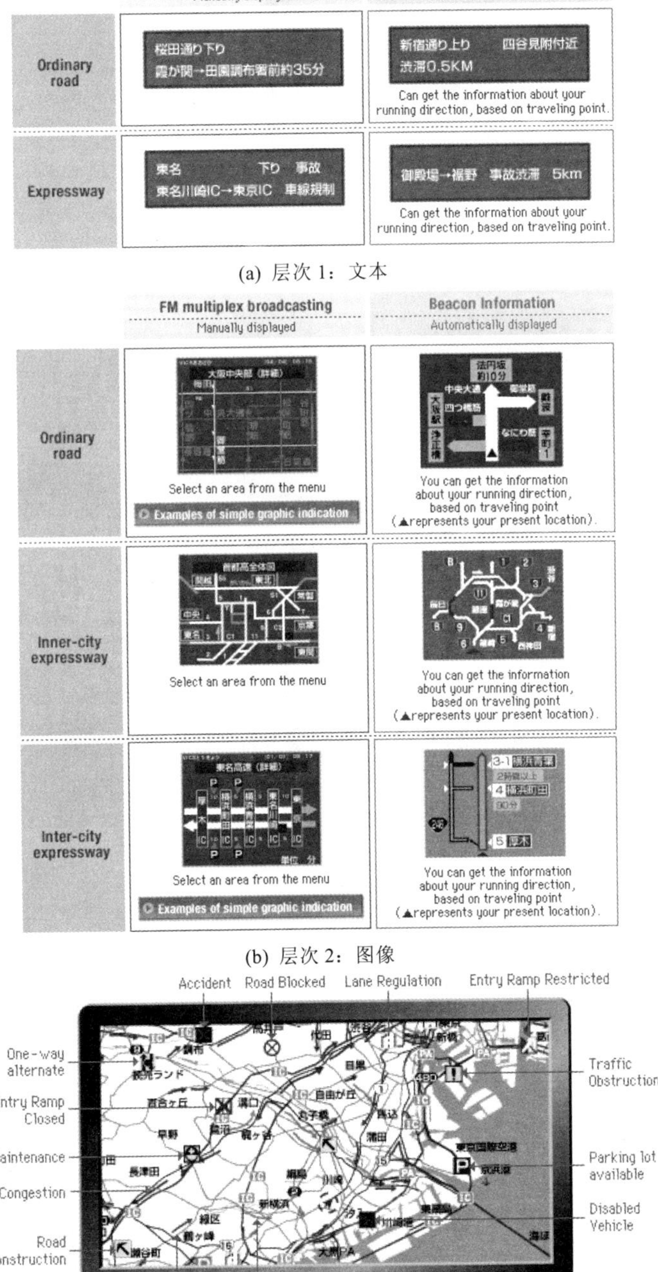

(a) 层次 1：文本

(b) 层次 2：图像

(c) 层次 3：在导航设备显示地图

图 5-26　VICS 提供 3 个层次的信息

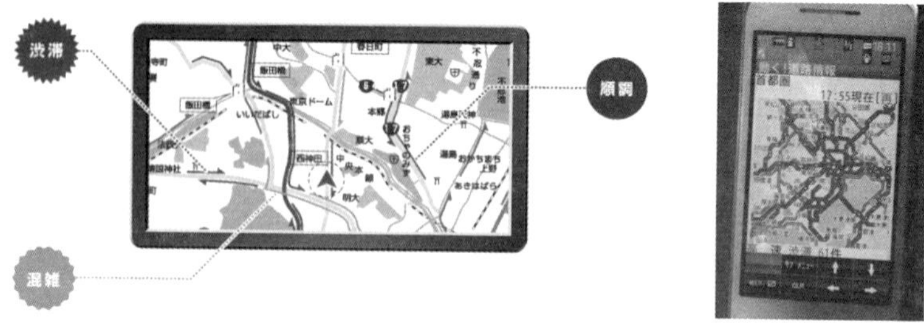

图 5-27 VICS 路况的拥堵情况

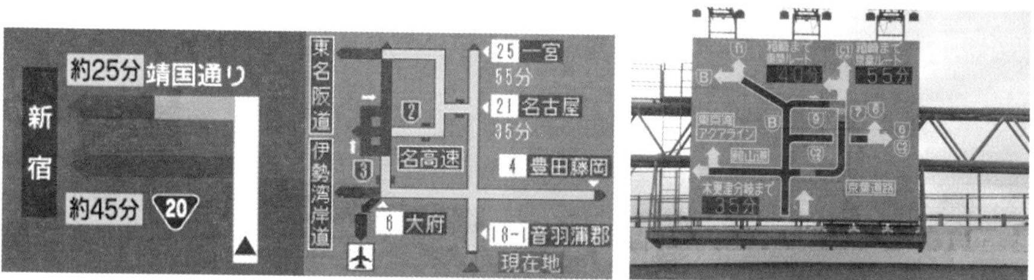

图 5-28 VICS 前往目的地所需的时间

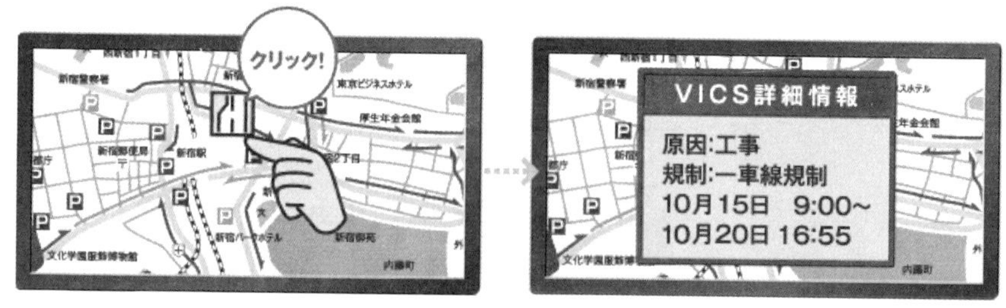

图 5-29 VICS 交通事故事件信息

图 5-30 VICS 停车场信息

图 5-31　VICS 行车安全辅助

日本在实施 VICS 等智能交通系统后，交通发生了重大变化。比如交通事故死亡率，如图5-32 所示，1970 年日本交通死亡人数达到了顶峰 16765 人，之后开始实施交通管理应用，到了 2012 年左右，死亡人数已经可以控制在 5000 人以下，是世界上交通事故死亡人数最少的国家之一。

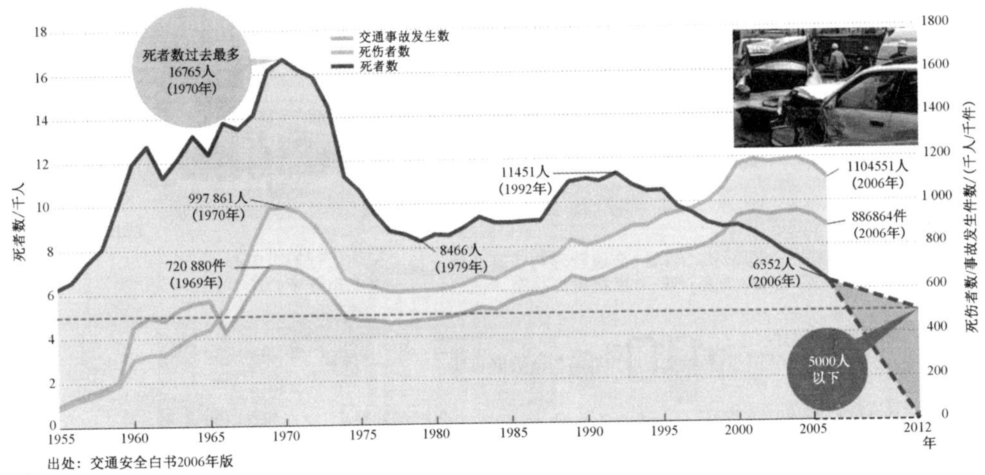

图 5-32　VICS 等智能交通系统实施前后日本交通发生的巨大变化

5.1.8　交通物联网实践：uBOSS-STS 系统

中兴通讯 uBOSS-STS（Unified Business Operation Support System-Smart Transport System）是另一个典型的交通物联网解决方案，其完全符合基于能力开放平台的交通物联网架构，更加强调使用云计算技术构建一个跨系统业务协作的、面向公众交通信息服务的智慧开放系统。

1. uBOSS-STS 总体技术架构

uBOSS-STS 采用先进的云计算技术、物联网技术、传感技术、监控监测技术和现代化的通信技术提供可靠的技术基础，结合成熟和规模应用的uBOSS 业务引擎，提供统一的智慧交通系统能力中间件平台，灵活适配智能交通的应用要求。

uBOSS-STS 涵盖感知层、网络层、平台层和各种交通行业应用的四层架构，以统一的智慧交通云平台为依托，以现有交通信息网络、城市道路交通信息系统和各地市交通监控中心的信息资源为基础，加强对城市主干路网交通信息和营运车辆的动态信息采集、汇总、融合。并通过对应用互联、数据中心建设和应用整合三步走平台建设方式，实现交通业务的延续、优化和创新。其总体技术架构如图 5-33 所示。

智慧交通云平台是一个整合的、先进的、安全的、自动化的、易扩展的、服务于交通行业的开放性平台，其特点具体体现在如下几个方面。

（1）整合现有资源，并能够针对未来的交通行业发展扩展整合将来所需的各种硬件、软件、数据。

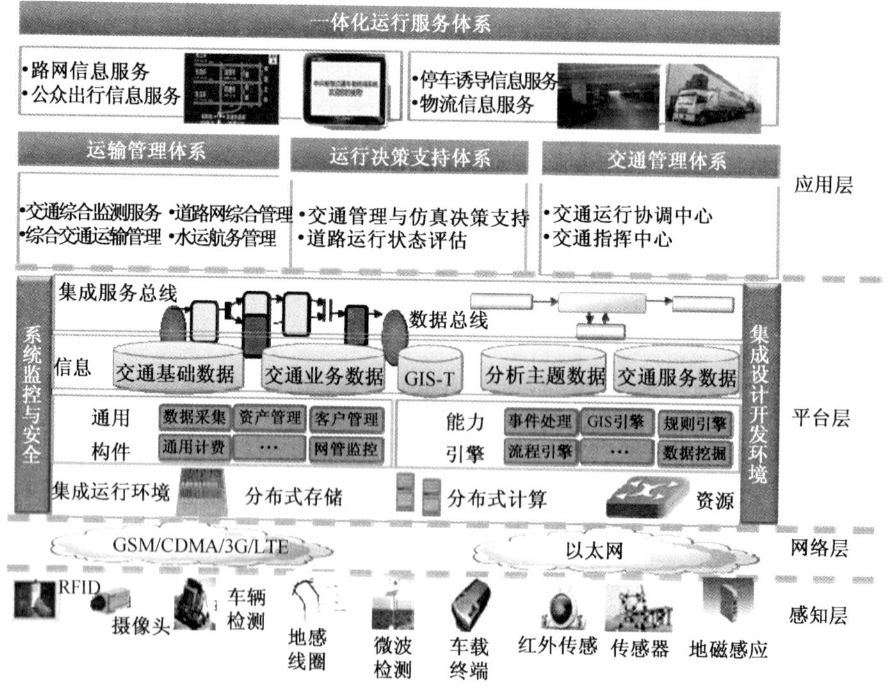

图 5-33 uBOSS-STS 总体技术架构

（2）动态满足 ITS 中各应用系统，针对交通行业的需求，如基础设施建设、交通信息发布、交通企业增值服务、交通指挥提供决策支持和交通仿真模拟等，交通云能够全面提供开发系统资源平台需求，快速满足突发系统需求。

（3）提供极具弹性的扩展能力需求，以满足将来不断增大的交通应用需求。

2. uBOSS 平台

uBOSS 平台作为中兴通讯的一个重要品牌，包含了丰富的内涵，是中兴通讯从电信领域向其他行业的延伸，继承了现有的研发、管理和实施能力，为政企领域的客户提供更优质的解决方案。uBOSS 平台致力于为全行业快速提供解决方案，这就要求 uBOSS 平台必须是拥有综合能力的体系架构，必须拥有从底层集成环境到平台能力再到上层行业应用的综合运行环境。

通过图 5-34 可以看到，uBOSS 平台作为 uBOSS-STS 的核心，包括集成运行环境（IRE）、能力引擎、通用构件 3 个部分。为上层方案提供了统一的技术支撑，借助平台中可复用的通用构件和方案中的行业构件，确保以积木方式快速形成行业方案。

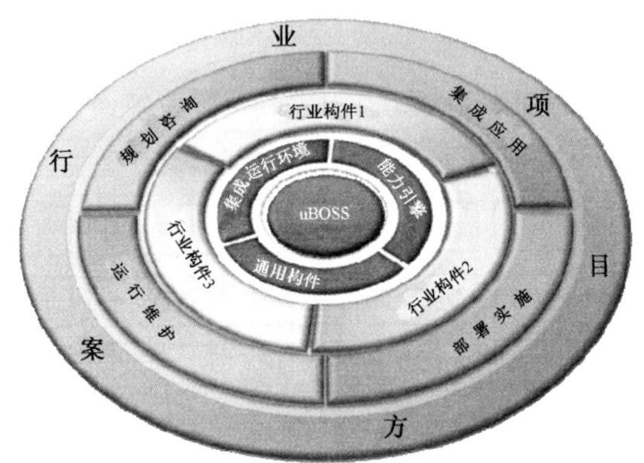

图 5-34　uBOSS 核心概念

3. uBOSS 集成运行环境

作为整个智慧交通平台的基础运行平台，集成运行环境采用虚拟化等技术，整合服务器、存储、网络等资源，实现资源池化管理。将计算资源按照不同的标准组织成不同的资源池，突破单台物理机器的性能，实现系统性整合运算能力和存储容量。通过合理组合物理机群、虚拟机群，优化系统资源配置比例，在确保系统基础环境的安全、可靠、稳定的同时，实现提升资源利用率、降低总能耗、降低成本的目标。其技术架构如图 5-35 所示。

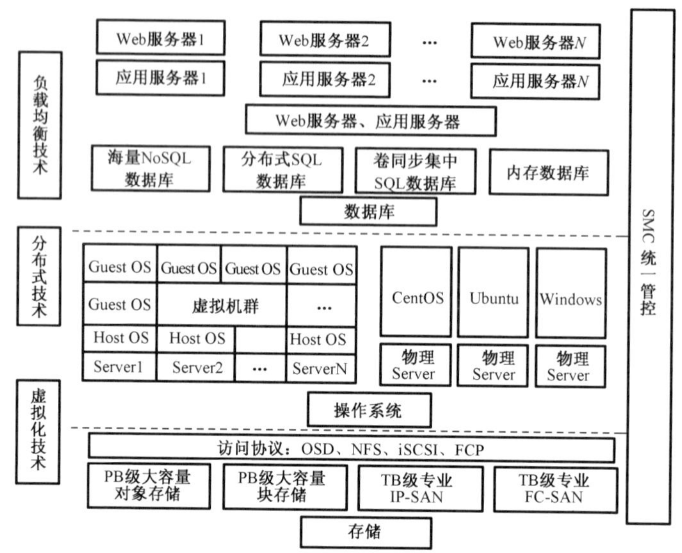

图 5-35 uBOSS 集成运行环境技术架构

4. uBOSS 能力引擎

uBOSS 平台提供一系列基础能力引擎，为行业解决方案的高质量研发和快速落地提供了保证，常用能力引擎如图 5-36 所示。

图 5-36 uBOSS 平台能力引擎集

在智慧交通项目中，数据交换平台和 GIS 平台被广泛应用，使得方案的研发不需要关注底层的专业技术，充分体现了 uBOSS 平台的支撑能力和行业的适应能力。

1）数据交换

采用基于 ESB 的数据交换机制，能够支持多种协议适配器（FTP、File、Web Service、Socket 等），并具备可视化流程编排能力，定时任务设置功能，完成对大批量数据的处理，如图 5-37 所示。

2）GIS 引擎

交通地理信息平台是智慧交通系统中的重要基础信息平台，平台可以分为数据接入层、地理服务层、服务管理层和业务应用层四个层次，如图 5-38 所示。

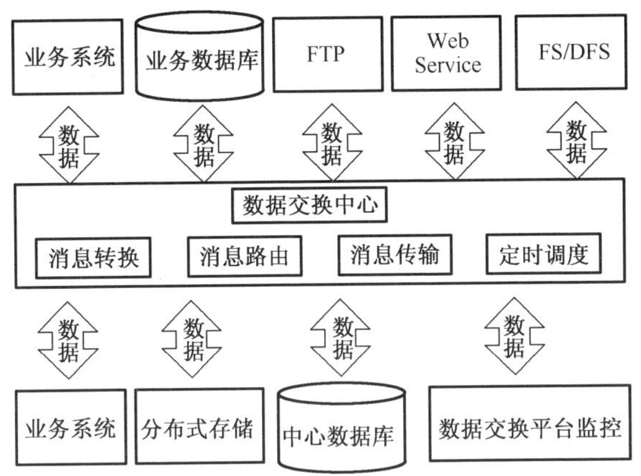

图 5-37　uBOSS 数据交换能力引擎

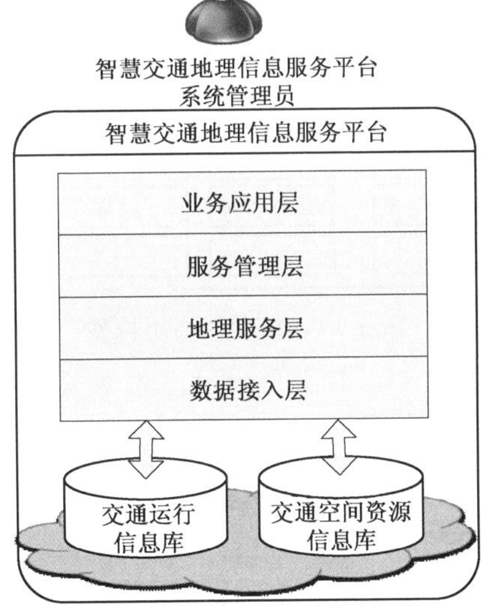

图 5-38　GIS 引擎

数据接入层：提供基础的空间数据和交通运行数据存储和管理的能力，包括空间矢量数据库引擎、栅格数据管理引擎和数据仓库管理引擎，并提供对多源 GIS 数据格式的采集、转化、导入、数据质量管理、空间数据模型管理、空间数据更新，以及与外部数据的接口等功能。

地理服务层：服务层在数据接入层之上，是对空间数据和业务数据的逻辑结合，展现 GIS 基本的功能服务，包括 2D/3D 地图服务、目录服务、地理编码服务、OGC（Open GIS Consortium）服务和地图分析等服务。

服务管理层：提供目录服务、安全管理、服务配置管理、服务运行监控等管理功能。交通运行管理各部门可以通过此管理层，管理交通资源数据和交通运行数据，并实现交通数据的同步和共享。

业务应用层：业务应用层分为服务调用和服务接口。服务调用以嵌入式组件的方式实现对 GIS 服务的调用，实现紧耦合的应用系统的功能和设计，支持 C/S 和 B/S 的界面操作管理。服务接口是 GIS 服务系统对外所提供的访问接口，通过基于 SOA 的 SOAP 或 REST，以及 OGC 的服务，向外提供 GIS 的功能服务，并可集成到企业服务总线上，实现与应用系统的集成。

5. uBOSS 通用构件

uBOSS 经过多年的行业积累，沉淀出一些跨行业可复用的通用组件，在具体项目中，可以以积木的方式快速搭建行业方案，减少重复研发的时间和成本，同时也保证了产品的质量。常用通用构件如图 5-39 所示。

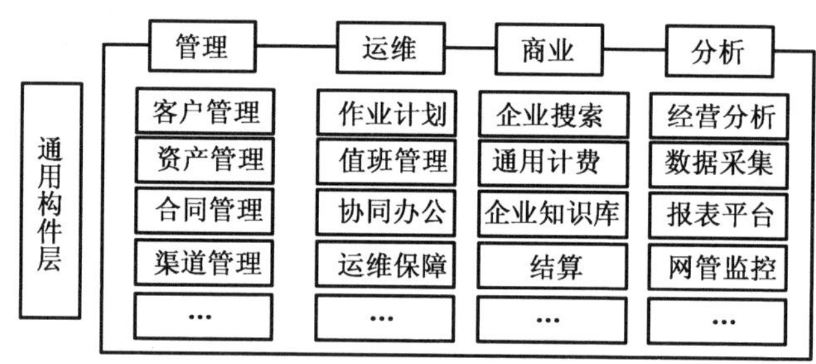

图 5-39　uBOSS 通用构件

6. uBOSS-STS 的技术特点

总体上看，uBOSS-STS 在交通信息整合、应用快速部署、降低建设维护成本、数据的分析和智能化方面形成了自己的特色，具有一定先进性。

（1）在信息整合方面，uBOSS-STS 通过重整、梳理目前城市各应用系统的网络连接与应用部署，利用 uBOSS 融合交通管理、指挥调度、交通服务、决策支持等系统，有效地克服目前应用割裂、各系统协同困难的瓶颈。

（2）在应用部署方面，uBOSS-STS 在通信和信息技术上有丰富的技术积累，在底层的硬件通信层形成接口总线，可以屏蔽网络类型的差异；应用层基于 SOA、ESB 及数据交换技术，可以快速形成交通领域的应用。

（3）在降低成本方面，uBOSS-STS 采用先进的云计算技术，将主机、存储、网络等资源虚拟化，形成统一的资源池，各应用按需分配资源。这样可以解决系统垂直分开建设带来的重复投资，避免造成巨大的资源浪费；同时解决分散系统所带来的维护成本居高不下和系统稳定性问题。

（4）在数据的分析和智能化方面，uBOSS-STS 对交通各系统的数据进行统一管理，消除目前的数据孤岛。这样有利于对城市交通管理的数据进行挖掘，对城市交通运营状态进行有效仿真，为城市交通管理者提供统一的城市运营视图，为关键决策提供可以量化和预见性的参考，避免城市建设的误区，消除管理的盲点。

5.2　智 能 医 疗

5.2.1　健康医疗发展现状

据数据显示，中国居民健康形势不容乐观。老龄人口数量平均每年增加 302 万，年平均增长速度为 2.85%，老龄人口总数已超过 1 亿；国内拥有 1.7 亿高血压患者，6000 万糖尿病病人；每年心血管疾病治疗费用达 3000 亿人民币，死亡总数高达 110 万人，大多数患者因错过宝贵的早期诊断耽误了救治时间而导致死亡；职业人群中 70%处于亚健康状态，成为潜伏各种疾病的高危人群，但亚健康状态缺少有效监测，并常常被人们忽视。居民健康形势如图 5-40 所示。

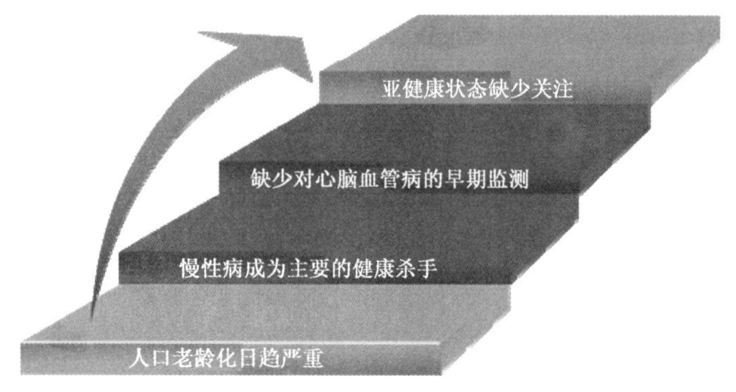

图 5-40　不容乐观的居民健康形势

面对如此严峻的居民健康形势，目前我国医疗卫生体制尚无完善的解决办法，主要面临几大问题：医疗资源总体不足，分布失衡；慢性病成为影响人们健康的主要因素；传染病防控形势依然严峻；药品生产市场化、定价机制加重群众就医负担；政府对医疗卫生投入的结构性矛盾突出。我国医疗服务资源的供需比例严重失衡，疾病控制和预防体系严重短缺，健康服务业特别是针对老人的健康照护基本处于空缺状态。在这种健康和医疗卫生形势下，需要采用高科技为医疗卫生服务，以满足国家健康方面的需求。我国社会医疗资源现状如图 5-41 所示。

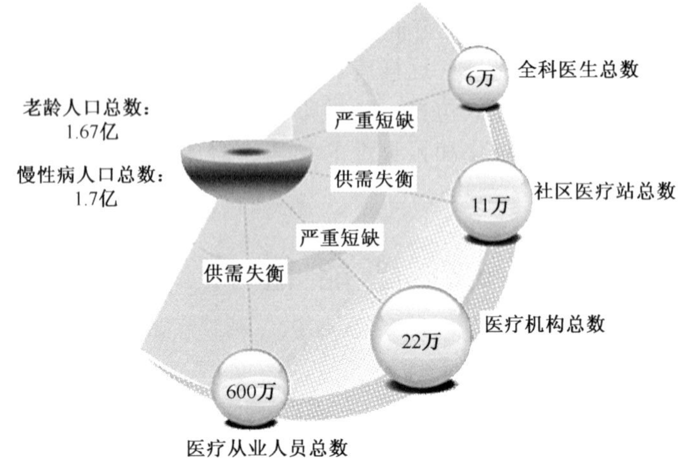

图 5-41 我国社会医疗资源现状

《中共中央关于制定国民经济和社会发展第十二个五年规划的建议》中明确提出，要“加快医疗卫生事业改革发展。按照保基本、强基层、建机制的要求，增加财政投入，深化医药卫生体制改革，调动医务人员积极性，把基本医疗卫生制度作为公共产品向全民提供，优先满足群众基本医疗卫生需求。加强公共卫生服务体系建设，扩大国家基本公共卫生服务项目。健全覆盖城乡居民的基本医疗保障体系，逐步提高保障标准。积极防治重大传染病、慢性病、职业病、地方病和精神疾病”。

国家《医学科技发展“十二五”规划》也提出四个方面的转变：一是医学发展向健康促进转变；二是组织模式向协同研究转变；三是医疗服务向整合集成转变；四是产业发展向自主创新转变。随着信息技术快速发展，如何充分运用信息化、网络化、无线化的优势，实现医疗前（预防、监护）、医疗中与医疗后（随访、个性服务）的医疗健康全过程的跟踪与服务，将医疗服务延伸到院外，方便患者诊断、治疗，已经成为市场的迫切需求。

国家的重视和政策的扶持，以及人们对日常健康监测的日益重视，使得智能医疗成为具有较大市场潜力的行业之一。据估计，未来几年中国智能医疗市场规模将超过一百亿元，涉及的周边产业范围很广，设备和产品种类繁多。这个市场的真正启动将不仅仅限于医疗服务行业本身，还将直接触动包括网络供应商、系统集成商、无线设备供应商、电信运营商在内的利益链，从而影响通信产业的现有布局。

5.2.2 物联网推动智能医疗快速发展

《物联网“十二五”发展规划》将重点支持智能工业、智能农业、智能物流、智能交通、智能电网、智能环保、智能安防、智能医疗与智能家居九大领域。

智能医疗作为实用性强、贴近民生、市场需求较为旺盛的领域，成为国家重点发展的行业之一。

近几年，人们对物联网技术的广泛关注及物联网技术的发展，促进了智能医疗的快速发展。物联网技术的发展正在改变医院的传统诊疗模式，将物联网技术应用于医疗领域，借由数字化、可视化模式，可以使有限医疗资源让更多人共享。从目前医疗信息化的发展来看，随着医疗卫生社区化、保健化的发展趋势日益明显，通过射频仪器等相关终端设备在家庭中进行体征信息的实时跟踪与监控，并通过有效的医疗物联网可以实现医院对患者或者是亚健康患者的实时诊断与健康提醒，从而有效地减少和控制病患的发生与发展。同时，建立医疗物联网监护系统是实现人人都可以享受医疗监护这一目标的有效解决方案，把高科技医疗保健引入普通环境中，实现医院功能的向外延伸。让“医院式”的护理进入家庭日常生活，从而真正意义上提高人民的生活质量。

从技术层面看，物联网技术可被广泛用于外科手术设备、加护病房、医院疗养和家庭护理中，智能医疗结合无线网技术、物联网技术、移动计算技术、数据融合技术等，将进一步提升医疗诊疗流程的服务效率和服务质量，提升医院综合管理水平，实现监护工作无线化，全面改变和解决现代化数字医疗模式、智能医疗及健康管理、医院信息系统等问题和困难，并大幅度提升医疗资源共享程度，降低公众医疗成本。尤其在居民全程健康管理方面，物联网技术对智能医疗的发展起到了很好的促进作用。依靠物联网技术通信和应用平台，实现实时付费以及网上诊断、网上病理切片分析、设备的互联互通以及家庭安全监护。

5.2.3　智能医疗发展现状

1. 远程医疗发展较快

在远程医疗方面，国内发展比较快，比较先进的医院在移动信息化应用方面已经发展到一定水平。物联网技术在实现病历信息、病人信息、病情信息等的实时记录、传输与处理利用方面得到了很好地应用；然而，如何有效地实现医院内部和医院之间实时、有效地共享信息，方便快捷地整合医疗资源是实现深度远程医疗的关键所在。同时，远程医疗目前欠缺长期运作模式，缺乏规模化、集群化的产业发展，此外还面临成本高昂、安全性及隐私保护等问题。

2. 移动终端助推移动医疗

随着移动互联网的发展，未来医疗将向个性化、移动化方向发展。调查显示，到 2015 年超过 50%的手机用户将使用移动医疗应用。智能胶囊、智能护腕、智能健康检测产品、智能保健设备等将会广泛应用，还可借助智能手持终端和传感器，有效地测量和传输健康数据。

低成本的手机及全球性移动通信网络的普及为移动医疗概念提供了可行的技术基础。在过去几十年时间里，移动通信技术始终坚持向小型化、速度更快及成本更低的发展方向。现在，大量的服务都可以通过更加统一、快速且便宜的带宽接入实现；网络也具有很强的能力，覆盖范围更宽。这些都对推进移动医疗应用提供了有利条件。据业界人士预测，仅以中国为例，移动医疗带动的市场规模约在数十亿元人民币，并且涉及的周边产业范围很广，设备和产品种类繁多。

近几年，国外移动医疗发展快速，其中一个重要原因就是移动无线医疗设备及监护设备层出不穷；便捷、高端的医疗设备被广泛应用。目前很多公司借助小巧、价低的嵌入式计算机和无线网络技术，研制出能穿在身上的监护系统。飞利浦、爱立信等公司都在进行相应的研究开发工作。例如，飞利浦开发出能对心脏进行监护的衣服；爱立信研制的移动医疗系统，将所收集的数据通过无线电话网络系统传输给医生，供医生诊断咨询及治疗监护之用，系统通过蓝牙技术与放置在人体上的传感器进行连接，将传感器获取的病人数据传送到医生诊断室。

在移动医疗方面，相关实施技术多样且复杂，深度应用成为需要着重考虑的问题。移动应用涉及技术的多样性和实施的复杂性，在一定程度上也为“无处不在”的移动医疗设置了障碍，提供统一的应用接入和应用管理能力是移动医疗平台必须解决的问题之一。对此，一些业内人士认为应用解决方案提供商还缺少为医院用户提供深度移动应用服务产品的能力。这种能力上的缺失使产业链暂时还无法实现整体产品价值的创造和交付，导致医院用户还无法得到更个性化的产品与服务。

3. 电信运营商希望发挥“智能管道”作用

在 2011 年 GSM 移动通信世界大会上，移动医疗作为热门主题论坛吸引了众多演讲者，其中包括致力于促进全球卫生和教育领域平等的比尔及梅琳达·盖茨基金会。近年来，全球主流的移动运营商纷纷进军智能领域，其中包括 NTT DoCoMo、AT&T、沃达丰及卡塔尔电信（Qtel）等。当前，运营商都希望能够推出自己的移动医疗类服务。例如，卡塔尔电信通过与移动医疗应用开发者建立战略合作伙伴关系，向中东、北非以及亚洲等国家和地区的用户提供相关服务。卡塔尔电信将重点放在保健方面，提供给人们饮食和锻炼方面的建议及资讯，目标用户群锁定于居住在农村或者偏远地区的人们。沃达丰也通过与世界卫生组织合作，在北非市场为偏远地区及部落的居民提供远程问诊服务。

在智能医疗服务中，移动运营商首先起到管道提供者的作用。智能医疗，尤其是移动医疗、远程医疗离不开运营商的参与，需要移动通信网络来提供顺畅、可靠的通信管道。但是，移动运营商仅仅作为一个通信管道已经不是电信运营商的目的，面对智能医疗巨大的市场发展空间，它们更希望提供走出传统通信业务范围的束缚，进入数据、内容和信息技术服务的范畴，与内容提供商和行业服务伙伴合作去开拓新的业务形式、新的边缘领域，将管道作用升级为“智能管道”。

从目前电信运营商的参与情况来看，其普遍采取了与医疗设备制造企业、应用开发者等价值链其他环节合作的方式，面向最终用户提供整合之后的智能医疗服务。例如，日本运营商 NTT DoCoMo 就给出了“智能管道”的一个范例。2010 年，NTT DoCoMo 通过平台建设来尝试扮演“智能管道”的角色，该平台使用户及各种专业医疗和保健服务提供商共同拥有了一个符合标准的、安全可靠的生命参数采集和分发平台，从而架起用户与医疗和保健机构沟通的桥梁。

图 5-42 所示为中国移动给出的移动健康系统服务简图。

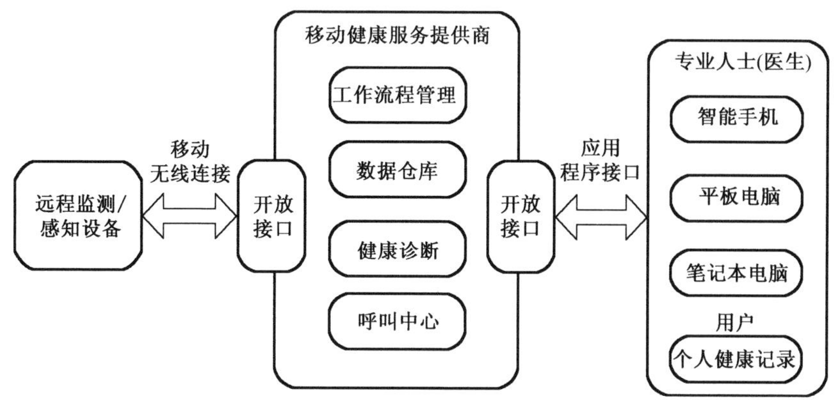

图 5-42　中国移动移动健康系统服务简图

中国移动希望可以通过设计移动健康服务系统的开放界面把左侧的远程监护终端和右侧的专业医护服务人员和信息联系起来。中间核心系统部分的作用是通过各种技术方式和手段为提供必要的健康守护服务搭建桥梁，如呼叫中心、健康诊断、数据仓库以及工作流程管理等。

4. 个人健康保健成为未来主流发展趋势

医院信息化在很多年前已经出现，发展已经进入成熟阶段。在智能医疗领域，产业链各企业都在寻找新的利润增长点。现阶段随着物联网的快速发展，健康保健成为未来主流发展趋势，这主要来自两个方面的驱动。一方面，国外健康监测和保健类医疗应用推广迅速，很多大型电信运营商看好这一行业。另一方面，作为非传统医疗行业的企业，健康保健类产品是最好的切入点之一。目前不论随着物联网大潮发展起来的中小企业或是传统的IT企业都将此类产品作为切入点。

目前，健康保健主流健康服务模式有三种：个人模式、家庭模式、社区模式。个人模式，利用传感器监测个人的身体健康状态和运动状态，进行日常保健指导以及紧急情况下的安全响应。家庭模式，利用用户家庭监测和传感设备，定时或实时监测家庭成员健康状况或日常生命体征数据，进行简单数据分析，并对异常数据提供报警提示，或将数据上传至医院或后台数据中心，提供进一步的健康咨询或诊疗服务。社区模式，利用社区医院传感设备或社区健康亭等方式进行社区居民健康监测；社区医生可实施后台健康诊疗服务，或进行异常预警及对社区健康信息的巡查。

5.2.4 专业化应用面临的壁垒

全民健康总体情况不容乐观，医疗卫生体制尚不完善，急需智能的医疗方案来改善现有医疗状况。物联网技术的大力发展在一定程度上推动了智能医疗的发展。国家政策的扶持、政府鼓励产业链各方加入智能医疗发展大潮中，推动了医疗发展的进程。各地相关部门也在寻求有相关经验的专业IT厂商提供新技术的帮助。然而，多年的行业壁垒，大量个性化和领域化需求使传统IT厂商无法深入了解到医疗行业内部；同时医疗行业应用商业也无法在短时间内深入了解和应用IT行业新技术，这使得新技术无法在短时间内进入传统医疗行业，并与之紧密结合，发挥有效作用。

由于行业壁垒严重，资源无法实现有效共享和利用，各种能力不能重用，更不能为医疗行业深度服务，同时产业链各方由于缺乏相应专业知识，无法游刃有余地加入到智能医疗发展的大军中，造成短时期内无法调动各方资源形成产业结构，因此也不能快速推进智能医疗的发展。

医疗应用需求个性化程度高，往往一套平台只能适用于一家企业；专业化程度高，一般软件公司缺乏足够的领域知识，难以满足用户需求；行业壁垒的存在，使得行业资源难以整合，能力不能重用；重复开发消耗了大量的社会资源。面对上述问题，需要创新开发模式和商务模式。

5.2.5 物联网铺就的道路

医疗物联网能力开放平台旨在通过现代化信息技术手段，整合传统医疗资源与服务，集成信息化增值服务，搭建统一的医疗信息化服务平台，为用户提供多元化、个性化的全程健康服务，可以成为用户全程健康信息的服务中心，有效解决新技术在医疗专业化应用中遇到的各种问题。

平台集合通信网、互联网等基础网络，衔接卫生信息中心，借助物联网健康终端，向用户提供语音、彩信、网站等多种形式的健康服务，并实现平台能力及应用的可成长、可扩充。

平台具有以下特点。

（1）整合物联网健康终端，结合传感技术和短距离通信技术，通过移动通信网络，将医疗专业设备和健康体征监测设备监测到的数据，如血压、血糖、血氧、心电图等生理参数传递到平台，平台负责对参数进行存储和呈现，同时对生理参数进行分析。

（2）与传统医疗资源结合并延伸，提供包括诊疗记录查询、体检记录查询、在线交流、健康评估及干预等。

（3）平台应用及服务可配置，并结合信息化增值服务手段，为用户提供专业的个性化的服务。

（4）建立并开放相关应用接入规范，支持厂商及应用的快速接入以及基于应用的功能扩展快速实现。

（5）建立并开放健康终端接口规范，以便能够支持不同厂家设备的接入，使满足规范的设备能快速地接入平台，保障业务快速扩展的服务能力。

5.2.6 基于能力开放平台的医疗支撑环境

将医疗服务延伸至社区和家庭，实现居民全程健康管理是解决目前全民健康问题的关键所在，需要完善的全程健康管理医疗解决方案。这就要求医疗物联网应用需要具备对各种医疗终端的接入和管理、维护客户与医疗终端、医疗应用之间的订购关系等基本功能。医疗应用物联网能力开放平台为医疗应用统一提供终端管理、应用管理、客户管理和计费支付等基本功能，为医疗应用提供统一数据建模、终端和应用侧的消息接入、能力聚合与开放、终端监控管理、应用业务运营支撑，以及应用层的业务开发与执行环境。医疗物联网能力开放平台为医疗物联网应用服务提供支撑环境。

一种基于物联网能力开放平台的全程健康管理解决方案如图 5-43 所示。

架构纵向分为四个层次：感知层、网络层、平台层和应用层。

（1）感知层：采集医疗机构设备终端数据和医疗传感终端数据两类传感数据。

（2）网络层：使用物联网网关接入感知层的多种医疗终端，同时，将测量信息通过有线、无线等多种方式传送到物联网平台。

（3）平台层：为医疗应用提供统一的消息接入、能力封装与开放、终端监控管理、应用业务运营支撑以及应用层的业务开发与执行环境。

（4）应用层：提供多种业务功能，为用户提供各种健康、医疗服务。

感知层设备分别部署在家庭、社区以及医疗机构，对不同对象进行识别、定位、状态感知与采集。网络层通过有线网、移动通信网和无线网的异构互联，连接医院、社区和家庭，实现医疗健康信息的智能化传输。

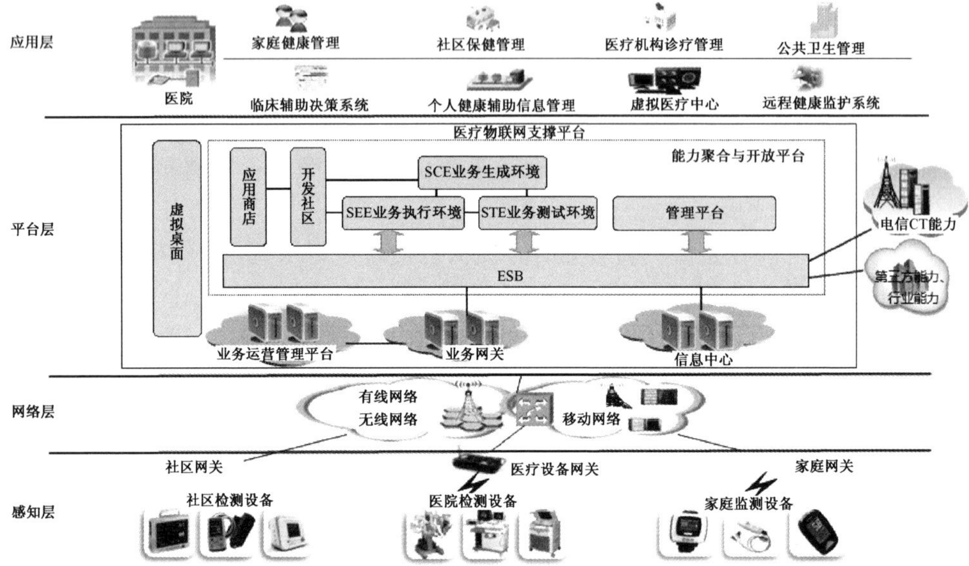

图 5-43 基于物联网能力开放平台的全程健康管理解决方案

1. 医疗应用孵化环境

为了实现将医疗服务延伸至社区和家庭，医疗应用除了需要实现对各种医疗终端的管理能力外，还需要各医疗机构的信息化系统提供在线医疗服务，以及第三方应用所提供的能力。例如，一个应用集成商可以针对各大医院的专家门诊开发面向全市的专家门诊排号系统。再如，医疗应用通过短信或彩信方式向医疗终端下发指令，或者医疗应用需要使用到第三方提供的地图或定位服务等。在医疗应用开发方面，为了提高应用开发效率，降低应用部署成本，缩短应用上线周期，并且吸引各方参与到医疗应用开发和推广中来，需要提供一套完整的环境支持从应用开发、测试、部署和应用交易。综上所述，为了孵化医疗应用，对平台具有以下需求。

（1）能力和服务的汇聚。需要提供统一的接口用于提供对各种医疗终端的数据采集和控制、各种医疗服务、电信能力和第三方应用提供的能力。

（2）应用开发环境。支持应用在线开发和并行开发方式，提供应用从开发、测试到运行的整体环境从而缩短应用开发周期。

（3）数据交换总线。实现对医院原有系统的接入以及数据的交互和格式转换，实现医疗辅助决策系统和个人信息管理系统的接入。

为了提供覆盖家庭、社区和医院的全程医疗服务，在以医院为主要服务提供方的情况下，如果能够吸引到第三方服务提供商和大量中小应用开发者加入到医疗应用的开发中，将极大地丰富应用种类，并带来更好的用户体验。图 5-44 所示为基于能力开放平台的医疗应用孵化环境。

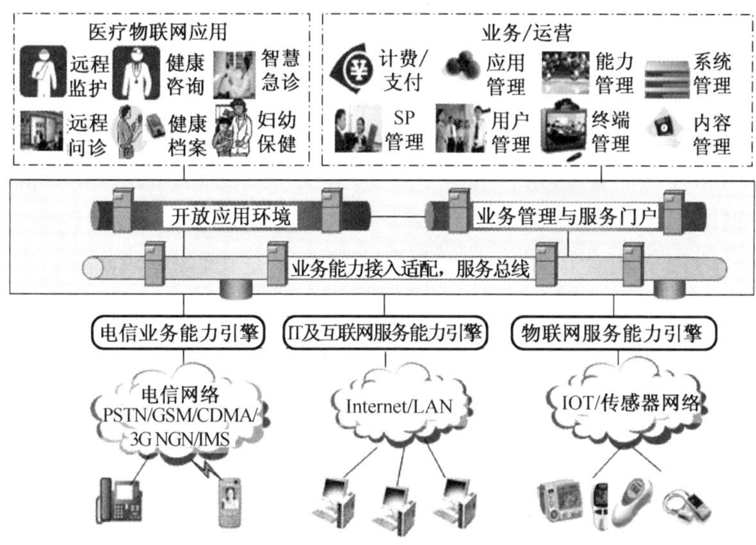

图 5-44 医疗应用孵化环境

能力开放平台完美地实现各种能力的汇聚，并以统一的接口对外提供各种能力，从而为应用开发屏蔽了不同接口的复杂度。其也提供了应用开发、测试和运行环境整套环境缩短应用开发流程。同时，集成了开发者社区和应用商店，使大量开发者开发医疗应用成为可能，从而为涌现大量丰富易用的医疗应用提供孵化环境，如图 5-44 所示。

医疗终端接入模块实现各种医疗终端设备和医院设备的接入、协议适配和数据格式转换。平台提供运营所需的基本功能包括终端管理能力、应用管理能力、统计能力和计费支付能力等。平台将各种基本能力通过 RESTful 的接口对外开放，并且向客户、医院和第三方应用提供商分别提供 Web 门户用于管理。通过运用支撑系统，为医疗物联网内的医疗设备、接入网关提供统一网管功能，监控终端的工作状态、连接情况，对异常情况及时报警。为实现将医疗服务从医院向社区及家庭延伸，可以借助医疗物联网能力开放平台，提供支撑面向社区及家庭的医疗服务运营的技术架构和商务模式，解决计费、用户支付、费用结算等商务问题。

医疗物联网能力开放平台可以有效提供如下业务支撑功能。

（1）医疗终端及设备管理。医疗终端用于家庭和医院，主要终端管理所需功能包括终端接入鉴权，依据医疗应用需要，实现主要医疗终端设备的接入，并根据终端标识对终端进行接入鉴权管理，对于有安全功能的医疗终端需要实现相应的安全能力（如数据的密文传输等）；终端软件升级，对于家庭健康监护设备，提供实现统一的终端软件在线升级功能和终端软件版本管理功能；终端状态查询，提供终端状态实时查询功能，包括未注册、已注册、未绑定、已绑定和在线等状态。

（2）医疗应用及服务管理。应用的接入采用传统的接入认证方式，如基于证书的认证。应用的鉴权和数据访问控制采用基于应用的权限管理与基于上下文感知的动态安全机制相结合的方式。基于上下文感知的动态安全机制指能够动态地根据应用的上下文调整相应安全机制，提供更无缝的数据访问控制策略。由上下文来约束的安全机制集中在两个方面：一是访问控制，将上下文信息作为约束条件而制定的数据访问控制模型；二是信任管理，考虑当前安全策略，若应用违背策略则降低信任值，遵守策略则提高信任值。

（3）客户关系管理。网管及运营管理平台对外提供医院、第三方应用提供商和客户（患者）三种门户，用于维护客户订购关系。客户可以通过客户门户获得个人的医疗终端订购情况和医疗应用订购情况，并能够增加、删除和修改个人订购关系；医院管理人员通过医院门户管理医院所属客户的终端和应用订购关系以及终端运行状态等。医院管理门户采用分权分域的思想对医院管理人员权限进行划分，具体划分方式将结合实际医院管理职责而定。例如，医院管理人员可以维护本医院客户订购关系，上级医院可以查看辖区内客户应用使用情况和下级医院应用订购情况，但不能修改不属于本医院客户的订购关系；第三方应用提供商可以通过门户管理其提供的应用的订购关系。

（4）计费和支付。根据各种资源使用情况进行计费，为医疗应用推广提供支持，包括提供层次化和对象化的资源共享和交换方式，以及提供基于医疗产业链的角色定义下资源的签约和计费模式。全程健康管理的医疗应用是否能保持旺盛的研发和部署热情，实现可持续发展，取决于这种产业链模型是否能够合理地分配产业链上的各个单位或个人之间的责权利关系，形成良性的商业模式。计费与支付能力根据各种资源使用情况进行计费为医疗应用推广提供支持。

平台设计具有以下特点。

（1）基于 SOA 架构标准，符合 SDP 理念。

（2）通过服务总线，接入医疗行业能力、电信业务能力、物联网终端接入和监控能力。

（3）通过开放应用环境，提供能力及应用聚合、业务流程开发与执行环境；通过开发社区促进业务创新。

（4）通过托管物联网应用，支撑医疗物联网业务的运营。

2. 信息中心

信息中心是能力开放平台的重要组成部分。医疗数据格式多样，有视频、图像、数字等，为数据的存储和管理带来很多不便；而且数据量巨大，并随着应用的推广数据将呈现快速增长趋势。不仅如此还涉及各种管理信息数据、传感器及通信终端信息、各类业务信息等数据。因此，需要一个高性能、大容量、安全的数据中心来实现数据的管理、共享及开发，实现病人的档案信息、病历信息、诊疗信息跨医院、跨地域访问和共享，促进医疗机构间的合作，为病人跨院、异地就诊提供方便。

医疗物联网信息中心是为了满足海量、多源、异构数据的存储和管理而设计的。医疗系统中积累了大量的医疗数据，信息中心不仅实现数据的存储和管理，同时具备联机分析处理、商业智能（BI）、数据挖掘（DM）等功能，对存储的数据进行筛选和过滤分析，以统一的方式为辅助决策系统提供医疗数据支持。归纳其功能主要有两点：首先，提供信息分析能力的具体实现；其次，将各种不同的信息分析能力以一个统一的接口提供给平台层和应用开发者。

如图 5-45 所示，区域健康医疗信息中心采用基于云计算的异构存储融合技术，解决了医疗数据海量、异构、多源问题，研究异构存储，不仅能够实现节能和安全的智能化存储体系，为高效性、安全性、可靠性研究奠定基础，而且可以针对在异构和并发服务中多样化的存储需求，更好地发挥多种存储介质的优势，实现自适应服务适配及按需服务。同时，信息中心在安全方面考虑大规模存储系统的安全性机制，从存储安全系统结构的层面结合考虑安全策略和存储机制。针对医疗卫生行业，信息中心对信息进行统一建模，标准化的数据模型是信息共享的前提。信息中心实现病人档案信息、病历信息、医疗设施信息、医务人员信息、门诊信息、住院床位信息、疫情信息等医疗信息的统一建模。

在设计上，信息中心建立在云计算基础设施之上，以云计算强大的并行计算和分布存储能力为支撑，将 ETL、DM、OLAP、统计分析、报表展示等各类信息分析能力进行云化，并以图形界面或 API 的形式提供，以工作流作为集成机制的一个智能信息分析平台。医疗应用开发者可以根据不同的需求，采用医疗物联网数据中心提供的强大的信息分析工具集，灵活地选择并定制各类信息分析能力，组装式生成解决方案，快速开发医疗应用。

信息中心在系统中的位置关系如图 5-46 所示。

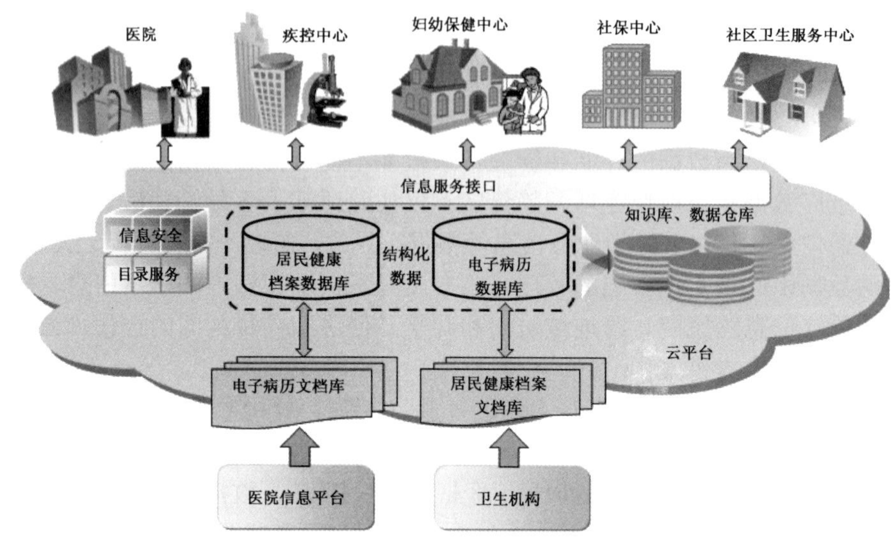

图 5-45 区域健康医疗信息中心

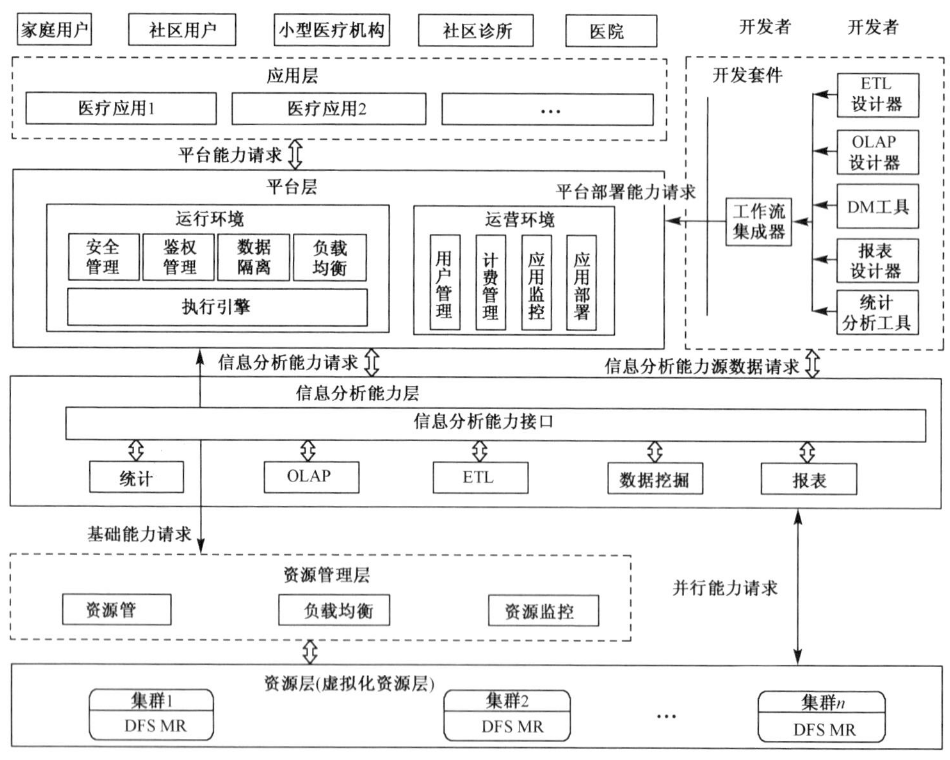

图 5-46 信息心在系统中的位置关系

1）应用层

应用层是外部用户访问物联网应用的接口。用户（如社区、家庭用户、医院等）选择相应的医疗应用，即可按 SaaS 方式访问该应用。用户不需要在本地安装软件，也不需要维护相应的硬件资源。物联网应用以服务的方式通过网络交付给用户，应用面向多个用户，但每个用户都感觉是独自占有该应用。

2）开发套件

开发套件是提供一个物联网应用的开发环境，通过一系列图形开发工具集，将各类信息分析能力以元数据描述的方式进行封装，并进行图形化展示。应用开发者可利用开发套件的图形化编程元素和 API，以拖拉的方式进行离线应用开发，并将开发后的产品通过上传接口上传部署到平台层。

开发套件包括 ETL 设计器、DM 工具、OLAP 设计器、统计分析工具、报表展示设计器和工作流集成框架。以工作流集成机制，将各种信息分析产品集合进行集成，生成统一应用解决方案。

3）平台层

平台层是提供一个医疗应用的部署、运行平台，是集成部署调度运行医疗应用产品的重要门户，提供应用部署、监控、计费、安全、执行等基础服务。

平台层主要由运营环境和运行环境组成。其中，运营环境包括应用部署、应用监控、用户管理和计费管理等；运行环境包括安全管理、鉴权管理、数据隔离、负载均衡、执行引擎等。

4）信息分析能力层

主要包括了集成到医疗物联网数据中心平台中的各种信息分析能力，如 DM、OLAP、ETL、统计分析、报表展示等。信息分析能力层又可分为两类模块。一类是接口模块，它们将各种不同的信息分析能力以一个统一的接口提供给平台层及开发套件使用，起到一个功能抽象的作用。另一类则是各信息分析能力的具体实现，包括如下几点。

（1）ETL 能力：提供对数据进行抽取、转换所需的各种操作的并行实现。提供清洗、转换、集成、归约等操作的并行计算和数据预处理能力。

（2）OLAP 能力：提供对数据的上钻、下钻、切片、旋转等各种操作的并行计算能力，实现满足业务需要的 OLAP 操作。

（3）DM 能力：提供数据挖掘技术中分类、聚类、关联规则等常用挖掘算法的并行实现。

（4）统计分析能力：提供对数据进行统计、分析、预测等所需操作的并行实现。

（5）报表展示能力：实现对各种类型定义报表的解析、执行、展现。

5）资源管理层

资源管理层对底层的计算资源、存储资源进行统一管理，并以接口的方式供上层调用，来进行资源的分配、监控和负载均衡。该层主要功能包括资源管理和资源监控，以方便负载均衡处理和计费管理。

6）资源层

资源层由多个计算集群组构成，每个集群都包括如下两部分。

（1）分布式文件系统：提供分布式数据文件存储功能，提供具备高可靠性、高稳定性的存储平台。

（2）分布式计算环境：提供基于 MapReduce 的编程模型及任务提交、任务调度、任务执行、结果反馈等功能。

3. 云服务支撑环境

云计算是一种商业计算模型，它将计算任务分布在大量计算机构成的资源池上，使各种应用系统能够根据需要获取计算能力、存储空间和信息服务。针对医疗物联网需求，采用云计算技术搭建可裁剪的医疗业务资源池，实现医疗物联网计算和存储资源的统一存储、管理和调度，构建基于云计算的医疗物联网支撑环境，实现不同等级医疗机构之间的医疗信息互通与医疗资源共享。

基于云计算的医疗物联网架构如图 5-47 所示。

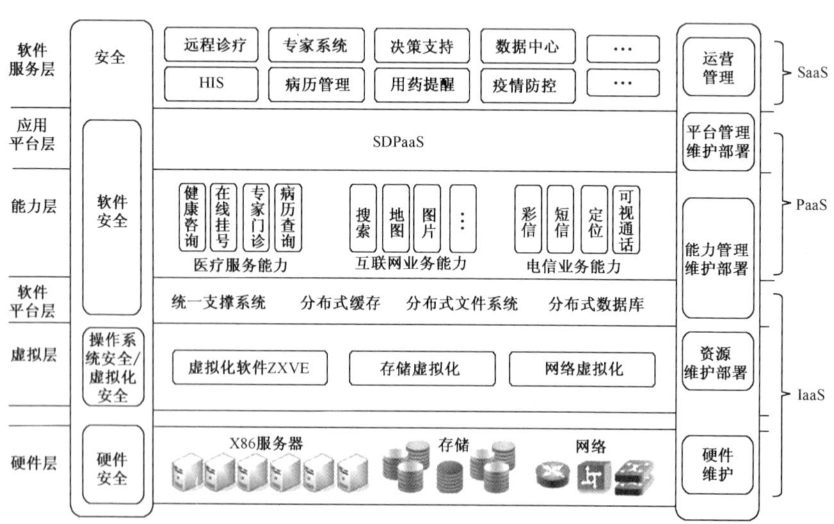

图 5-47 基于云计算的医疗物联网架构

1）硬件层和虚拟层对应 IaaS 层

主要提供基本架构的服务，比如提供基本的计算服务、存储服务、网络服务。计算服务提供用户一个计算环境，用户可以在上面开发和运行自己的应用，此环境一般是包含 CPU、内存和基本存储空间的虚拟机环境，也可以是一台物理服务器，但是对用户是透明的。存储资源提供用户一个存储空间，根据用户需求不同可以提供块存储服务、文件存储服务、记录存储服务、对象存储服务。网络服务提供用户一个网络方案，让用户可以维护自己的计算环境和存储空间，并可以利用计算环境和存储空间对外提供服务。

2）软件平台层、能力层、应用平台组成 PaaS 层

软件平台层主要提供公共的平台技术，比如统一支撑操作系统，对应用屏蔽了运行环境差异，应用只要关心业务逻辑即可；也包括统一计费、统一配置、统一报表等后台支撑，各种应用利用相应的框架进行开发后，即可做到对外统一界面、统一运维管理、统一报表展示等；还包括分布式缓存、分布式文件系统、分布式数据库等通用技术，上层应用根据自己的需要使用相应的 API 就可以使用到这些通用技术。能力层主要提供基本业务能力。应用平台层是通过 API 或者自己的接入能力，将能力层的服务进行封装，抽象成一个个原子服务，对上层应用提供服务，从而简化了上层服务的开发。

3）软件服务层对应 SaaS 层

软件服务层主要是对用户提供具体的医疗服务。

传统业务平台独立建设存在很多不足之处，一方面为部署新业务不断地增加新的服务器计算资源、存储资源、网络资源，另一方面各种设备资源能力的过剩、利用率过低导致资源浪费，因此需要一种模式来平衡业务建设需求与资源利用率的提升。基于能力开放平台的医疗支撑环境中采用资源池模式统一建设基于云计算的业务支撑环境，如图 5-48 所示。

基于云计算的业务支撑环境具有如下典型的功能。

（1）通过云存储，为医疗健康信息中心提供统一的分布式存储环境，为医疗机构提供数据托管服务，减少设备投入。

（2）通过云计算，为医疗应用提供托管的运行环境，为应用提供商以及中小医疗机构提供应用托管，并可出租标准化的医疗相关应用。

（3）通过虚拟桌面、下一代呼叫中心（Next Generation Call Center，NGCC）协同办公的基于云的应用和服务，为中小医疗机构提供信息技术应用和服务支撑。

云计算资源池有如下优势。

（1）提高资源利用率，降低能耗。通过引入虚拟化等技术手段，细化物理

资源分配单元，提高系统分布密度，提高系统使用效率，降低对物理设备的需求，进一步降低信息设备投入和能耗。

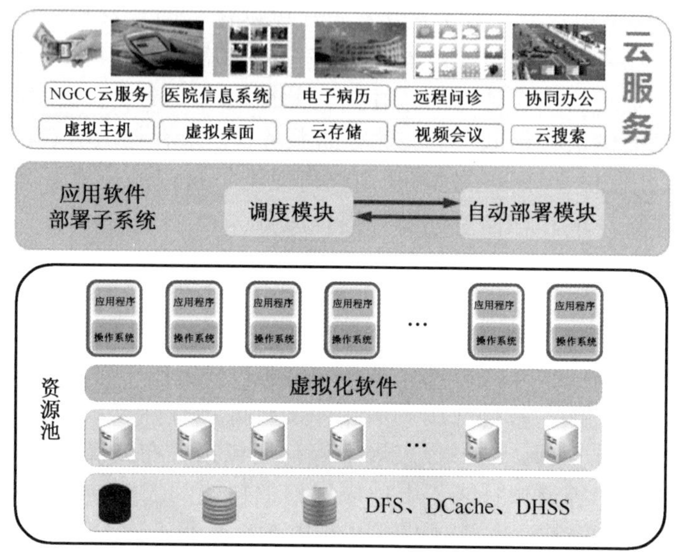

图 5-48　云服务支撑环境

（2）更快速的资源管理。在传统模式下，如果一个信息系统需要提供新的运算能力，预算周期耗时很长，需要先得到预算的批准，需要讨论具体的实施细节，比如存储、网络和服务器群等各个方面，将会需要大量的文档工作。这在私有云系统中，扩展流程将会得到简化，实施部署细节变得简单，决策周期大为缩短，预算的重点将落在基础架构根据业务需求需要扩展的单元数目上。

（3）私有云带来的自助式服务和业务流程自动化将减少信息环境的人工投入。传统信息系统和私有云的另外一个很大的不同是流程，这些流程也许会因为私有云而改头换面，减少人工投入，变得更加简单而高效。

（4）“按需而用”的更快速的部署，将把信息系统和业务目标结合得更加紧密，同时让业务部门变得更加敏捷。相较于如何帮助 IT 经理实现更方便的基础架构管理，对于业务部门来说，私有云更侧重于实现资源更快速的供给。

（5）更敏捷的业务规划。按需使用的资源池让业务部门可以根据需要获得刚好够用的资源。

（6）预算更加可控。按照使用率付费和某一时间内单位价格固定使业务部门的预算更容易预测，同时可以提高资源的利用率。

（7）效率增加。私有云往往提供快照和模板等一些功能，提供了很多更好的回归性，这使某些业务（如开发测试、培训和客户沟通）效率大为增加。

4. 应用场景介绍

作为智能医疗的愿景，实现将医疗服务延伸至家庭和社区，需要以大医院为核心，充分发挥社区医疗资源的潜力。社区卫生服务是实现人人享有初级卫生保健目标的基础环节。当前，构建以社区卫生服务为基础、社区卫生服务机构与医院和预防保健机构分工合理、协作密切的新型城市卫生服务体系，对于坚持预防为主、防治结合的方针，优化城市卫生服务结构，方便群众就医，减轻费用负担，建立和谐医患关系，意义深远。随着社区的发展，社区医疗卫生服务机构的健全，大多数市民看病就医开始转向社区医疗服务站、医疗机构，因此，充分发挥社区医疗资源优势是实现全程健康管理的必要环节，如图 5-49 所示。社区医疗资源位于全程健康管理的中间环节，一方面连接大医院、医疗机构，另一方面连接家庭、个人，发挥中心环节的连接作用才能实现全程健康服务。

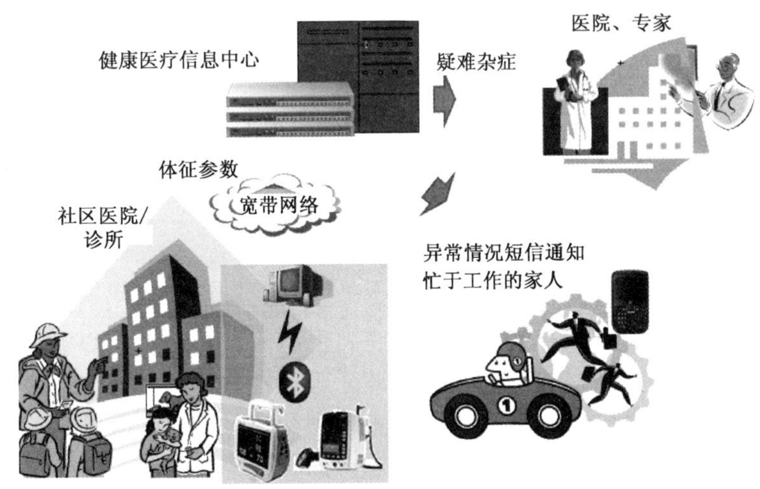

图 5-49　以大医院为中心，发挥社区医疗资源的潜力

社区应用场景如下。

（1）用户在社区健康服务中心测量健康参数。

（2）健康参数上传到后台健康信息中心。

（3）异常疑难杂症情况上报大医院和监护人处理。

将健康管理和健康服务延伸至家庭是智能医疗发展的另一愿景。采用先进物联网技术、视频技术、远程医疗技术实现随时随地医疗服务和个人健康管理。面向家庭和个人用户，提供以老人、慢性病患者、妇幼保健为重点的健康和诊疗服务，如图 5-50 所示。

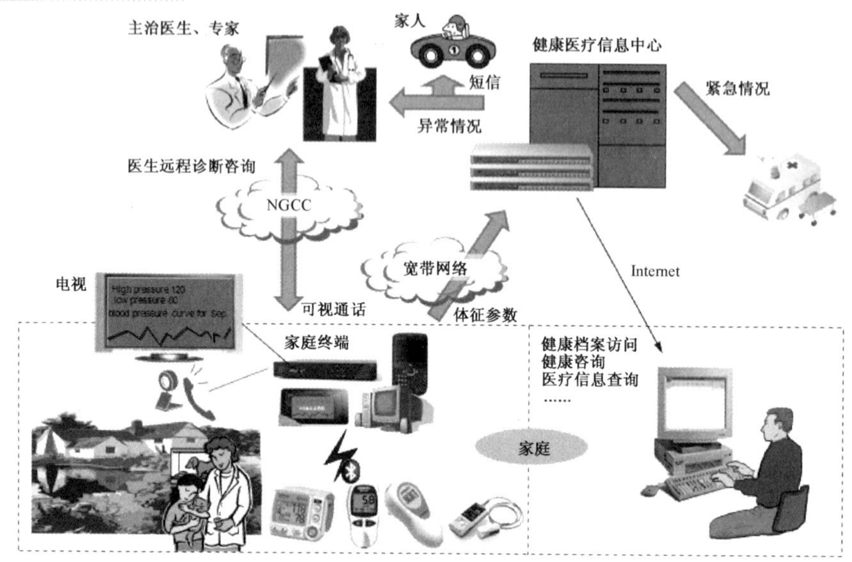

图 5-50 健康服务延伸进家庭

家庭应用场景如下。

（1）病人在家测量血压、血氧、心电、体温等参数，并上传健康信息中心。

（2）通过 NGCC，医生、专家团队对病人进行诊断和指导。

（3）紧急情况通知医院和监护人。

（4）用户在 Internet 查看个人健康档案和历史数据。

下面是一个智能医疗具体应用案例。

在家里，用户打开心电监测仪后贴在自己胸前，开始监测心电数据，心电监测仪屏幕上显示检查结果，然后通过蓝牙等技术传输到手机或计算机上，屏幕上实时出现心电图，并且自动将数据上传到社区医院后台服务器。巡检医生发现数据有异常，短信通知用户异常信息，如有必要，提示及时去医院做深入检查。医疗专家查阅当天每个用户上传到系统的心电监测数据，发现异常数据，进行电话或视频治疗指导。

上面仅列举了个人日常健康管理相关的应用场景。当然，智能医疗借助新技术更能改善和优化传统的医疗模式，在远程医疗、医疗信息化、医院信息化等方面发挥非常重要的作用，其应用场景不再一一列举。

5.3 智 能 家 居

智能家居进入中国已经有十几年了，但目前并没有完全发展起来。本节首先从智能家居发展现状及所面临的问题出发，探究如何应用物联网能力开放平台实现智能家居更好地服务于家庭用户，然后简析当前智能家居领域比较火热的海尔云社区系统和微软智能家庭操作系统 HomeOS 架构。

5.3.1 智能家居发展现状、面临的问题与发展趋势

智能家居最早的案例见于 1984 年位于美国康涅狄格州的世界第一幢智能建筑，它采用计算机系统对大楼的空调、电梯、照明等设备进行监控，并提供各种信息服务。随着技术的发展，后续在美国和欧洲相继出现了一批智能家居的控制系统，实现了对家庭设备的控制，随之出现了各种和智能家居相关的系统和名词，如 Smart Home、Home Automation、Intelligent Home/Building，这些系统基本类似。在 2000 年后，智能家居技术迅速发展，涌现出了更多先进的技术，并大量运用到实际生活中。目前的智能家居多是指以住宅为平台，利用综合布线技术、网络通信技术、信息家电技术、设备自动控制技术、音视频技术将家居生活有关的设施集成，构建高效的住宅设施与家庭日程事务的管理系统，提升家居安全性、便利性、舒适性、艺术性，并实现环保节能的居住环境。

1. 智能家居发展现状

智能家居市场目前呈现出高速发展和激烈竞争的态势，但这个市场仍处在初级阶段。无论房地产项目还是个人用户，市场的需求越来越多，但客户认知度低，以高端客户为主。近年来大量的企业投入到智能家居行业当中，包括系统集成商、家电厂商、IT 厂商、安防厂商、电信运营商、房地产商、能源企业等。综合当前的情况来看，这个市场主要还是靠智能家居集成商自身的力量来培养，还难以形成大规模的客户群。但智能家居市场前景非常广阔，诺达咨询《智能家居控制市场专题分析报告 2011》指出，到 2020 年中国智能家居产值将会达到 1 万亿至 2 万亿。这不难计算，中国有 14 亿人口，4 亿个家庭，若每个家庭平均每年能在智能家居应用上投入 3000 元，那么这绝对是一个万亿级的产业。事实上，当前的智能家居市场还远没达到这个规模，IDC 报告《智能家居拉动基于 ICT 生活方式的市场机会》显示，2011 年作为中国物联网“十二五”规划的元年，物联网产业规模达到 439.3 亿美元，产业结构主要分布在工业、电网、物流等重点领域，智能家居占 2.3%，仅为 60 亿元，如图 5-51 所示。由此可见，智能家居还处在市场培育阶段，智能家居产品虽然认知度高，但拥有率低，需要逐步培养人们的习惯；智能家居市场应用可挖掘的空间大，需要更多的资源进入，只有让行业发展起来，整个生态链上的参与者才能获得利益。

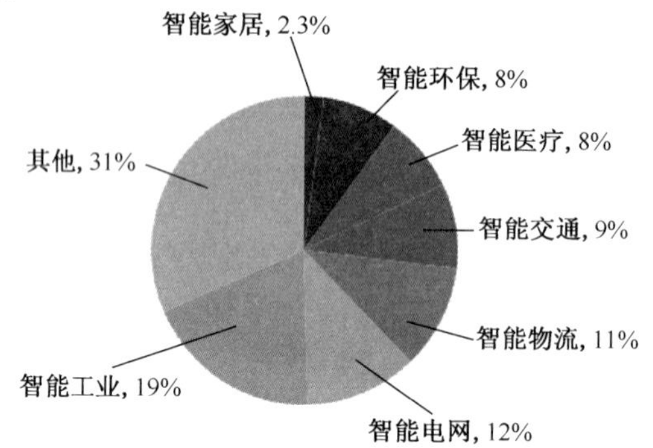

图 5-51　2011 中国物联网产业细分行业市场规模

另一方面，智能终端产业 Android 系统和苹果产品的崛起，让智能手机、平板计算机等电子产品迅速融入到人们的家庭生活中，同时带来家居控制的快速发展。目前的智能家居厂商紧密结合移动互联网，推出了各种移动 App（用户可直接通过手机 App，在 PAD、电视等终端设备上实现对家居设备的控制），并在市场上赢得了用户的大量好评。从这一层面看，移动服务家庭的趋势将越来越明显。

2. 制约智能家居发展的原因

智能家居进入中国虽然已有十多年，但是它仍然是一个新的市场，各种各样的问题在某种程度上制约着市场的发展。目前为止，智能家居生产厂家主要集中在深圳、广州、北京、上海等发达地区，其他地区则零零散散。倘若用国际智能家居标准衡量这些厂家，归属于完全意义上的厂家则是寥寥无几。究其原因，不难发现以下几点。

首先，智能家居行业缺乏规范的、统一的行业标准。多年前，发达国家就有了智能家居的概念和标准，并随着通信技术和网络技术的发展，使传统的建筑产业和信息产业有了更深的融合，推动了智能家居的前进步伐。而中国的行业管理与发达国家不同，政府各部门对住宅小区的定位各有侧重，很难整合出一套让大家都满意的标准，因此也直接影响了智能家居市场的发展。虽然国内有影响力比较大的 e 家佳、闪联和广联标准，但由于市场上激烈的竞争情况，导致出现了几十个甚至上百个互不兼容的产品标准，而最终受害的将是用户，同时也给厂商生产、推销自己的产品带来很大的困扰。所以，各大厂家都希望国家能够尽快出台一套行业标准，规范智能家居的产品和市场。

其次，价格、技术是阻拦中国客户的重要门槛。智能家居现在还处于初级阶段，高科技产品的最初阶段一般以“奢侈品”的形式出现，造价太高，消费者无法承受。从技术上来讲，智能家居产品目前也还不成熟，控制系统还不够人性化，操作起来也不够简单。多数地产开发商并没有考虑到智能家居的使用，因此硬件就不配套。在维修方面，既然是高科技就无法像普通的小电器一样可以自行修理，如果发生故障会非常麻烦，因此售后服务将是很大的挑战。在停电的时候，是否可以保证正常运转，在节电、防漏电、防火等安全性方面是否能够完全达标，都是智能家居所面对的问题。

同时，功能华而不实是其发展的拦路虎。智能家居的概念在中国的推广已有近十年的时间了，但据了解，目前专门的智能家居生产企业大多是一些安防生产厂商，比如门禁、对讲、监控、防盗、三表抄送、综合布线、信息家电等生产企业。因此，从智能家居产品来看，更多的是安防报警、对讲、灯光控制和空调控制等方面的产品，而具有超前的控制功能和人性化功能的产品并不多见。由此可见，要使智能家居走进生活，厂商应当使其功能更具人性化。

最后，跨产业合作的困难是不得不提及的一个问题。智能家居产业链中涉及安防、家电、信息技术、设备供应商、地产和客户，智能家居行业的发展，需要产业链中各种行业的密切合作，只有这样才可以整合各自特有的优势，尽快打出一片新天地。

3. 智能家居发展趋势

1）移动服务家庭趋势明显

多屏融合将越来越广泛地运用于智能家居系统，电视、手机和 PAD 作为智能家居的控制显示终端是最好的选择，用户无须花费高昂的投资购买集成商的控制终端，用家中已有的设备可以省去大笔终端投资，用户可通过电视、手机和 PAD 直接控制家庭内的各种设备。这种方式可极大地提高用户的体验性，对于智能家居的推广具有重要的意义。

Android 系统和苹果产品的崛起，使智能家居的体验方式发生了重要变化，移动服务家庭的观念将深入人心，Google 已开始发力布局 Android@home 计划，家庭移动化趋势不可避免。

2）无线物联网解决方案将成为智能家居最佳解决方案

智能家居控制的核心技术之一在于它的组网与控制方式，经过这两年市场的洗礼，智能家居组网方式已经有了明确的答案：综合布线（总线技术如 KNX、BACnet、CEBus 等）最好的应用领域是大型楼宇等，而别墅、公寓、普通住宅等最佳的方案是无线解决方案。市场的成功应用让无线智能家居方案不稳定的谣言不攻自破，在家庭应用领域，无线方式正在成为市场的主流。从智能家居行业的龙头海尔、霍尼韦尔、长虹、TCL、波创、聚晖电子到运营商如中国电信、中国联通、中国移动、国家电网、Verizon、AT&T、BG 等，无线通信方式已经渗透到各个领域。

在短距离无线通信方式中，以 ZigBee 为代表的无线方案发展最为迅速，该技术以稳定、低功耗、低辐射、可延伸、安全等优良性能，成为目前无线解决方案中的佼佼者。多个大型智能家居系统集成商，如波创、TCL 等已推出了基于 Zigbee 的智能家居解决方案。随着市场的发展，未来将有更多的厂商支持 Zigbee 协议。

3）家庭能源管理将推动智能家居行业发展

随着水电气费用的提高和智能电网的应用，以及未来可能会出现的能源危机问题，人类变得越来越具有节能意识，家庭能源管理显得越来越重要。通过家庭物联网技术，可实现家庭能耗监控，用户足不出户即可在家随时了解家中能源消耗情况及家电用电情况，这样就可做到对主要能耗消费心中有数并加以控制。随着水费、电费的相应提价，且全世界各个地区已经开始实行阶梯电价、分时电价、分时水价等政策，能源管理将在智能家居系统中发挥重要的作用。国际上的各个智能家居集成商、电信运营商（如沃达丰、AT&T 和 BG 等）都已经将能源管理纳入其业务，摩托罗拉更是收购了 4Home 公司，大力发展家庭能源管理技术。由此可见，家庭能源管理将是未来智能家居的一个发展趋势。

4）智能家居开放式平台

随着物联网技术的不断发展，未来会出现各种物联网行业共性平台，智能家居开放式平台便是加载在物联网行业共性平台上，这是智能家居未来发展的一个方向。智能家居开放式平台的主要特征是能实现智能家居设备统一资源标识、统一接入，在平台层可实现家居设备的互联互通，并对外提供能力开放接口，第三方应用开发者可以快捷地开发相关的应用，对于最终用户可以有选择地购买适合自己的智能家居设备，安装相关的应用，最终将实现一种开放式的架构，彻底解决当前智能家居发展所遇到的瓶颈，如海尔采用了云社区架构，微软采用了 HomeOS 家庭操作系统等。

5.3.2 基于物联网能力开放平台的智能家居实现

智能家居作为物联网的一个子应用，其发展的关键在于实现规模级的应用。智能家居当前发展的瓶颈在于发展模式混乱，标准不统一，缺乏一个统一的平台，各个系统与应用之间不能实现信息互联互通，这是阻碍规模应用最大的障碍。因此，如何建立基于物联网能力开放平台的智能家居系统显得尤为重要。

1. 基于物联网能力开放平台的智能家居系统架构

智能家居是一个异构、开放的网络，通过将家用传感器、智能家电设备等通过汇聚节点以及智能网关融合起来，协同为用户提供安防、医疗、影音等服务，同时提供开放的服务平台，支持第三方应用，从而为用户提供更丰富的服务，给用户带来更美好的生活。一种基于物联网能力开放的智能家居系统架构如图 5-52 所示，系统共分为 4 个模块，包括应用传感终端模块、网关模块、平台模块和应用服务模块。

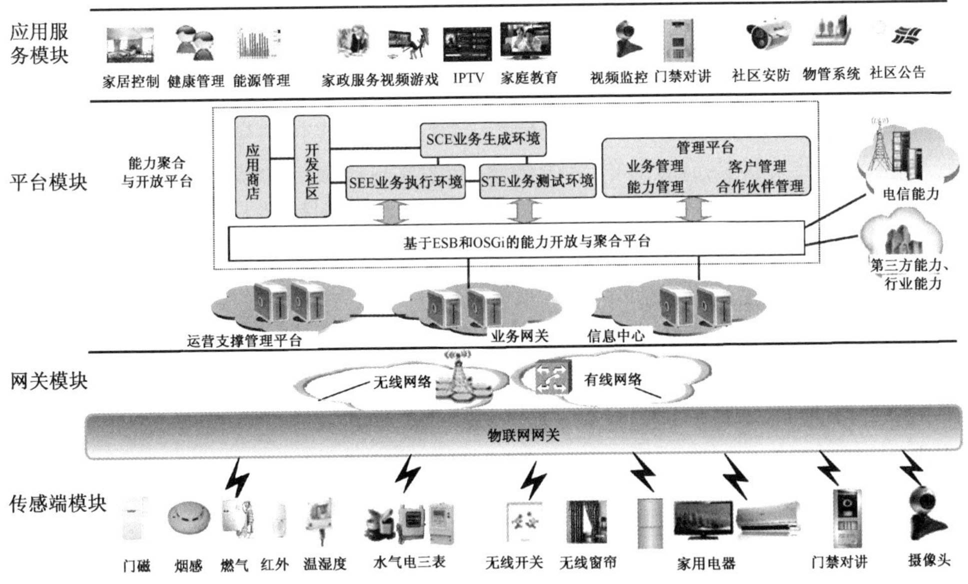

图 5-52　基于物联网能力开放平台的智能家居系统总体架构

各模块功能及关系如下。

应用传感终端模块：包括各类家电设备、水电气三表、传感器终端设备、门禁对讲设备等。这些设备和终端分布在家庭和小区中的各个位置，通过传感器节点将数据汇集传输给智能家居网关。应用终端模块不限于各种短距离通信方式，如当前智能家居主流的通信方式有串口、433M、ZigBee、蓝牙、Z-Wave、WiFi、6LoWPAN 等。

网关模块：智能家居网关融合多类家庭传感节点、终端和家电设备，同时将各类信息通过有线、无线等多种方式传送到物联网平台模块，实现了异构网络的融合。

平台模块：平台模块是适用于智能家居的运营支撑管理平台，融合了运营支撑平台和信息服务平台。运营商或者行业用户可以借助运营支撑平台为用户提供智能家居相关的运营服务。信息服务平台提供标准的信息和数据管理，在此基础上实现各自应用服务，并为第三方应用提供标准的信息接口。

应用服务模块：提供多种业务功能，为用户提供各种安防服务、医疗服务、影音服务、支付服务等。用户可便捷地通过智能手机、平板计算机、计算机、电视等家庭终端设备使用服务，实现对家居生活的管控。另外，其他服务提供商也可以借助运营支撑管理平台的开放性优势，为智能家居无线物联网提供更多内容丰富的应用服务。

2. 基于物联网能力开放平台的智能家居系统关键技术

智能家居网关是智能家居系统中的一个关键设备，它在物联网中的重要性远远超过了传统互联网中的网关，其功能主要体现在如下两个方面。

一是实现了相互独立的、小规模的、异构的无线传感器网络互联，将多个普通的、提供某种特定服务的无线传感器网络融合成一个提供全面服务的智能家居无线物联网，并且利用多种手段将物联网接入到传统互联网上。正是由于智能家居网关的存在，用户才可以随时随地享受物联网带来的各种服务。

二是在互联的基础上实现了一系列管理功能。无线传感器网络具有低功耗、低能量、低速率等特点，导致通过节点自身来实现网络管理并不现实，直接对数量庞大的物联网节点进行控制的方式过于复杂。因此，智能家居网关采用基于 OSGi 开放的架构，通过这种开放式架构用户可以方便移植遵循 OSGi 规范的应用到网关上，丰富智能家居设备业务的体验。

1）智能家居网关设计架构

对于智能家居而言，其网关应具备如下功能。

（1）智能家居家电的控制。

（2）智能家居健康医疗设备的接入。

（3）智能家居安防设备的接入控制。

（4）智能家居影音、支付类的扩展业务支持。

（5）远程访问控制：通过 Web、手机、第四屏等对家庭环境下的各种设备进行远程访问控制。

（6）支持网管协议、远程配置、升级功能。

（7）支持异构无线物联网终端的接入，包括 ZigBee、Z-Wave、红外、433M、蓝牙等。

（8）支持 LAN、WiFi、3G、光纤等接入方式。

（9）支持 DHCP、PPPoE 拨号等接入宽带网络方式。

其设计架构如图 5-53 所示。

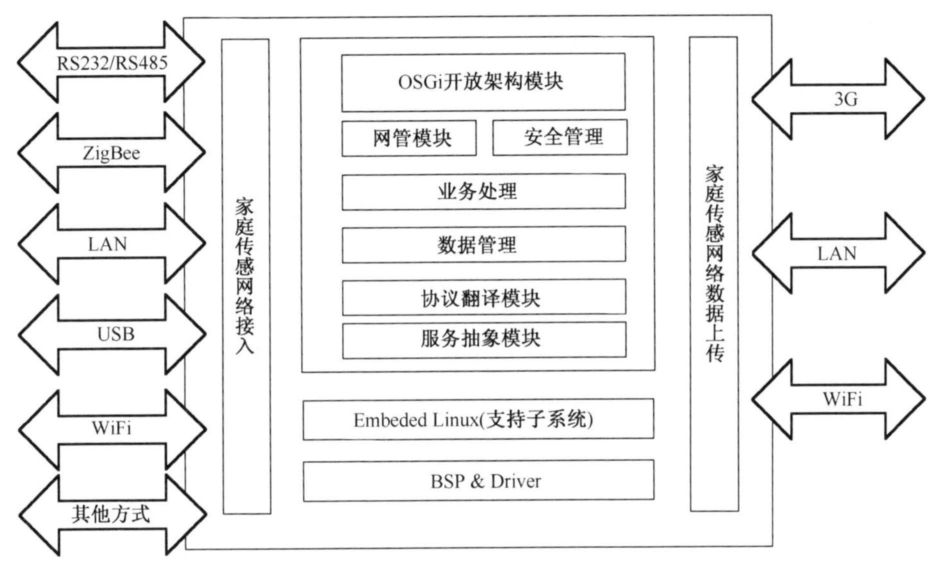

图 5-53　智能家居网关设计架构

2）基于 OSGi 的智能家居开放式架构

目前，涉及智能家居的数据传输协议有 WiFi、蓝牙、红外、802.15.4、ZigBee、6LoWPAN、433M 等，但它们兼容性差，协同工作困难。物联网的广泛性决定了没有哪一种协议能够同时适合所有的应用场景，智能家居设备的多样性也导致了没有哪一个制造商能够完全占据智能家居市场，支持不同协议的不同设备长期共存是目前的实际情况。因此，智能家居网关必须支持异构网络融合，而 OSGi 架构能很好地解决异构网络的融合难题。

一方面，智能家居的应用场景很多，包括在线支付以及未来可以在网关上直接扩展的业务。为了更快地推出应用，通过 OSGi 可以在后台对服务组件进行安装、升级、卸载而无须打断该设备的正常运行，从而为服务供应商、软件供应商、网关开发人员和设备供应商提供了一个开放、通用的架构，使它们能互动地开发、部署和管理服务。

另一方面，智能家居的用户普遍反映产品易用性不是很好。往往都是由系统集成商提供服务，如果用户想实现一些个性化的应用，将会非常困难，通过 OSGi 框架，用户可以随时购买需要的设备，不需要关心该设备是属于红外设备、ZigBee 设备或者是 Z-Wave 设备，实现即插即用。

如图 5-54 所示，通过智能家网关和物联网服务聚合平台实现了基于 OSGi 的智能家居控制方案。

具体思路为在家庭网络中，以家庭网关为核心，采用 OSGi 的架构，并在 OSGi 框架下分成接入层、管理层和应用层。各种智能家电设备网关在接入层

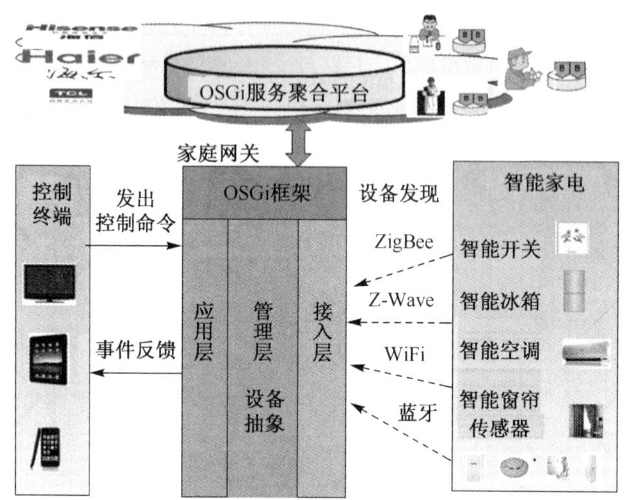

图 5-54 基于 OSGi 的智能家电控制解决方案

实现设备的寻址与发现，并通过协议转换将各种协议在应用层转换成 CoAP（Constrained Application Protocol），CoAP 是一个适用于受限环境下的应用层协议，可以使各类协议在应用层实现互联。管理层实现设备的抽象，将每个设备的服务抽象成统一的 URI，相当于产生一个本地设备映射，通过多个本地设备映射构建一个新的虚拟计算环境。由于 CoAP 无法实现与互联网应用协议的兼容，因此应用层需实现 CoAP 到 HTTP 的翻译和 RESTful 接口，这样，家庭网关就可以像使用本地设备一样获取智能家居的设备服务；用户端可通过订阅机制实现消息订阅与事件反馈。在平台层的 OSGi 服务聚合平台，对不可识别无法进行设备抽象的设备，厂家可提供相应的 Bundle 上传至服务聚合平台，网关通过平台可以下载 Bundle。这样，便可实现整个家庭网络中家电设备的即插即用与服务的自动发现。

在 OSGi 中，软件是以 Bundle 的形式发布的。一个 Bundle 由 Java 类和其他资源构成，可为其他的 Bundle 提供服务，也可以导入其他 Bundle 中的 Java 包；同时，OSGi 的 Bundle 也可以为其所在的设备提供一些功能。

图 5-55 所示为把 OSGi 融合到智能家居网关设备中的架构图。

在智能家居网关中移植 OSGi 服务、协议以及相关的 OSGi 运行环境，借助 OSGi 的模块化及动态性能力，提供了一个通用、安全并且可管理的 Java 框架，其可以动态管理部署在框架内的 Bundle，在不重启系统的情况下对 Bundle 进行安装和移除。智能家居网关只提供操作系统和容器，应用则由第三方去开发。大多数情况下，网关侧的业务逻辑和平台侧的业务逻辑是可以联动的，将来应用提供商会同时发布网关侧的客户端程序，供订购该应用的用户下载并安装到网关。这样，围绕运营商的生态圈就可以建立起来，结合开发社区和应用商店，可以极大地丰富用户可选择的端到端应用。

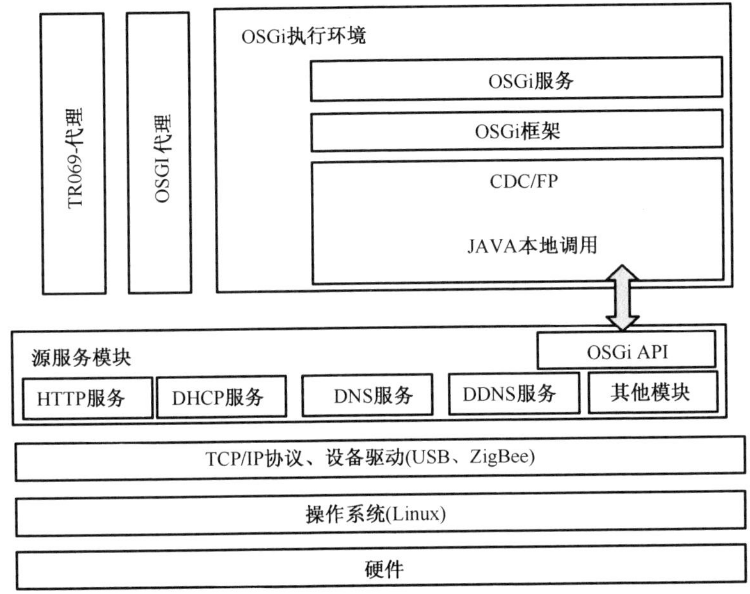

图 5-55 OSGi 在智能家居网关设备中的架构图

要在智能家居系统中解决异构互联的问题，就需要在网关中实现 CoAP。而 CoAP 与目前广泛使用的互联网应用层协议 HTTP 无法直接兼容，所以在考虑智能家居网关异构网络融合的问题时必须考虑协议翻译机制，如图 5-56 所示。

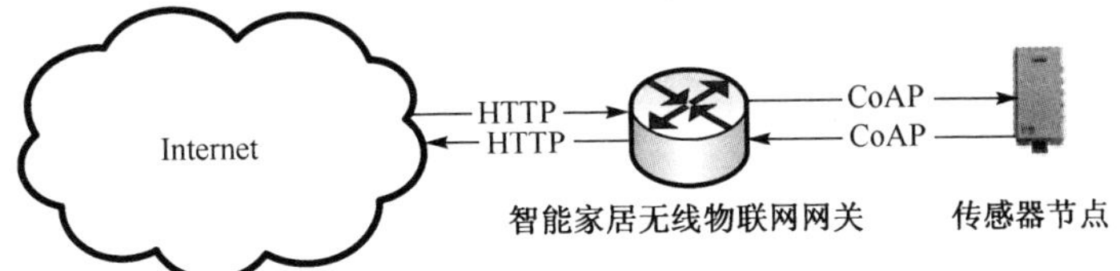

图 5-56 CoAP 与 HTTP 协议翻译

CoAP 支持一个有限的 HTTP 功能子集，因此可以非常直接地在 CoAP 和 HTTP 之间进行翻译，其主要包括两部分内容：CoAP-HTTP 映射和 HTTP-CoAP 映射。可以采取双栈协议翻译网关，其部署在物联网与互联网互通的边界，同时也可以是双栈网关，如图 5-57 所示。

3）能力开放平台

在智能家居应用中，除了需要实现对各种终端的管理能力外，还需要用到各种电信能力和第三方提供的能力。例如，智能家居应用通过短信或彩信方式向智能家居终端下发指令，或是需要使用到第三方提供的地图、定位、视频服务等，或是需要结合与智能家居相关的且已经存在的管理系统，这就需要有一个平台能够实现各种能力的汇聚，并采用统一的接口将各种能力对外开放给第三方应用开发者。在开放了各种能力后，为了提高各种应用开发效率并且吸引各方参与到智能家居应用开发和推广中来，就需要提供一套完整的环境支持在应用开发、测试、部署和应用交易中。

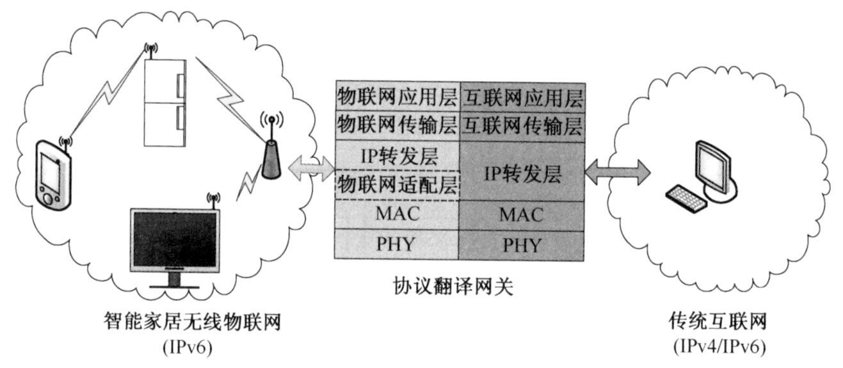

图 5-57 网关协议翻译模式

能力和服务的汇聚：通过企业服务总线技术，可提供统一的接口用于提供对各种家庭终端的数据采集和控制，以及各种医疗服务、电信能力和第三方应用提供的能力。

应用开发环境：支持应用在线开发和并行开发方式，提供应用从开发、测试到运行的整体环境从而缩短应用开发周期。

OSGi 服务聚合平台：通过第三方的开发者提供的各类应用 Bundle，用户可随时下载各类应用，

总体架构如图 5-58 所示。

4）智能家居应用场景

在智能家居增值业务中，智能家电设备通过数字家庭智能终端与服务平台相关联，家电设备的运行状态信息和家庭环境传感信息通过数字家庭智能终端提交至服务平台，相关交互控制信息由平台进行处理，故障诊断信息通过服务平台功能转发给用户和客服中心。智能家电包括支持各种标准的空调、冰箱、热水器等家电和灯光、窗帘、开关等设备。智能家电控制系统功能拓扑如图 5-59 所示。

（1）家电信息与用户信息自动关联。

数字家庭智能终端设备、网络家电设备和用户信息绑定记录在平台数据库中。当智能家电接入到系统中时，将自动通过数字家庭智能终端向服务平

台提供家电设备 ID，服务平台将用户信息与用户的智能家电产品信息自动关联绑定。

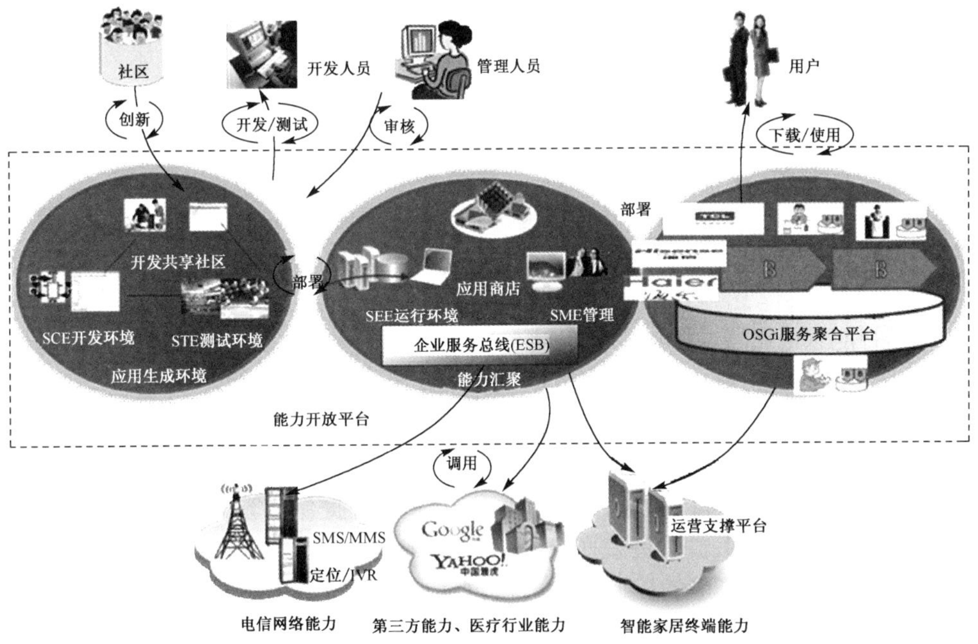

图 5-58 OSGi 在智能家居网关中的总体架构

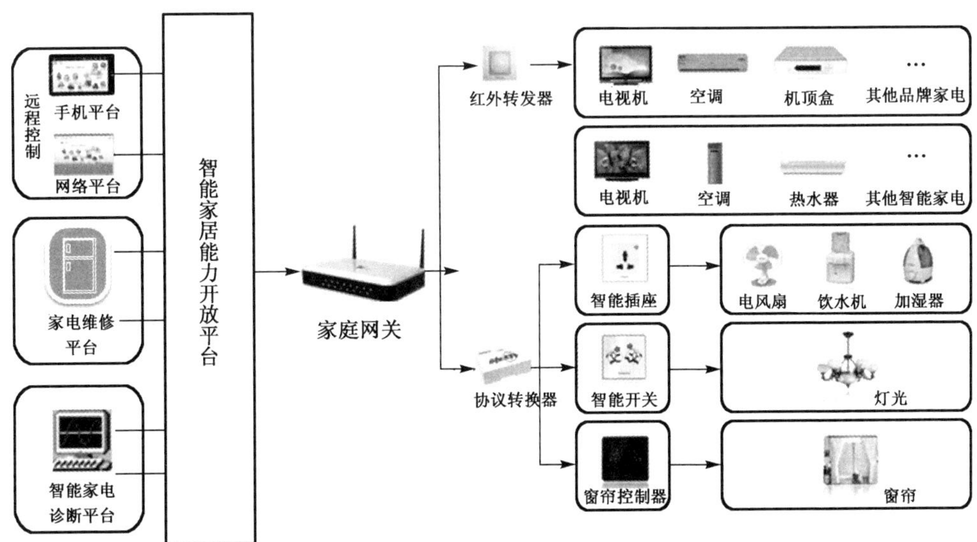

图 5-59 智能家电控制系统功能拓扑

（2）家电设备运行状态全面监控，提高故障诊断准确率。

利用各类传感设备将家电状态、运行环境信息进行综合采集，采用无线传输方案，将采集到的多种信息进行收集，统一发送至后台服务器，由后台服务器进行数据收集整理。智能家电运行状态诊断系统为家电故障的精确诊断提供了保障。

（3）智能家居的远程控制。

用户可以通过计算机、手机登录平台系统，对家中的智能家电进行远程控制、工作状态查询等操作。

（4）家电自动维护系统与客服系统联动。

当智能家电出现故障时，会自动上报到平台，平台的设备诊断专家系统通过“自动值机”功能将家电故障信息发送至客服系统。家电售后服务系统在接到故障报警后，可以通过平台进一步获取设备运行过程的详细数据，确认故障并判断是否可以通过远程方式进行维护，如果不行则需要与用户联系进行上门维修。

用户在接收到报警信息后，可以使用服务平台提供的设备远程控制服务对家电进行控制，防止出现更大损失。

上述对于智能家电的控制只是智能家居中一个很小的应用场景，智能家居的应用还有很多，通过开放式平台可将所有的相关服务接入到智能家居中。

5.3.3 智能家居开放式架构

1. 中兴通讯安全守护物联网

随着 3G 牌照逐步发放，3G 网络建设已经迅速崛起，对于新业务的需求日渐强劲。同时，伴随着老龄化的社会趋势以及都市白领的压力增大，人们很难有时间照顾家人，对于家庭的关爱需求将会逐渐增强。市场迫切需要一个可运营的定位平台，目标是对有需要的“弱势群体”（如儿童和老人）时刻提供定位和语音通信服务。基于此市场需求，中兴通讯开发了可运营的定位业务——守护宝。

守护宝是面向于儿童、老人等特殊群体所推出的定位业务，其主要的用户群体为老人、儿童等。小孩的走失、老人的迷路等意外在生活中随时都有可能发生，人们每天繁忙工作的同时也需要关爱自己的家人，守护宝项目就是让人们能够方便地通过多种信息终端，随时、随地、准确地查寻孩子、老人的位置，再也不用为找不到家人而忧心忡忡。用户使用支持第三方定位业务的特殊终端，即可实现位置查询、语音通话等功能。

守护宝业务基于安全守护物联网架构，这是中兴通讯运用自身在云计算、物联网和移动互联网领域的雄厚积累与技术优势构建的整体解决方案，承载丰富的用户应用场景，兼容各类用户多元化的网络类型，涵盖 GPS、RFID 等多种信息采集方式。守护宝业务既是一种产品，也是一种服务。作为一种产品，它充分结合了近年来得到迅速发展的移动定位技术，为用户尤其是儿童和老年人提供性价比较高的守护宝终端产品；作为一种服务，它能够搭起父母和子女之间沟通的一座桥梁，为用户提供准确的定位服务和信息咨询，父母能够时刻了解孩子的动态，老人们随时能够得到所需要的帮助。

安全守护物联网设计的主要目标是为用户提供一体化的服务，图 5-60 所示为安全守护物联网的技术架构，整个框架由 5 个层次组成：信息采集层、网络层、云平台层、应用层和信息访问层。

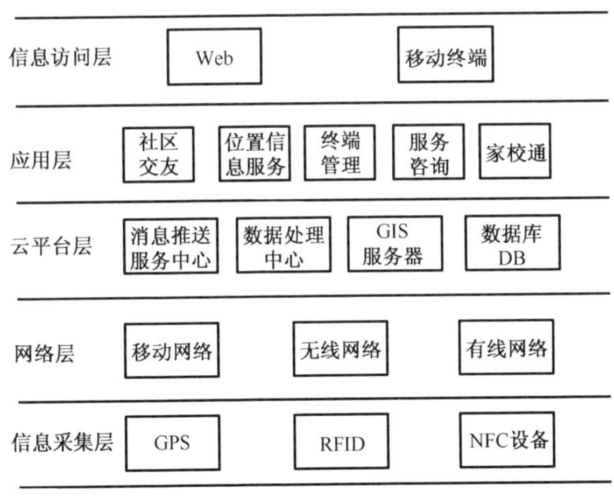

图 5-60　安全守护物联网的技术构架

1）信息采集层

信息采集是获取信息的必要手段，安全守护物联网通过各种数据采集手段，广泛获取各种信息数据，然后通过网络层进行传输。用户也可以根据需要，下发指令给安全守护物联网信息采集层，信息采集层根据收到的指令执行相关的指令请求，完成请求的任务。目前信息采集层包括多种信息采集渠道，其中较为重要的有以下几种，如图 5-61 所示。

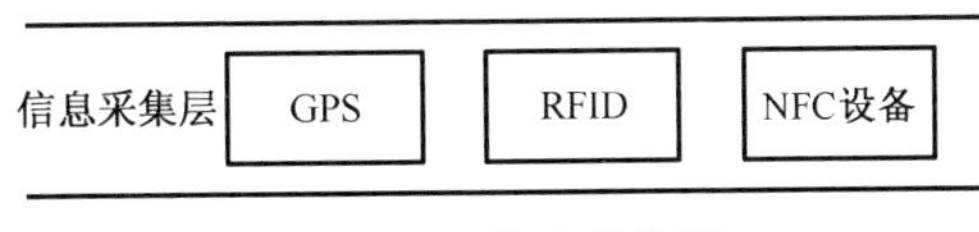

图 5-61　信息采集层

（1）GPS

在室外能够捕获到 GPS 信号的地方，则采用辅助 GPS（Assisted GPS，AGPS）的方式进行定位；在室内捕获不到 GPS 信号的地方，则采用移动通信网络的方式进行定位，从而可以确保定位的成功率以及定位的精度。

（2）RFID

射频识别（Radio Frequency Identification，RFID）技术，又称电子标签、

无线射频识别，其是一种通信技术，可通过无线电信号识别特定目标并读写相关数据，而不需要识别系统与特定目标之间建立机械或光学接触。目前RFID技术应用很广，如图书馆、门禁系统、食品安全溯源等，在智能定位终端中增加RFID芯片，并和学校考勤系统结合，可以让家长随时知道孩子进入或离开学校的时间。在智能定位终端中增加医疗芯片，测量老人的心跳、脉搏等参数，用于定期观察老人的健康状况。

（3）NFC

近距离通信（Near Field Communication，NFC）技术是以磁场感应为基础的短距离无线连接技术，主要用于两个邻近的电子设备之间直观、简单和安全地通信。它是移动支付应用程序的理想选择，在未来移动支付中NFC必将成为一种趋势。

2）网络层

网络层有多种通信方式，包括运营商的移动网络、有线网络和无线网络，如图5-62所示。

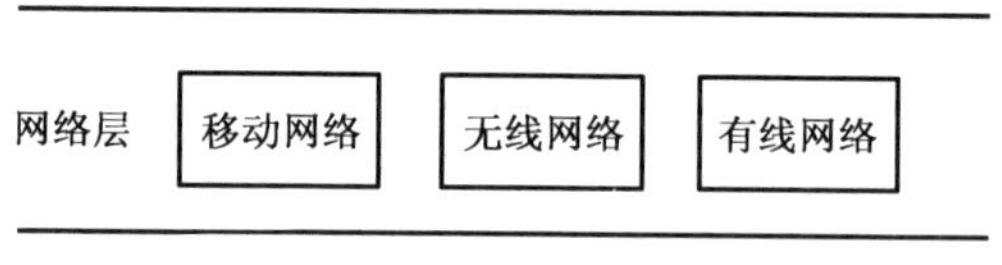

图5-62　网络层

网络层根据不同应用场景的特点选择不同的网络进行通信，图5-63所示为安全守护定位通信示意图。

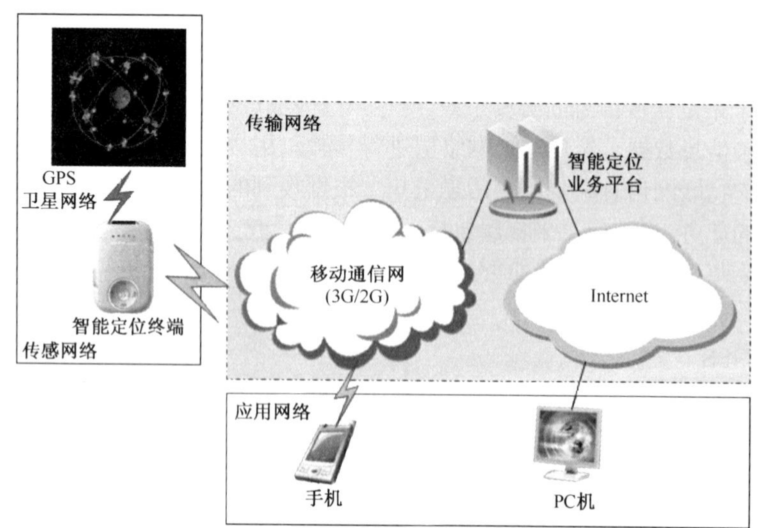

图5-63　安全守护定位通信示意图

3）云平台层

安全守护物联网云平台层主要由消息推送中心、数据处理中心、GIS 服务器和数据库等模块组成，如图 5-64 所示。它为各种终端产品提供统一的信息接入、封装与开发接口，为社区交友、位置服务、健康服务咨询、在线订购和家校通等应用层模块提供业务开发与执行环境。

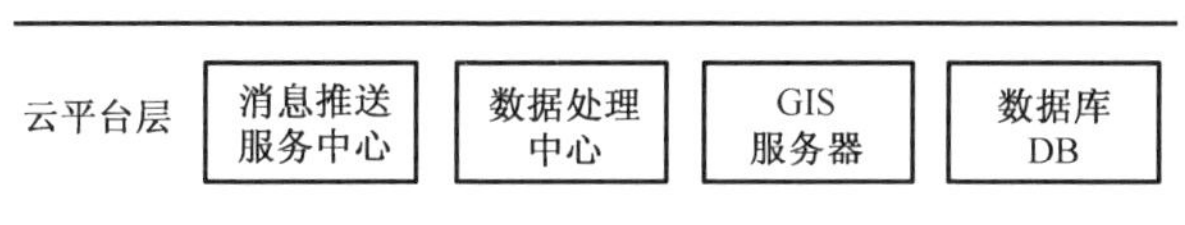

图 5-64　安全守护物联网云平台层

作为安全守护物联网云平台层的一部分，守护宝定位服务是安全守护物联网云平台层的重要组成部分，图 5-65 所示为守护宝定位服务平台层的框架图。

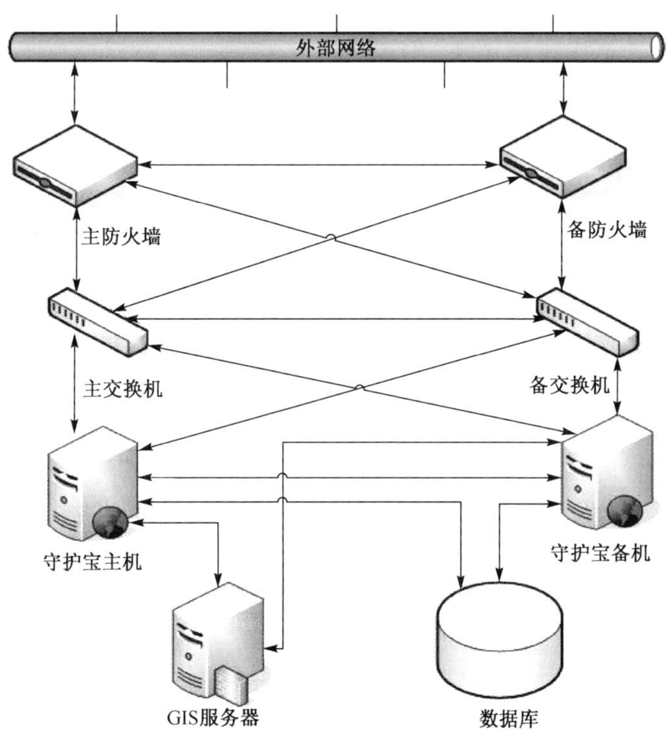

图 5-65　守护宝定位服务平台层框架图

4）应用层

应用层是外部用户访问和体验安全守护物联网系统服务的接口，主要包括社区交友、位置信息服务、在线订购产品、服务咨询和家校通等，如图 5-66 所示。应用层为用户提供位置信息服务、健康咨询服务、社区交友服务、在线订购产品服务等。

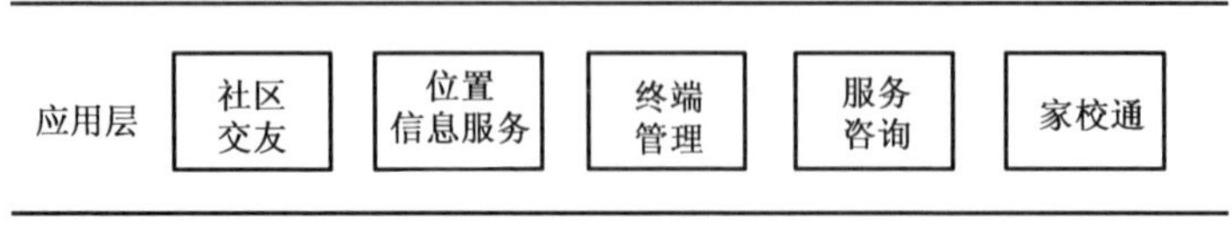

图 5-66　应用层

（1）社区交友

社会交友模块提供了用户之间相互交流、发布信息等服务。

（2）位置信息服务

位置信息服务模块将提供用户准确的移动定位服务，当想知道孩子现在在什么位置或者是否安全到达目的地等，位置信息服务单元将提供准确的位置信息。

（3）终端管理

终端管理模块将提供终端升级管理、在线订购、用户开销户、故障管理与维护等服务。

（4）服务咨询

服务咨询模块将用户实时遇到的问题即时反馈给安全守护物联网平台。

（5）家校通

主要为学校提供统一的服务，学校老师可以对此进行管理，并通过家校通发布班级通知和布置任务，同时也可以给班级里的每一个学生开通一个自己的微博，同学之间可以相互交流和问候。

5）信息访问层

信息访问层主要包括两种方式：Web 和移动终端，如图 5-67 所示。用户可以通过家庭接入网或移动终端随时随地体验安全守护系统的服务。通过家庭接入网，用户可以通过 Web 登录平台，充分体验到优质的服务。

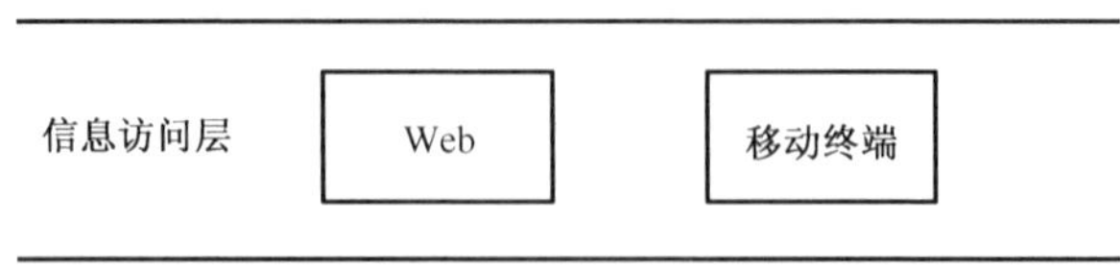

图 5-67　信息访问层

为方便用户的使用和体验，安全守护物联网系统开发了客户端软件，包括 Android 客户端软件和 iPhone 客户端软件。在智能终端上安装相应的客户端软件，即可像访问家庭接入网一样享用安全守护物联网的各种服务。

2. 海尔云社区解决方案

海尔在智能家居领域研究多年，拥有国际智能家居标准 e 家佳协议，依托自身的智能家电和地产公司的合作，在智能家居市场取得不错的成绩。在智能家居集成商产品同质化越来越严重的环境下，海尔地产的云社区方案令人耳目一新，如图 5-68 所示。

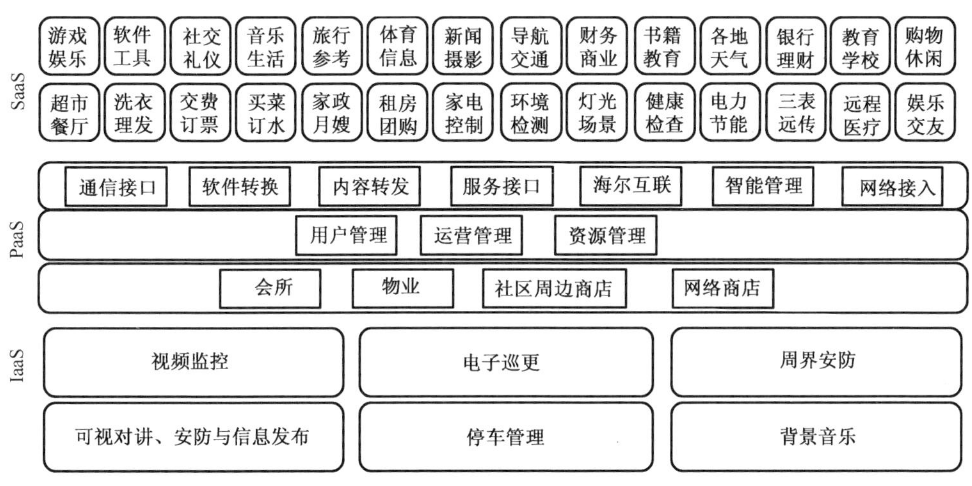

图 5-68　海尔云社区架构

在海尔的云社区 3 层架构中，IaaS 包括家庭智能化（安防系统、可视对讲系统、智能照明系统等）和社区智能化（停车场管理系统、视频监控系统、一卡通系统等），这一部分是云社区的基础，也是中国智能社区发展二十多年的核心所在，它承担了基础网络、基础设备及智能化系统。但是，智能化系统的发展绝不仅仅是为了“智能”，其最终目的还是要为人们提供安全、便利、舒适的生活服务，所以各种服务就体现在第 3 层（SaaS），它为用户提供生活、娱乐、体育、旅游等各种各样的服务，用户最直接感受到的也是这一层。它把家庭网（小网）、社区网（中网）、互联网（大网）中的各种服务资源全部集中起来，通过海尔 App Store 让用户自由下载，并使用相应的服务。中间层（PaaS）其实是系统的核心，它一方面承接了来自互联网的各种服务，另一方面它把小网、中网、大网的各种服务资源呈现给社区居民。所以，整个系统构成海尔云社区，它最终以“服务”的核心理念呈现给用户，而非仅仅是社区的智能化系统。

地产公司与智能家居产品的结合是海尔的全新发展模式。云社区模式将起到拉动海尔集团发展的领头羊作用，通过房子来出售服务及相关产品，这是海尔云社区的核心所在。

3. 微软 HomeOS 智能家庭操作系统介绍

2012 年 4 月，微软在官方网站上公布了一份名为“An Operating System For The Home”（家庭操作系统）的报告。HomeOS 旨在服务于家庭环境，把家庭里面的各种设备，如日光灯、电视机、冰箱和洗衣机等智能家电及手机、PC 等数码产品连接到一台装载 HomeOS 的机器上，构成类似目前 PC 的设备。HomeOS 运行于专门的计算机上，各类家庭设备能方便地接入 HomeOS，不需要作特殊修改。

在微软 HomeOS 中，微软主张利用类似 PC 的设备作为设备抽象，所有的设备可以连接到单一的逻辑 PC 上，用户和应用程序通过集中式的操作系统可以发现、接入和管理家中的设备，OS 通过跨设备和家庭的抽象简化了设备的应用开发，可方便地添加新的设备和应用。HomeOS 最关键的技术是采用了用于家庭的 PC 抽象，其具有如下的功能。

（1）数据记录的访问控制，简化了管理技术。

（2）独立于协议的服务，提供给开发者简单的抽象来访问设备。

（3）内核是不可知的，仅提供了访问接口，允许接入新的设备和应用。

对于设备抽象的概念，微软在 HomeOS 中是这样解释的：抽象说明了设备之间的易管理和可扩展性。网络设备作为外设连接点，任务运行在这些设备上，就好像应用程序运行在 PC 上一样，用户通过添加新的设备或者安装新的应用程序来扩展自己的家庭技术，不用考虑任何兼容性的问题，所有的控制策略都是通过与操作系统而不是和设备交互，应用对应着高级别的 API，类似于 PC 抽象的设备驱动程序接口。HomeOS 的核心架构如图 5-69 所示。

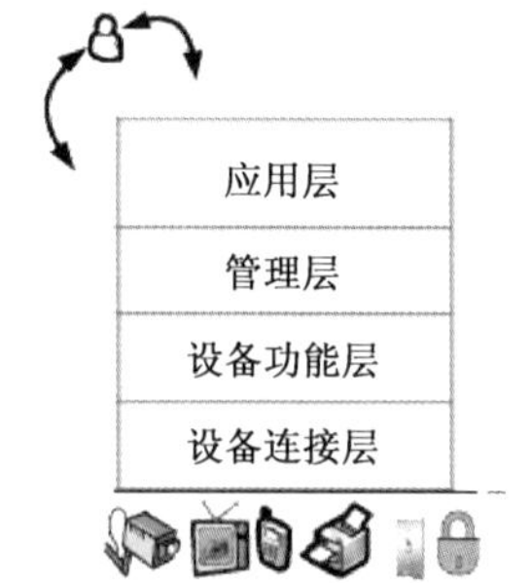

图 5-69　微软 HomeOS 四层架构

HomeOS 分为四层的架构，依次是应用层、管理层、设备功能层、设备连接层。下面对设备连接层和设备功能层涉及的技术作简单的分析。

设备连接层（Device Connectivity Layer，DCL）是为了解决设备发现及相关联的问题，这包括了处理来自各种协议互联产生的问题，如在一个子网内有 UPnP 设备、Z-Wave 设备、蓝牙设备等。DCL 在每个协议中都有个软件模块，这个模块主要负责设备发现，使用特定的协议方法（如 UPnP 等），对于未知的设备，DCL 会将这个设备传到管理层，管理层会采取合适的措施，这和 OSGi 的思想类似。

设备功能层（Device Functionality Layer，DFL）将 DCL 提供的信息转化成

应用开发者可以接受的 API 接口，这些 API 是独立于设备的可互换的协议。DFL 通过使用服务抽象将设备的功能提供给应用程序。对于 DCL 和 DFL 的应用协议，微软会采用需要一些新技术的协议，如低功耗、低带宽。

微软的具体实施方案如图 5-70 所示。

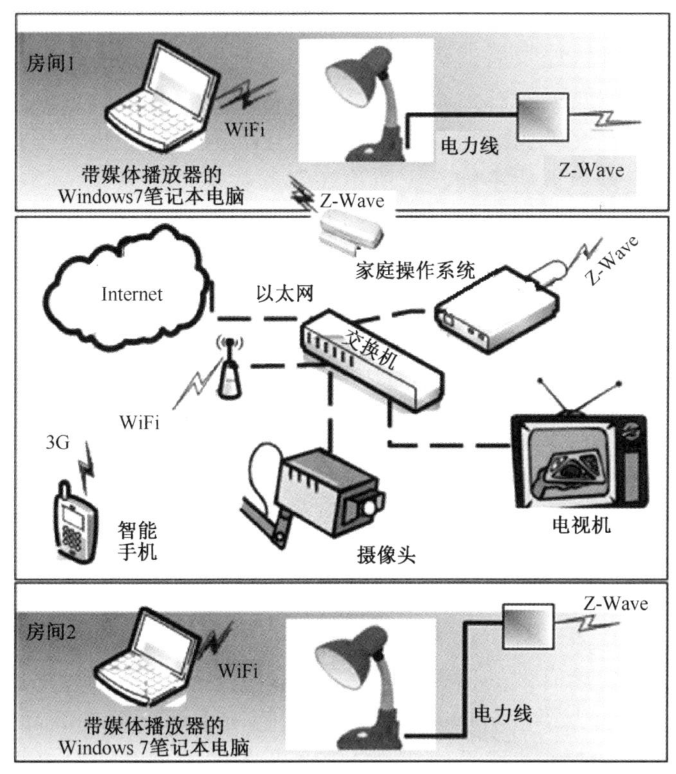

图 5-70　HomeOS 实施方案

从微软整个 HomeOS 来看，核心问题还是在于解决设备的发现与互联问题，然后通过 PC 的设备抽象，将服务描述给上层，最终解决设备的异构互联，实现设备的即插即用。利用设备提供的 API 接口，建立一个 HomeStore，方便第三方开发者在上面开发相关的应用，应用程序都运行在装有 HomeOS 的 PC 控制终端上。这样，通过 HomeOS 建立起了一个良好的智能家居生态系统，实现了开放式的架构。

第 6 章　中兴通讯物联网平台

随着社会经济快速发展的势头，运营商为把握国家信息化战略的大局，顺应企业发展、行业发展、社会需求大势，从客户、市场、社会的角度思考信息化建设的策略，并突破企业自身局限，大胆创新探索，积极发挥行业优势，着眼未来，围绕建设“无所不能、无所不在”的数字生态系统，瞄准移动多媒体化和移动终端多用化方向，坚定不移地开拓新的发展领域。

与此同时，运营商将移动通信从提供单纯的语音应用延展到各种数据业务和行业信息化应用，极大地挖掘和利用移动通信自身的优势，深度介入到个人的工作、生活和休闲娱乐以及集团客户的生产和管理当中，特别是随着近年来无线移动终端在电力、交通、环保、物流等领域的广泛应用，行业信息化得到了大力的发展，也为运营商“移动信息专家”的发展战略奠定了坚实基础。

近期，随着政府将物联网上升为国家战略，国内物联网产业迎来了爆发式的增长，无线移动终端在电力大客户负荷监控、居民集抄、配网监测、交通视频监控等项目中得到了广泛的应用，涉及广泛的 M2M 终端。但是当前在网的无线终端的品牌众多、且质量等参差不齐，更重要的是这些终端不论是运营商还是使用客户都缺乏有效的监控和管理手段，对此类业务的售后服务造成极大的压力。这不仅加大了业务的运营成本，也影响了运营商的高品质服务形象。因此，建设一套 M2M 支撑系统实现 M2M 业务的发展是十分必要的。与此同时，依托 M2M 业务支撑平台，进行 M2M 业务的运营，也将为运营商带来更多的行业收益。为了解决目前运营商 M2M 业务价值链中的各种问题，运营商需要通过构建 M2M 支撑平台，在终端接口标准化的基础上实现对所有终端的管理，通过引入业务集成商（Service Integrator，SI），通过引入业务开发环境实现客户化定制的业务流程，为中小规模的行业用户提供平台租用的运营模式，极大地降低 M2M 行业的门槛，吸引潜在的 M2M 用户，有利于 M2M 行业的整体发展。

有必要在行业客户和专用 M2M 终端之间搭建中间平台，即 M2M 业务管理平台。此平台不仅能全面掌控行业应用的情况，而且还能降低行业应用的开发难度，带动行业应用的规模化发展。同时 M2M 平台的建设可以进一步提升用户满意度，增强公司业务维护手段，提升网络服务质量，促进运营商物联网业务发展，抢占物联网发展的先机，为运营商增加新的业务增长点。

6.1　物联网平台概述

中兴通讯通过一体化的业务支撑平台，可以将按照技术规范进行改造后的各类业务应用系统进行统一集成，使企业用户进行统一身份、认证和授权后通过短信、CMWAP、CMNET 等多种接入方式使用到丰富的可管理、可扩展、稳定安全、满足中小企业客户不同需求的 M2M 应用；业务开发商以及运营商各级管理人员也可以通过统一登录的门户对相关的业务、产品进行管理、统计和分析。

中兴通讯为运营商提供完整的物联网解决方案，具备齐套的产品线支撑，提供包括传感器、RFID、通信模块、终端、平台、应用等一揽子解决方案；平台支持现有 M2M 终端监控管理，采用插件库的理念，满足现有 M2M 终端迅速接入需求；以统一的业务集成支撑平台为基础，支持综合接入、统一门户、统一身份、认证和授权、SP 系统应用集成，并提供各类电子商务服务。

6.1.1　物联网平台体系架构

中兴通讯物联网运营支撑平台是运营商实现物联网业务运营的基础。通过标准化应用支持，向集团客户和个人用户提供服务和行业应用解决方案，通过接入集团客户应用，为企业应用提供标准化的信息通道，使企业自行开发的行业应用更方便接入移动网络。图 6-1 为物联网运营支撑平台的总体架构。

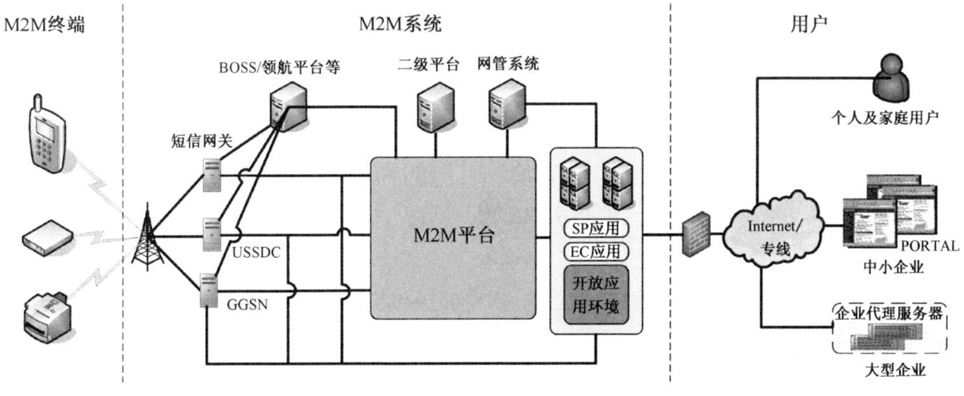

图 6-1　物联网运营支撑平台总体架构

行业应用本身存在以下特点：需求个性化程度高，往往一套平台只能适用于一家企业，如果在其他企业应用，通常需要重新进行需求调研，并投入人力进行定制开发；专业化程度高，一般软件公司或SP由于缺乏足够的领域知识，难以满足用户的需求；应用规模小，大多数行业应用由于专业化程度高，其市场规模总体来说都不大，终端数量不足以支撑应用平台建设的投入。

对此，我们提出了物联网应用的敏捷化开发的思路，即提供一个开放的应用环境，实现物联网应用的快速定制开发和部署。

一个应用可以分解为数据结构、数据展现和业务流程。通过将运营商以及行业的能力封装为功能单元，并提供相应的可视化编辑工具实现业务流程的编辑和对封装能力的调用，开发者或用户可以快速组装和部署一个物联网应用，如图6-2所示。

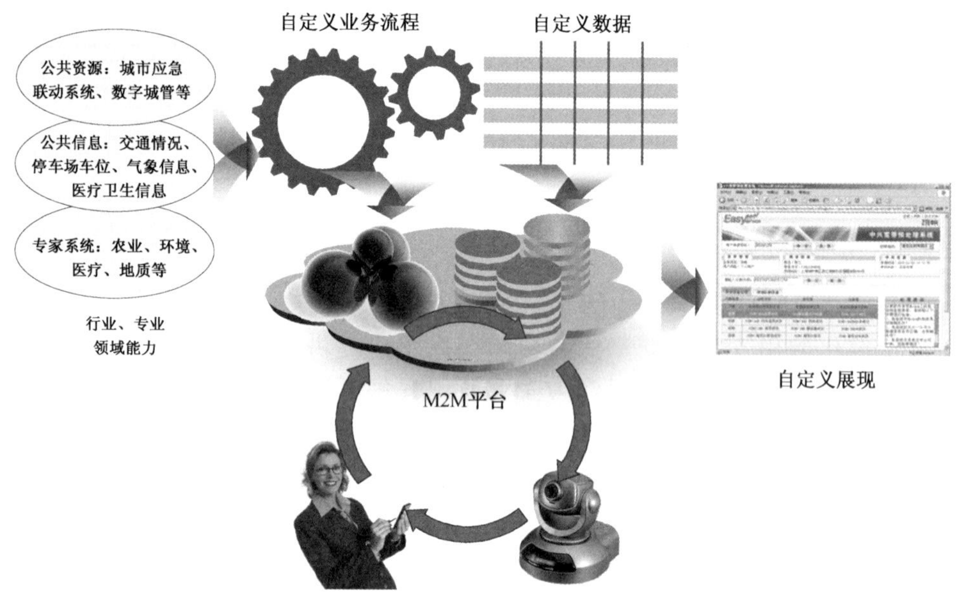

图6-2 物联网平台业务开发环境

在物联网开放应用环境的支撑下，用户的需求不必经过复杂的开发过程，也不必增加新的硬件投入，从而大幅降低了应用开发的成本，为物联网业务的推广扫清了障碍。

如果与互联网类比就会发现，互联网的成功就是价值链模式的成功。有必要借鉴互联网上取得成功的经验，并在物联网中加以应用。开发社区的模式不仅适用于互联网，同样也适用于物联网。图6-3所示的物联网平台总体架构显示了开发社区与业务开发环境的关系。

开发者可通过开发社区发布各种功能组件，这些功能组件经过测试验证后，可发布到组件库中，以丰富开放应用环境的功能组件。同时，开发者也通过开发社区提交完整的业务，这些业务经过测试、审批后，可加载到业务执行环境，作为正式发布的业务进行运营。

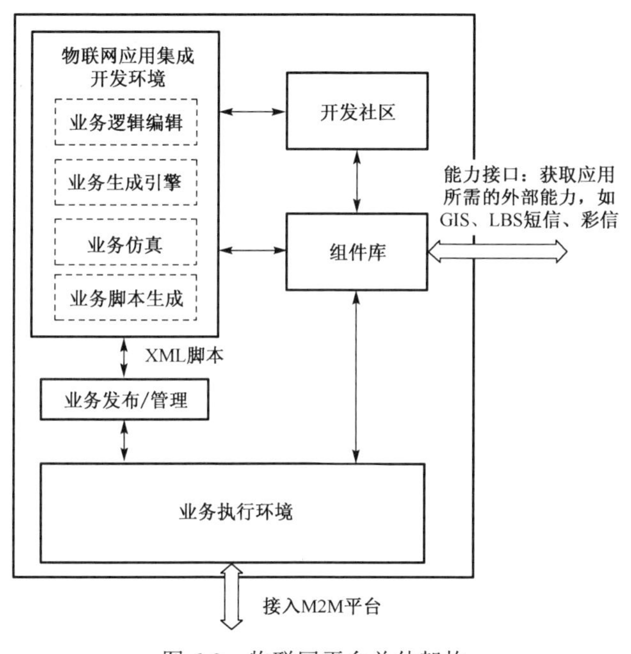

图 6-3　物联网平台总体架构

引入开发社区后，物联网应用的开发方式将会发生转变，如图 6-4 所示。

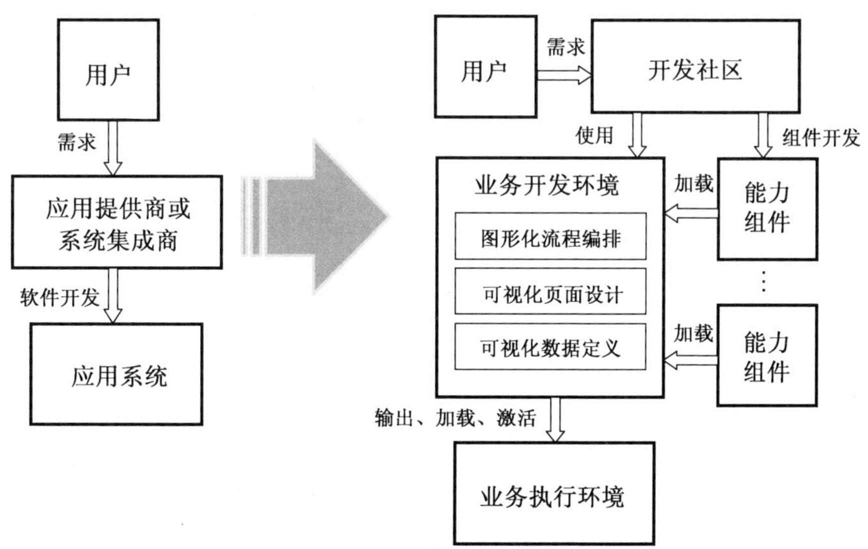

图 6-4　引入开发社区后的物联网平台总体架构

传统的开发方式是用户向应用开发商或系统集成商提出应用需求，由他们完成设计与开发，用户得到一个完整的应用系统，并需要投入硬件设备部署这些应用软件。引入开发社区后，用户可在开发社区提交自己的应用需求，由互联网上的开发者或开发团队利用业务开发环境实现用户的需求。用户也可以提交功能组件方面的需求，由互联网上的开发人员完成开发，或者在现有的组件库中选择自己需要的功能组件，并利用业务开发环境组合自己的业务。在这种方式下，用户不再需要投入设备来部署行业应用，从而大大降低了行业门槛，并且加快了应用的开发速度。互联网上大量的开发人员也使得业务的创新变得更容易。

中兴通讯的物联网平台体系架构可以划分为 6 层，分别为接入层、适配层、平台层、能力汇聚层、应用层以及互联网域，如图 6-5 所示。

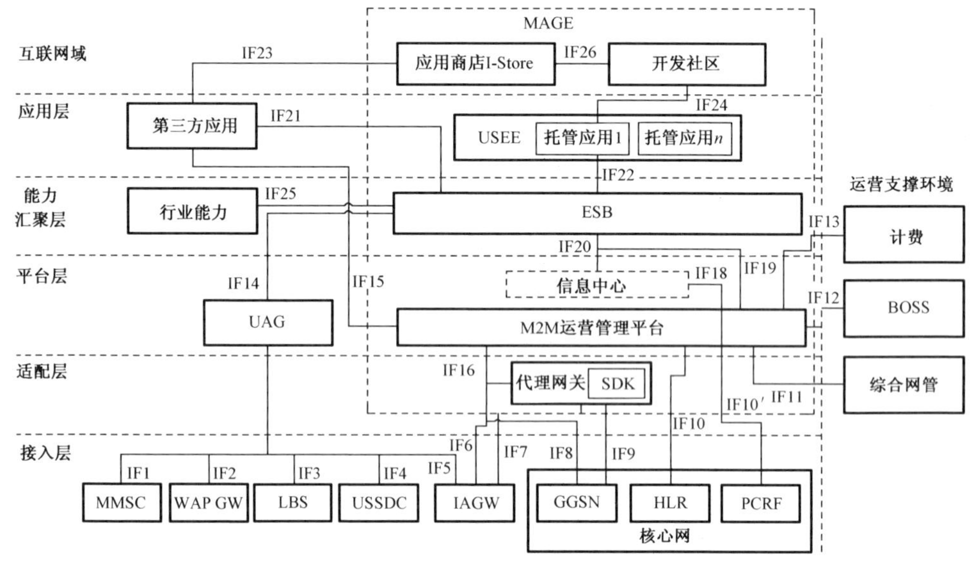

图 6-5 物联网平台逻辑体系架构

（1）接入层。

由运营商核心网及业务网元提供系统的接入。

（2）适配层。

针对企业私有协议的终端进行适配，向下提供终端适配 SDK。

（3）平台层。

包括 M2M 运营管理平台、信息中心，以及用于对接运营商业务网元的统一接入网关 UAG。

（4）能力汇聚层。

该层通过 ESB 实现能力的汇聚，包括通过 UAG 接入 CT 能力、通过运用管理平台汇聚 M2M 管理能力、通过信息中心汇聚数据资源访问能力。

（5）应用层。

将汇聚的能力开放给应用，包括第三方应用，以及由业务生成环境和执行环境提供的自定义业务。

（6）互联网域。

通过开发社区与应用商店，实现物联网与互联网的结合，将系统纳入到互联网的技术体系和商务模式。

（7）东向运营支撑环境。

与运营商的运营支撑系统对接，包括 BOSS、计费、综合网管等。

（8）MAGE。

运营商提出的 MAGE 平台，涵盖业务开发环境、执行环境（对应中兴通讯产品为 USEE）、开发社区与应用商店。

6.1.2 物联网平台业务特性

物联网平台业务系统由物联网平台和承载的标准化应用系统以及集团客户（Enterprise Customer，EC）应用系统构成，标准化应用系统和 EC 应用系统通过运营商标准终端协议与平台连接，并通过物联网 M2M 平台与终端交互，如图 6-6 所示。

中兴通讯物联网平台业务特性和功能主要包括以下几点。

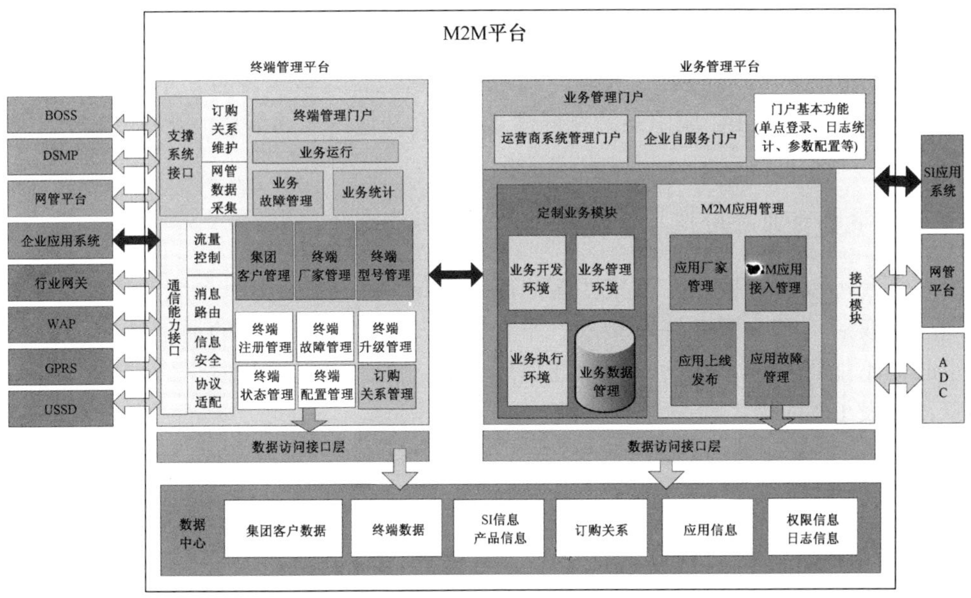

图 6-6 物联网平台功能结构

1. 支持多种接入方式

物联网 M2M 业务要求能够支持 GPRS/SMS/USSD/WAP/MMS 等无线接入方式。

平台可以通过 CMPP 协议与行业网关连接，接收终端发起的短消息，把短消息转发到对应的 EC 应用系统，接收 EC 应用系统发送的短消息，通过相应的 SMSC/ISMG 向指定 M2M 终端发送短消息。

平台可以通过 UAP 协议与 USSDC/USSDG 连接，接收终端发起的 USSD 业务请求，根据 USSD 业务码把请求信息传送到对应的 EC 应用系统；接收 EC 应用系统的 USSD 响应信息或请求信息，根据 USSD 事务标识向 M2M 终端发送信息；负责维持 USSD 会话关系，根据请求建立或关闭 USSD 会话。

平台可以通过 HTTP 协议与 MMSC 进行通信，中转从终端发送到指定 EC 应用系统的多媒体消息，对 EC 应用系统发送的多媒体消息通过 MMSC 发送到指定 M2M 终端。

平台可以通过 TCP/IP 协议或 UDP/IP 协议与 GPRSM2M 终端进行通信，根据 GPRS 终端的接入请求分配临时 IP 地址，建立 TCP/IP 连接，接收 GPRS 终端采集的数据。

2. 支持终端鉴权管理

平台在接收到终端通过 GPRS 方式上发的信息后，分析其目的业务代码，根据业务代码和终端的对应关系，确定该终端是否为该集团客户的合法终端，只允许合法终端向 EC 应用系统发送信息，丢弃其他终端的信息，以避免 EC 应用系统接收非法信息。

3. 支持企业应用接入管理

平台可以同时接入多个集团客户应用系统，接收 EC 应用系统的登录请求，通过鉴权后给予响应允许其接入；平台维护与 EC 应用系统的通信连接，在规定时间不能进行正常通信时关闭通信连接；向 EC 应用系统发送终端的上传信息；转发 EC 应用系统发送到终端的信息。

4. 支持终端管理

包括终端鉴权管理、状态管理、SIM 卡业务状态管理、配置管理、终端升级管理、故障管理、维护管理。

1）鉴权管理

终端在提供服务前向平台发送注册信息，包括终端号码、设备类型、支持的通信方式、请求的业务代码、采集信息间隔是否可控、最大信息量、报警门限等信息。平台对终端进行鉴权，并向 M2M 终端返回结果，平台只处理通过鉴权的终端上发数据。

2）状态管理

终端的状态分为工作状态、故障状态、退出状态、禁止状态等。

终端通过平台的鉴权即进入工作状态，未通过鉴权就进入禁止状态，长时间不能提供业务判定为故障状态。

终端通过平台的鉴权后，处于工作状态时可以向平台发送数据也可以接收信息；终端在工作过程中，定时向平台发送连接检查信息，内容包括位置信息、信号强度、运行情况、通信方式等，平台接收后向终端回送连接检查响应。

通过核心网 GGSN、HLR 接口，获取终端的在线状态、IP 地址、在网状态、漫游状态等信息，并为 EC 以及行业应用提供查询和主动通知的接口功能。

3）SIM 卡业务状态管理

平台通过 BOSS 同步 SIM 卡状态，并判断 SIM 卡是否欠费或停机。系统为应用提供查询接口，并可根据应用的订阅要求，向应用系统主动发起通知。

通过 BOSS 同步 SIM 卡的流量统计信息，为 EC 以及 EC 应用提供业务流量统计查询功能。

4）配置管理

平台可以向终端发送控制信息，要求执行某些操作，如在采集周期未到时立即采集数据并上报信息、更改报警门限、更改采集信息间隔、系统复位、改变通信方式等。

5）终端升级管理

平台通过下载平台，支持 OMA DL、MIDP 和标准的 HTTP 协议，同时也支持运营商自定义下载接口。平台提供终端软件管理功能，被授权的操作员可创建终端升级任务，对终端下发升级通知，终端可连接平台执行下载。

6）故障管理

平台定时检查终端的发送信息，如果在指定时间内未接收到终端的信息，则认为该终端故障。平台记录故障终端所属的 EC 和所在位置，并通过短消息通知管理维护人员，同时向 EC 的应用系统发送终端故障信息。

7）维护管理

平台为平台系统管理员和 EC 的维护人员提供终端管理的操作界面。平台系统管理员可以对所有 EC 的终端进行操作管理，EC 的维护人员只能管理自身企业的终端。

平台系统管理员通过操作界面选择行业类型（如交通运输、电力、水文、气象、环境监测、安防等），平台根据选择行业列出该行业的所有 EC 管理员后再选择 EC，按地区（省、市）列出该 EC 的终端信息，管理员选择某个地区后可以查看该地区所有终端的详细信息。

5. 支持分区管理

系统支持对终端和操作员分区管理。平台的操作员具有地区属性，省公司管理员可设置地市管理员的权限，可限制地市管理员只能对具有本地市号码的终端进行操作。

系统支持对终端按区域进行管理。平台维护手机号段和地区的对应关系，以此来判断终端所属地区。平台可以实现按区域统计终端业务、故障等信息，按区域配置终端参数和进行软件升级等功能。

6. 支持 M2M 业务的快速生成和部署

平台提供开放式应用环境，EC 可编辑自定义业务流程，并管理业务所需的自有数据。业务开发环境生产的业务提交到业务执行环境执行，完成终端到 EC、终端到终端、终端到平台等不同模式的应用。

7. 支持 SI 标准化应用集成

平台通过符合运营商自定义规范的接口，可与 SI 应用之间建立数据安全通道，平台的作用相当于网关，在终端和应用之间架设安全通信的桥梁，并对应用进行管理和运营。

（1）基于移动终端的应用承载。用户可以通过短信、CMNET、CMWAP、USSD 等移动通信方式使用平台中承载运营的各种应用。

（2）针对中小企业资金少、人才缺、变化快的现状及特点，为中小企业客户提供标准化应用解决方案和全面的信息化技术支持。

（3）中小企业“即开即用”无需进行平台设备投资，仅需按照应用与服务的不同交纳功能费。

（4）提供灵活的自服务门户，集团客户及集团个人用户均可通过门户进行信息管理。

（5）各省平台中托管的应用能够服务全网集团个人用户。

（6）使用平台托管业务的集团客户必须在平台所在省 BOSS 开通集团客户账号。

8. 支持 SLA 管理

平台支持基于 SLA[①]的 EC 分级管理，不同 EC 的服务等级不同。服务等级可配置，包括可发送的消息频率、消息优先级等。

9. 支持 EC 管理

1）基本信息

平台保存 EC 的名称、类型、服务代码、企业代码、信用等级等静态信息，同时对 EC 的业务类别信息、业务统计信息、客户投诉信息等进行记录。

2）业务质量管理

平台对 EC 的服务质量进行统计，如通信断链次数、通信断链时长、信息处理响应速度、信息处理成功率、业务投诉率等。

3）业务故障管理

平台对 EC 不能提供业务或业务出现异变时快速通知管理员，系统通过短信或邮件通知其系统管理员。

4）运行管理

平台对 EC 的业务状态信息进行管理，包括实时信息和历史信息。

实时信息包括连接状态、在线终端数量、故障终端数量等。

历史信息包括通信断链次数、通信断链时长、信息处理成功率、终端上报信息数量、EC 发送信息数量等。

5）权限管理

平台系统管理员可以通过操作界面查看所有接入到平台的 EC 相关信息，可以按地区或者行业实现对 EC 的管理。

10. 支持信息路由

平台对接收的 EC 应用系统发送的下发信息进行分析，根据信息类别选择 USSD、SMS、MMS 或 GPRS 方式下发，并根据下发的终端号码确定下发的信息业务中心或业务网关。

平台对接收的终端信息进行分析，根据其业务代码确定该信息的目的 EC，然后把该信息转发到对应的 EC 应用系统。

---

① SLA（Service Level Agreement）即服务水平协议，是服务提供商和用户之间经过磋商的一个正式合同，用来陈述服务的质量、优先级和责权。SLA 不止是一个合同书，更主要的方面是“SLA 过程”。所谓“SLA 过程”是指通过 SLA 的管理，来保障在 SLA 合同书中对客户承诺的服务质量（Quality of Services，QoS）。

11. 支持流量控制

平台对终端上传信息的流量进行计算，在高流量情况下根据其业务的优先级减少对不重要信息的处理，首先处理实时性要求高的信息。系统在流量出现瞬间高峰时也可以通知系统管理员，对信息的处理可以进行人工干预。

系统管理员对每个EC应用系统发送的信息强度进行预设置，系统根据EC管理的终端数和签约用户数以及重要性进行动态管理，控制信息发送。

12. 支持计费

由于平台支持多种接入方式，涉及行业网关、GGSN、WAP GW、USSD中心等业务网元，不利于对业务进行统一计费。平台支持对不同业务设置不同费率，并可出呼叫详细记录（Call Detail Record，CDR）话单用于营账计费以及与提供应用的SI结算。

6.2 物联网平台开放应用环境

运营商研发物联网技术规范，实现物联网终端的标准化，目的是要吸引更多的终端入网，除了大型行业客户，还必须去发掘中小行业用户，但中小行业用户没有足够的能力和资金投入建设行业应用平台，如果运营商能提供应用的端到端解决方案，那么在中小行业用户市场将具有吸引力。

行业应用的特点是专业性强，覆盖面相对比较窄，市场容量有限，如果开发并运营这些行业应用平台，很难有足够的收益支撑应用平台的开发和运用。因此，如何把行业应用的开发成本降下来，有利于应用的普及。这就要求运营商通过将一些基础能力进行封装，并以一种开放、简单而且廉价的方式，提供给中小行业用户乃至家庭和个人用户，去快速构建和部署自己的应用。

6.2.1 物联网开放应用环境的需求

电信运营商已具备物联网平台、云计算、数据中心，以及各类能力构件等基础资源，其在聚集多领域的资源和能力，整合各种信息、内容和应用，满足客户物联网泛在化和一体化的需求等方面有更大的优势。为了充分利用物联网服务的长尾效应，通过物联网开放应用环境实现聚合与能力开放，向各个行业提供物联网服务能力，做到物联网应用低成本、高复制，以及避免低水平重复徘徊，既解决了企业自建服务平台能力的高门槛，又便于起到规模化效应，促进整个物联网应用产业链的良性健康发展。

由分析得知，个性化的物联网业务必须具有业务成本低、开展迅速的特点，这是它们在业务市场中致胜的法宝。他们对业务开发的要求可归纳为如下几点。

（1）简单、方便的业务开发环境。

（2）部署快、见效快、成本低。

（3）不需要或用尽可能少的专业人士来开发业务，维护成本低。

用户对业务开发环境的需求可归纳为如下几点。

（1）简单、方便的业务开发执行环境。

（2）能与其他应用和能力紧密结合。

（3）不需要专业人士来开发业务和应用，维护成本低。

综上所述，物联网开放应用环境需要一个具有强大的自适应业务定制能力，以及强大的业务处理能力的业务引擎。它具有如下基本特征。

（1）简单、图形化的业务逻辑开发。

（2）不需要复杂的业务组网。

（3）稳定、执行效率高、可靠性高的执行引擎。

6.2.2　物联网开放应用环境的功能

中兴通讯物联网开放应用环境具有以下几个模块，图 6-7 为软件业务流程图，其功能描述如下。

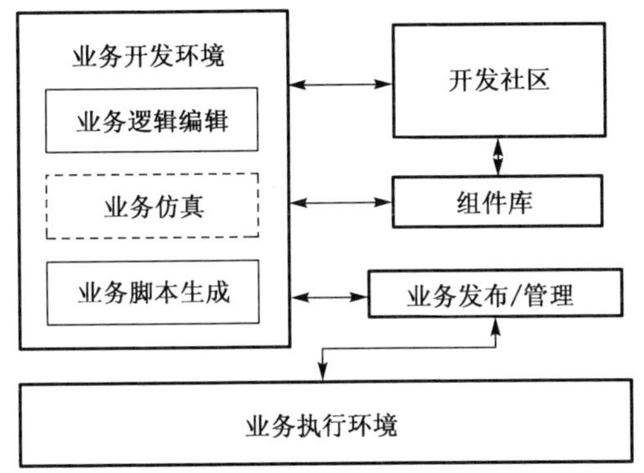

图 6-7　开放应用环境业务流程图

1. 开发环境

提供可视化流程编辑。用户通过拖放的方式用平台提供的功能单元，在图形化编辑工具中构造业务流程。业务逻辑编辑模块同时也提供业务数据定义的功能，供用户自定义业务数据结构。

用户通过业务逻辑编辑模块可直接嵌入或引用开发社区发布的业务组件。

根据业务逻辑编辑模块的业务流程，生成可执行的业务逻辑描述脚本。

业务逻辑编辑模块和业务生成引擎构成了一个开放的架构，可集成开发社区发布的能力组件，调用该能力组件的配置界面，并生成调用功能组件的脚本代码。

2. 组件库

业务组件：即开发社区的开发者基于平台现有的能力集，通过业务逻辑编辑工具或直接编写脚本生成的有实际应用价值的业务包。一个业务包包含业务数据的定义和业务流程的定义，它应包括至少一个流程入口，可以没有流程出口，也可以定义多个流程出口。

能力组件：开发社区的开发者按照平台的能力发布规范（定义了能力调用的接口标准），开发能力组件，经过测试和审核后，发布到平台。与能力组件一样，一个能力组件必须提供配置界面，供业务逻辑编辑模块调用，并提供执行部件，供业务执行环境调用。用户或开发人员可以在业务逻辑编辑模块中使用能力组件，与使用平台自有的能力组件一样。能力组件至少包括两个动态链接库。一个用于加载到业务逻辑编辑工具，提供调用该能力组件/素材的用户界面并生成调用的脚本；一个用于加载到业务执行环境，在执行业务逻辑时调用能力组件/素材封装的功能。

3. 业务仿真模块

业务仿真模块主要完成业务的仿真测试，当用户或开发人员完成业务逻辑的编写后，可以加载到业务仿真模块进行仿真测试。为了避免防火墙等网络的影响，业务仿真测试也是通过 B/S 方式来进行。

测试人员在使用业务仿真模块进行仿真测试时，通过业务仿真模块提供的模拟终端编辑终端上报数据，然后提交到业务仿真模块；当业务仿真模块需要下发时，将下行消息提交给模拟终端。模拟终端执行终端侧的业务逻辑，并在模拟终端的屏幕上显示执行结果。另外，在测试时需要在业务仿真模块上显示日志记录，业务仿真模块将测试业务产生的日志写入数据库，仿真模块的 Web 页面定时刷新即可看到日志信息。

4. 开发社区

开发社区提供一个 Web 门户，主要提供以下功能。

（1）提供能力组件编程规范下载。

（2）提供业务逻辑编辑工具下载。

（3）为开发者提供业务逻辑仿真测试门户。

（4）提供能力组件、业务组件发布申报门户。

（5）管理员在开发社区进行组件管理，负责审批开发者的发布申请，并提交测试。完成测试和审批流程的组件可进行发布。

5. 外部能力获取

外部能力获取模块提供了调用外部能力的统一接口。外部能力可以是运营商提供的能力，如 GIS、LBS、视频监控等，也可以是行业能力如专家系统、路况信息、气象信息等。

外部能力通过能力组件或能力组件封装后，为业务逻辑提供外部能力支撑。

6. 业务执行环境

执行业务生成引擎生成的业务脚本或可执行代码。

业务执行环境执行平台业务脚本的业务逻辑，按照脚本的设置调用能力组件的接口。

7. 业务发布

业务发布模块可发布业务脚本。发布模块通知业务执行环境加载脚本。如果该业务定义了业务数据，则按元数据的定义创建业务数据表。

8. 业务管理

管理员或授权用户通过业务管理模块，可对业务进行加载、卸载、激活、去活，配置业务的参数，查看业务的执行状态、输出日志，跟踪业务的执行流程，设置跟踪条件和断点，查看业务数据的运行时取值。

查看系统各模块的性能参数，如 CPU 占用率、内存占用率、硬盘剩余空间。通过性能管理模块还可以查看各种消息的流量，并对流量进行限制。对历史性能数据可以进行统计并出报表。支持通过 SNMP 连接网管平台。

6.2.3　物联网开放应用环境业务开发模式

基于物联网开放应用环境的开发模式与传统的开发模式将发生较大的改变，现以运营商物联网平台为例，将 EC 和 SI 在传统模式和开放应用环境下的业务开发过程简单对比如下。

1. 传统的物联网应用开发模式

图 6-8 为传统的物联网应用开发模式，首先需要政企客户提出物联网应用需求；政企客户寻求 SI 合作，签订开发合同；SI 进行系统开发，包括设计、编写代码、内部完成测试；政企客户或 SI 向运营商申请应用接入，接入物联网平台；在运营商网络中进行系统测试；完成测试后，系统上线运行。

2. 基于开放应用环境的开发模式

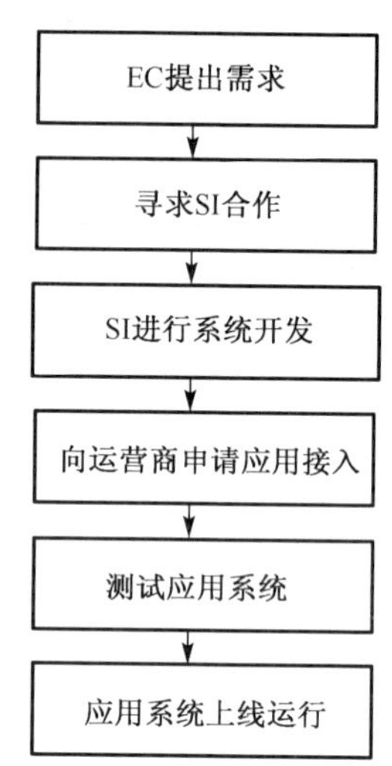

图 6-8 传统的物联网应用开发模式

图 6-9 为基于开放应用环境的开发模式，政企客户提出 M2M 应用的需求；政企客户利用业务逻辑编辑工具自行编辑业务，或者申请由运营商或合作SI编辑业务；业务生产引擎生成平台执行脚本和终端执行脚本；生成业务脚本；业务开发方利用业务仿真模块进行仿真测试；提交测试；通过测试之后，管理员发布业务；业务执行环境加载业务并执行业务。

比较传统的应用开发方式和基于开放应用环境的业务开发方式，后者实现了业务开发的简化，开放应用环境可以提供方便的业务编辑工具，开发人员无需编写程序代码即可完成业务开发。这使得政企客户可以自行开发或者仅需支付很少的服务费即可构建自己需要的应用。

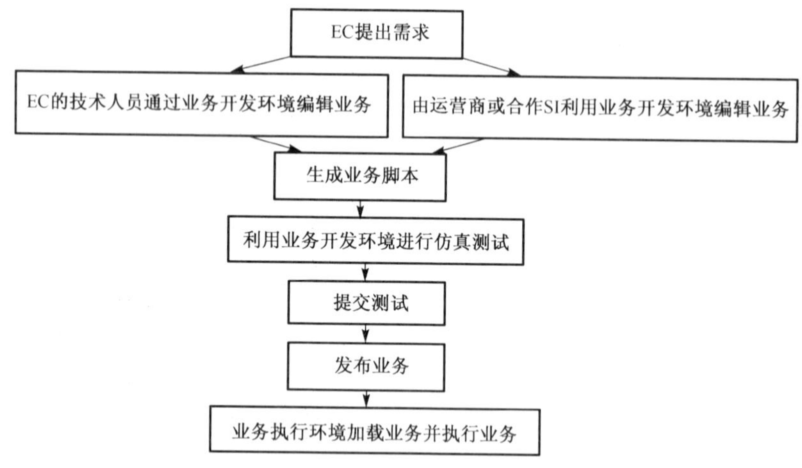

图 6-9 基于开放应用环境的开发模式

6.3 物联网平台关键技术

中兴通讯物联网平台需要满足海量终端的统一管理，实现业务的运营托管和弹性规模扩展，必须具备海量信息的存储能力和计算处理能力，云计算技术在动态、易扩展、分布式存储和计算、虚拟化和多租户方面拥有天然的优势和结合点，所以中兴通讯物联网平台采用云计算的解决方案为基础提供平台综合服务能力。

6.3.1　物联网平台的云化

经典云计算架构包括 IaaS、PaaS、SaaS 三层服务。根据产品特性中兴通讯物联网平台云计算架构细分为硬件层、虚拟层、软件平台层、能力层、应用平台以及软件服务层。如图 6-10 所示为物联网运营支撑系统云计算解决方案总体架构。

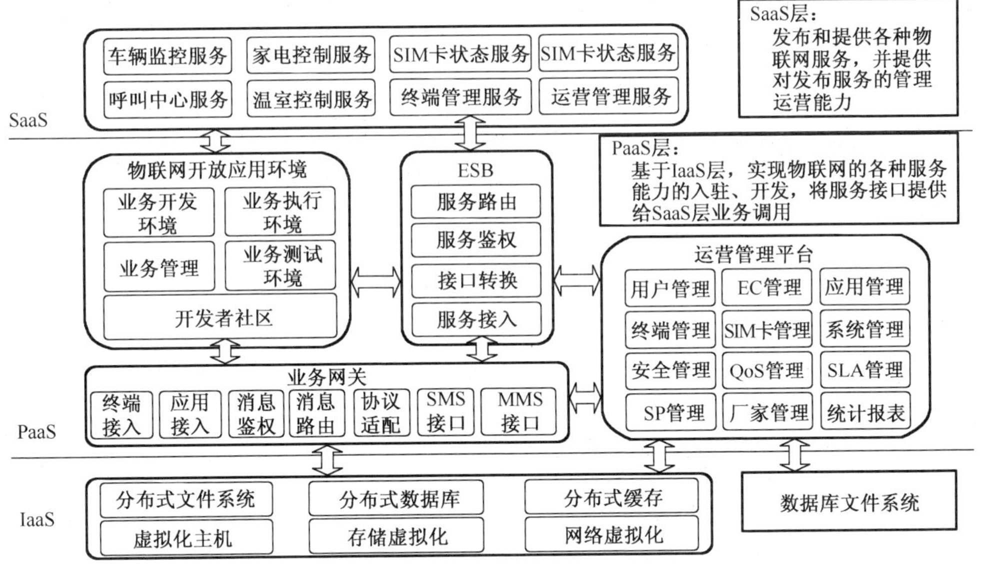

图 6-10　物联网运营支撑系统云计算解决方案总体架构

1. 硬件层和虚拟层对应 IaaS 层

主要提供基本架构的服务，如提供基本的计算服务、存储服务、网络服务。

计算服务提供用户一个计算环境，用户可以在上面开发和运行自己的应用，此环境一般包含约定 CPU、内存和基本存储空间的虚拟机环境，也可以是一台物理服务器，但是对用户是透明的。

存储资源提供用户一个存储空间，根据用户需求不同可以提供块存储服务、文件存储服务、记录存储服务、对象存储服务。

网络服务提供用户一个网络方案，可以让用户维护自己的计算环境和存储空间，并可以利用计算环境和存储空间对外提供服务。

2. 软件平台层、能力层、应用平台组成 PaaS 层

软件平台层主要提供公共的平台技术，比如统一支撑操作系统，对应用屏蔽了运行环境差异，应用只要关心业务逻辑即可；也包括统一计费、统一配置、统一报表等后台支撑，各种应用利用相应的框架进行开发后，即可做到对外统一界面、统一运维管理、统一报表展示等；也包括分布式缓存、分布式文件系统、分布式数据库等通用技术，上层应用根据自己的需要使用相应的 API 就可以使用到这些通用技术。

能力层主要提供基本业务能力，比如传统电信服务中的短信、彩信、WAPPUSH 等，互联网服务中的图片、地图、天气预报等，随着 IP 多媒体系统（IP Multimedia Subsystem，IMS）兴起，也提供 IMS 中的彩铃/彩像、互动式语音应答等能力。

应用平台层通过 API 或者自己的接入能力，将能力层的服务进行封装，抽象成一个个原子服务，对上层应用提供服务，从而简化了上层服务的开发。

3. 软件服务层对应 SaaS 层

软件服务层主要对用户提供具体的服务，比如 SNS 社区、移动 U 盘、企业移动即时通信等。同时，中兴云计算架构还提供多层次安全解决方案和管理方案。

云计算架构虽然分为多个层次，但是每个层次之间都是松耦合关系，在一个具体的系统中也不是每个层次的服务都能使用到，而是根据具体的应用环境采用相应的云计算架构。

中兴通讯物联网平台的云计算解决方案主要从以下几方面体现云化平台的优势。首先，平台可实时监控各个业务节点的资源情况，根据预先定制的策略，增加或者减少业务节点，并可以自动安装、启动、关闭业务软件，做到软件根据业务节点资源状况自适应部署；其次，在已有的平台上通过简单配置后，就可以为新的业务分配资源，迅速地开展新的业务。硬件发生故障时，虚拟机管理中心自动将虚拟机迁移到其他物理机上，做到虚拟层的容灾。虚拟机发生故障不能恢复时，应用软件部署子系统将故障虚拟机资源释放，并重新申请新的虚拟机来运行故障的业务节点。

基于云计算的物联网平台开展业务后，目前的运维管理方式需要转变，不能再是烟筒式的建设和运维，所以我们提供了统一的云管理平台，通过分权分域的方式让维护人员进行业务和设备的管理。

在扩展性方面，由于采用分层结构，业务层面和虚拟机层面之间采用松耦合方式，因而当物理资源不够时，直接在资源池中增加物理机并安装虚拟软件

后即可使用；当业务处理能力不够时，业务层面的自适应自动部署机制会自动增加节点从而达到业务能力的扩容。此外物联网平台提供软件版本中心，可以手工或者自动进行业务版本以及虚拟化软件版本的升级。

6.3.2　动态资源调度技术

在物联网的多业务环境下的不同应用对于存储和计算数据的时间和需求有所不同，物联网平台承载海量应用需要满足智能化动态资源调度和弹性伸缩的技术与策略，中兴通讯物联网平台将业务处理分解为多模块节点中的独立进程运行，实现特定的业务逻辑。多模块节点中的支撑模块不涉及业务逻辑，只负责运行环境。

平台的负载均衡模块将根据实时监测不同业务流量的动态情况，智能判断各业务间的负荷关系，平衡硬件及虚拟单元的资源分配。在虚拟机技术基础上以构建业务调度管理模块的方式弥补虚拟机技术对通信业务控制层面的不足。

业务调度分析模块根据实时监控采集汇总的各业务运行数据，综合分析当前业务层处理能力情况，对各业务许可证进行调节。在必要时可通过与虚拟机管理系统直接交互申请空闲计算单元或释放已占用冗余计算单元，通过自动部署模块进行业务快速加载、卸载，动态调整业务许可证处理能力。同时该模块还负责将业务节点的伸缩情况动态通知到外围接口分发设备（如四层交换机、协议接口机设备等）。

实时处理能力采集模块通过与各业务处理之间的交互实现对各业务实时消息处理流量、数据库资源占用要求、处理能力状况等信息进行采集，支持业务进程定时上报以及调度子系统发消息主动驱动两种采集模式，并将采集到的数据写入调度分析库，以便进行智能调度策略分析。

自动部署模块根据业务智能调度分析模块的部署消息，把指定的业务包加载到指定计算单元上或停止业务清理该计算单元上的业务包程序。

人机操作维护模块提供人机操作界面，一方面可对业务模块运行状态进行监控，另一方面可提供人工手动干预调度的功能。

通过各模块的协同工作，以及对业务处理单元进行实际业务量跟踪监测，结合智能调度分析中心配置的调度策略与阈值，动态进行业务许可的弹性伸缩控制。

冗灾性调度策略针对某一业务处理单元异常情况，分析其他同类业务处理单元是否能够分担该业务节点的工作，在必要时申请新的虚拟计算单元接管原有业务处理，以确保系统稳定运行。

周期性休眠策略根据业务流量的变化识别周期性调整要求，根据规律释放申请计算单元。为达到业务快速启停切换的目的，释放的计算单元可仍然保留原业务程序，仅在状态上实现休眠和激活，以节约能耗。

业务发展调整策略根据业务发展的情况确定是否需要增加或减少计算资源的占用，并完成业务的自动加载和卸载。

6.3.3 海量信息存储技术

为满足海量异构的物联网数据存储和数据托管功能，包括感知信息、文本、图片、视频等结构化与非结构化数据的融合存储能力，物联网运营支撑平台信息中心需要支持海量信息中心存储关键技术。平台信息中心采用基于云计算的分布式架构支撑，结合分布式文件系统的结构化与非结构化存储相关技术，解决包括海量并发处理能力、可靠性、扩展性和调度管理等方面的一系列问题，实现海量数据的分布式存储和存储资源的动态分配与管理。

分布式文件系统的系统架构需要满足存储系统的负载均衡、可扩展性、高可靠性和并发高性能等要求，通过存储资源虚拟化和管理调度策略，使得存储空间和 CPU 等性能负载均衡并实现存储资源的动态扩容。通过文件分片和副本策略，以块为最小单位来存储，块的大小根据业务特点可配置。每一个数据片都存多个副本，从而提高可靠性并通过分片存储实现高性能的并行处理。

图 6-11 所示为分布式文件系统架构，FLR 主机是分布式文件系统的主节点。所有的元数据信息都保存在其内存中，因此其响应速度直接影响整个系统的每秒读入输出次数（Input/Output Operations Per Second，IOPS）指标。拟通过三方面解决此问题。

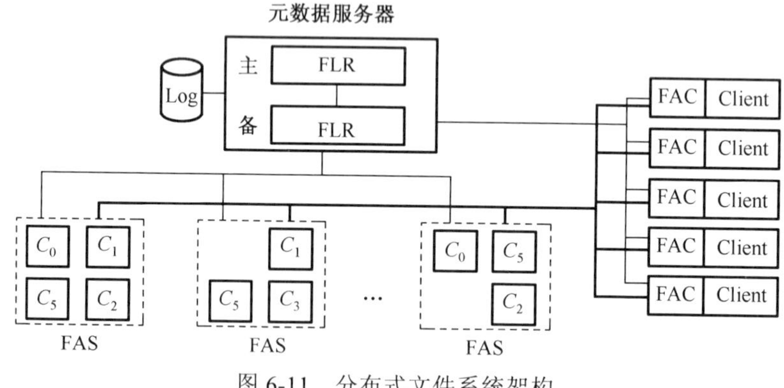

图 6-11　分布式文件系统架构

（1）在 FAC 客户端缓存访问过的元数据信息。当应用访问文件系统时，首先在客户端查找元数据，如果失败，再向主机发起访问，从而减少对主机的访问频次。

（2）元数据信息存放在主机的硬盘中，同时在主机的内存中进行缓存，以解决海量文件元数据规模过大的问题。为提升硬盘可靠性和响应速度，还可使用固态硬盘存储。

（3）变分布式文件系统主机互为热备用的工作方式为一主多备方式（通常使用一主四备的方式），通过锁服务器选举出主用主机，供读存储系统进行改写的元数据访问服务，如果只是读访问，应用对元数据的访问将被分布式哈希表算法分配到备用主机上，从而解决主机的系统“瓶颈”问题。

分布式文件系统设计支持高顽存技术。高顽存技术是一种解决数据存储的可靠性的关键技术，该技术不通过保存多个数据副本方式，而是采用纠删码技术来实现数据的可靠性。相对于采用副本机制实现数据可靠性方式，在同样的数据可靠性下，使用该算法将比完全复制方式的冗余度更低，成本更低。

基于高顽存技术的差异化分布式存储系统与非结构化存储的集成方案架构如图 6-12 所示，高顽存系统相当于一块虚拟的磁盘，非结构化存储系统的一个 ChunkServer 作为高顽存系统的客户端，可以挂载使用高顽存系统虚拟的磁盘空间。

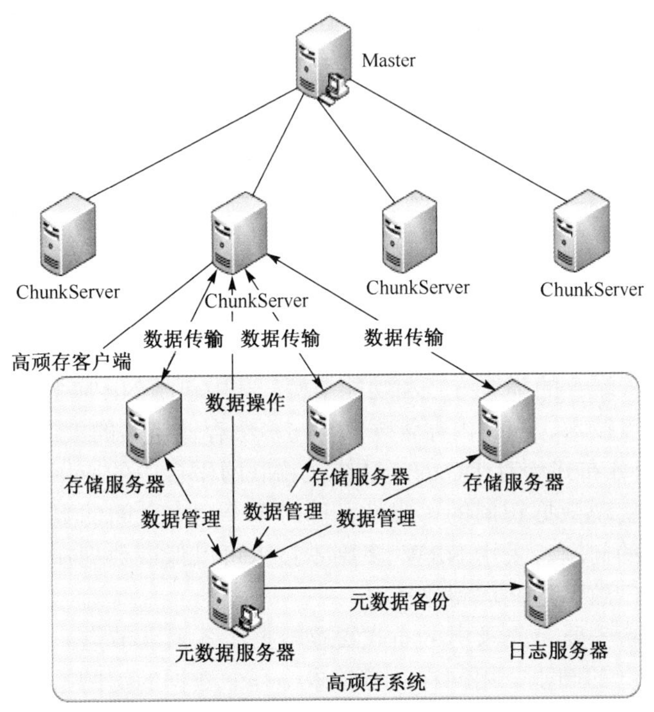

图 6-12 高顽存与分布式文件系统集成架构

高顽存技术的原理是将需要存储的原始数据进行纠删码编码，使得 N 块数据经编码后变为 $N+M$ 块新数据并分别存储于不同的节点上。任意一块编码后的数据都不直接反映原始数据内容。在取用数据时，只要从 $N+M$ 个数据块中任意取回 N 块就可经过反编码恢复原始数据，从而使得分布式存储系统在损失

任意不多于 M 个节点的情况下仍然不会丢失数据，同时，可以确保在少于 N 个任意数据块被第三方获取时不会泄露数据内容。该技术对数据按照一定的算法进行编码，形成若干个分片，当部分分片损坏后，通过译码算法仍然能够恢复原始数据。

高顽存包括两个关键技术：一是编解码算法自身，通常采用的是纠删码；二是编解码算法实现的优化。从算法的特性讲，高顽存技术相对于完全复制的冗余方式，在相同的冗余度下，使用该算法后数据的可靠性更高，实现成本也更低。

由于传统的分布式文件系统主要采用了完全副本备份冗余方式，尽管存储介质成本日益下降，但其对空间造成巨大浪费的缺点却是需要考虑的问题。按照分布式文件系统中高顽存算法可以达到 6∶2 的冗余比计算，若要达到损坏 2 块盘依然能恢复数据的标准，按传统的完全备份方式需要采用 2 副本的备份策略，6 块盘的业务数据需要占用 18 块盘的存储空间，如果采用高顽存算法保存数据，6 块盘的业务数据只需要占用 8 块盘的存储空间，存储空间可节省 60%。对于大规模部署的存储系统，可以为用户节省的硬件成本开销、电能开销和维护成本开销是相当可观的。

6.3.4 分布式缓存技术

针对物联网应用中间数据的非持久化存储和消息队列等信息，本物联网平台采用分布式缓存为系统提供高性能的海量存储，作为实时的会话缓存或数据库访问结果的缓存，减轻数据库的访问压力，减小交互时延，同时提升应用性能。本技术涉及分布式缓存的部署方式和功能架构，其中包括 NRW 多副本机制、一致性哈希和虚节点技术、高效内存管理算法与多级存储策略的关键技术。

图 6-13 为分布式缓存 DCache 系统在物联网平台中的应用，分布式缓存通过多副本机制实现数据访问的可靠性，同时多个副本之间的数据同步又会带来性能和一致性的问题。采用 NRW 多副本技术可以保证数据在可靠性、高性能访问以及最终一致性之间取得平衡。

一致性哈希需要首先求出分布式缓存数据服务器（节点）的哈希值，并将其配置到 $0\sim2^{32}$ 的圆上，用同样的方法求出存储数据的键的哈希值，并映射到圆上。然后从数据映射到的位置开始顺时针查找，将数据保存到找到的第一个服务器上。如果超过 2^{32} 仍然找不到服务器，就会保存到第一台缓存数据服务器上。

因为数据节点服务器的机型并不统一，其性能和容量是不同的，可以使一个物理节点负责多个哈希区间的处理，使高端机器能够被充分利用。在出现热区时，可以将过热的哈希区间以虚拟节点的方式放在负荷较低的物理节点上。

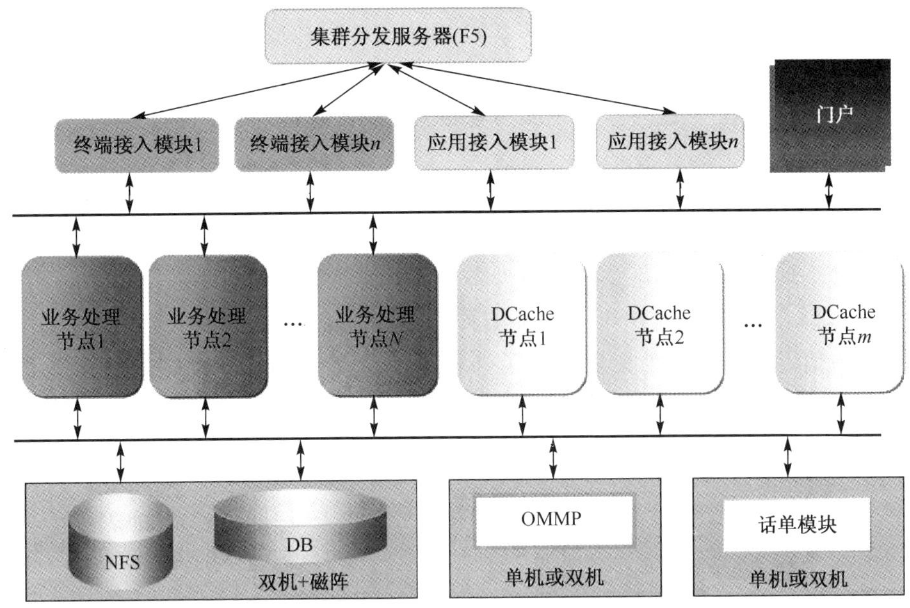

图 6-13 分布式缓存 DCache 在物联网平台中的应用

分布式缓存可以结合一致性哈希和虚拟节点的特点并加以改进，形成了一致性哈希和虚节点结合的方案：将 2^{32} 的哈希空间等分为若干分片，每个分片即是一个虚节点，根据各物理节点性能差异配置处理不同数量的虚节点，这些虚节点在物理节点上的部署关系即形成虚节点的路由。通过一致性哈希和虚节点相结合的方式，可以实现数据在集群的均匀分布，同时也可以完成数据服务器节点热点的消除。

多级存储策略可支持纯内存的存储，适合对时延要求高的高速缓存的需求，也可支持索引信息存放内存，数据存放固态存储的存储方式，兼顾存储容量和时延要求的高速缓存；支持索引信息存放内存，数据存放硬盘，顺序写操作，适合存储量大，要求持久化的应用；支持 BDB 做持久化存储，适合海量存储，持久化要求高，时延要求低的应用的存储。

6.3.5 能力聚合与开放接口

在物联网平台开放应用环境中，当各种能力引擎统一接入平台时，需要研发能力服务总线对其进行封装和管理，主要的功能包括服务接入、服务鉴权、协议转换和服务路由功能，通过对其转换、适配和路由，提供能力封装与共享的通道，为应用屏蔽不同接口的复杂度，并通过统一的开放接口将服务能力暴露给业务生成环境或第三方应用。

面向服务的体系架构服务组件暴露的是一种粗粒度的接口，目的是使应用之间能够异步地共享数据。而使用能力服务总线这种集成架构将应用程序和分离的集成组件拉在一起，以产生服务装配组合从而形成复合的业务流程，进而自动化即时企业中的业务功能。

通过一个跨越多种协议的消息总线来提供一个有关命名路由目的地的高度分布的世界来提供松散耦合，应用程序（和集成组件）在理论上是彼此解耦的，而且通过总线彼此连接并暴露为事件驱动服务的逻辑端点。

图 6-14 为服务总线在平台整体架构中的位置和功能，各种服务通过服务总线进行通信，服务总线为集成提供了一种高度分布式的架构，本方案能力服务总线具有以下特点。

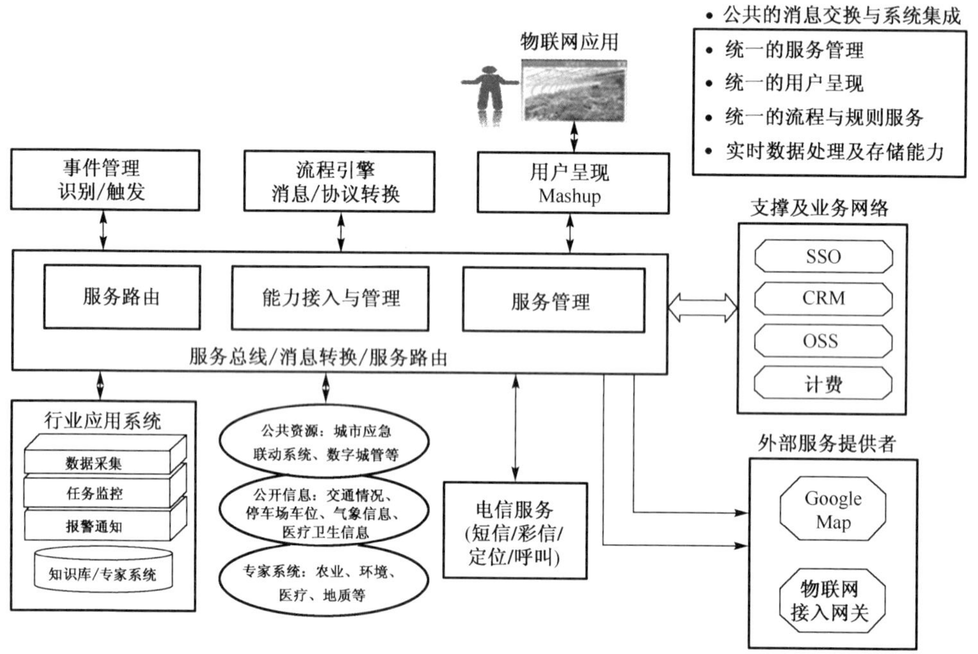

图 6-14 服务总线的位置和功能

（1）支持基于 HTTP 协议的服务适配与集成，包括 SOAP Web Service 和 RESTful Web Service 以及直接基于 HTTP 协议的服务接口。

（2）支持 Web Service 接口的封装和适配，支持对 SOAP 头和 SOAP 消息体的操作。

（3）提供全图形化设计器，基于图形用户界面（Graphical User Interface，GUI）实现 Drag&Drop 接口适配和流程定义。

（4）支持 Java 代码嵌入，提供 Java 运算节点用于实现逻辑和算数运算。

（5）支持子流程，对负责流程以子流程的方式实现模块化封装。

（6）数据库支持，提供数据库服务节点，支持基于 JDBC（Java DataBase Connectivity）接口实现对外部数据库接口的调用。

（7）支持定时器，提供定时器服务节点。

（8）提供流量控制功能。提供两级的流量控制，第一级以 ESB 作为整体提供系统级别的流量控制，第二级以 ESB 中集成的各种服务为单位，提供服务级别的流量控制。

由于 RESTful 风格的接口提供了一种更加松耦合、易于扩展和轻量级的接口方式非常适合于大规模物联网应用，所以本平台将提供统一开放的接口形式，包括基于简单对象访问协议的 Web Service、RESTful、HTTP、XML 或 Native API 等多种形式。

对于不同能力开放的考虑，包括电信能力在内的网络或业务能力能够通过调用开放应用程序编程接口所提供的各种功能，快速集成不同的模块，以建立新的网络应用。如地图服务、手机的位置查询服务、短信群发服务等。

例如，存储能力就是最基本的能力之一，也是所有数据能够被处理的基础。以文件存储访问为例说明，从文件系统的角度来看，主要面向的是分布式文件系统，通常可以在操作系统核心提供开放接口，或在用户态提供开放接口供文件访问。

不论何种内部实现方式，分布式文件系统都需要提供可靠性存储及可供应用访问的接口。核心域实现的存储开放方式主要是在操作系统内核层面通过专用驱动实现裸设备的暴露，操作系统使用通用的文件系统如 Ext3 对应用开放。用户域的存储开放方式是 Posix 接口或专用的私有协议接口。使用用户态开放接口的好处有：用户态文件系统与操作系统松耦合，便于单独升级，稳定性好；减少了操作系统导致的底层交互次数，降低复杂度，提高效率；接口更丰富，能够实现更好的优化；安全性更好控制。

当然，用户态开放也有缺点，如接口对应用有侵入性。如果迁移到其他存储系统需要重新编译相关应用。对应用户态开放的是通用接口方式，如网络文件系统、文件传输协议等标准协议。由于这些标准协议制订时并未考虑到分布式问题，所以接口本身的分布式需要重点解决，即接口本身如何寻址、容错、负载均衡等，同时需要重点解决多文件共享访问的读写锁问题。

本平台的分布式文件系统对于通用接口方式采用动态域名系统结合接口 IP 虚拟化技术，能较好地解决寻址及容错问题，并且通过服务端增加额外一层接口实现根据能力的负载均衡技术。

6.3.6　能力组装与流程管理

物联网平台除了实现终端管理和海量信息处理，其重要的功能还包括物联网和其他 CT、IT 能力的聚合与开放，而在聚合了能力以后如何在平台开放应用环境中进行能力的再组装和业务流程的编排和管理就显得格外重要。

如图 6-15 所示，网关接口在平台中直接通过能力服务总线实现，在业务开发环境中，通过调用封装好的能力素材库中的原子能力服务，进行业务逻辑的编排，并通过业务仿真和测试环境进行业务的上线前测试，同时在编译环境中生成业务并通过业务发布模块进行发布。

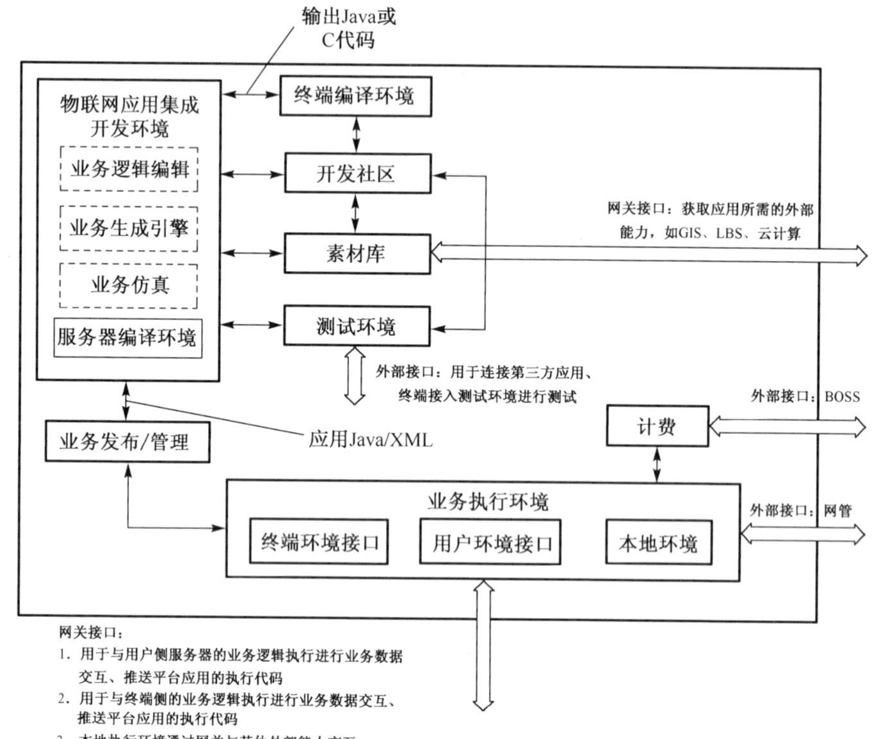

图 6-15 业务开发与执行环境组织结构

在业务执行环境中，涉及接入各种终端环境和用户环境，以及本地环境和网管计费等接口，应用容器是应用执行环境的基本功能，负责应用的执行。应用容器极大地减少了应用开发者的工作量，使得他们只需关注上层一个应用逻辑的实现。然而，应用容器功能所带来的问题是应用运行时的安全性。在运行环境下，应用之间的异常会互相影响，从而导致整个系统运行时安全性降低，而通过基于云计算 PaaS 平台的构建，使其在技术上是切实可行的。

中兴通讯物联网平台充分考虑服务能力集成时服务插件的可靠性、可扩展性以及安全性。随着服务能力的不断丰富和扩充，这些丰富的服务能力势必需要第三方能力来丰富。因而，平台需要提供一个第三方服务能力接入的规范或框架，支持第三方按照该规范开发业务能力，它可接入到系统中被其他应用重用。同时，要求第三方集成进来的服务插件是安全可靠、可弹性扩展的。本平台将能力分为业务素材和平台能力素材进行定义和封装。业务素材通过业务逻辑编辑工具或直接编写脚本生成，是有实际应用价值的业务包。而平台能力素材则需要按照平台的能力发布规范（定义了能力调用的接口标准），开发能力组件，经过测试和审核后发布到平台。能力组件或能力素材至少包括两个动态链接库，一个用于加载到业务逻辑编辑工具，提供调用该能力组件/素材的用户界面并生成调用的脚本；一个用于加载到业务执行环境，在执行业务逻辑时调用能力组件/素材封装的功能。

结　语

物联网技术被广泛认可为新一轮的信息化革命，因为“感知中国”和“智慧地球”两个国家级战略计划而闻名遐迩。在我国，物联网已被纳入“十二五”规划，有望能成为万亿元级的产业，带动我国经济持续、快速发展。本书对物联网概念做了全面的阐述，对物联网能力开放平台架构、关键技术、平台运营进行了深入分析，介绍了物联网的典型应用实践以及中兴通讯物联网平台解决方案。

从整体技术上来讲，物联网涉及的众多技术是对传统技术的继承和拓展，但这些技术距离满足物联网数据实时采集、事件高度并发、海量数据分析挖掘、自主智能协同的特性要求还存在一定差距。因此，在未来的技术和应用发展中要不断针对物联网的需求特性进行优化和提升，才能形成“智慧性”的物联网。

而从现实的行业情况来看，物联网发展得并不太顺利，物联网应用与产业发展非常复杂，涉及多个行业和应用领域，纵向又有多个产业链主体，缺乏组织、协调、统领、整合产业链的主导，合作难度较大，系统建设呈现独立性，形成了多个信息孤岛，系统间互联与信息共享困难。为了物联网产业链的健康发展，构建物联网能力开放平台已是大势所趋。通过物联网开放应用环境实现能力聚合与能力开放，充分利用物联网服务的长尾效应，向各个行业提供物联网服务能力，实现物联网应用的低成本、高复制，避免低水平重复建设，既解决了自建服务平台能力的高门槛问题，又便于获得规模化效应。

虽然目前物联网产业的发展还存在诸多问题，但在各界的共同努力和精诚协作下，物联网必将迎来广阔前景，改变人们的生产和生活方式，发挥出应有的作用和价值。